普通高等学校计算机类一流本科专业建设系列教材

数 据 结 构

（第二版）

管致锦　丁卫平　徐　慧　陈德裕　主编

科学出版社

北　京

内 容 简 介

本书面向计算机及相关领域解决复杂工程问题的要求，以问题案例为导向分别讨论线性表、栈、队列、串、哈希表、递归与广义表、二叉树和树、图、排序等数据结构的定义、表示和存储结构的操作与实现。为了强调数据结构在查找问题中的作用，将查找问题融入相应的数据结构中讨论。在多数章节中加入问题案例，介绍运用数据结构和算法解决实际问题的方法，以增强读者对基本知识的理解与掌握，有利于提高分析问题能力和程序设计能力。本书采用类 C++语言作为数据结构和算法的描述语言。

本书可作为高等院校计算机类和信息类相关专业的本科或专科教材，也可作为相关教师、研究生和工程技术人员的参考书。

图书在版编目(CIP)数据

数据结构 / 管致锦等主编. —2 版. — 北京：科学出版社，2022.1
（普通高等学校计算机类一流本科专业建设系列教材）
ISBN 978-7-03-070798-7

Ⅰ．①数…　Ⅱ．①管…　Ⅲ．①数据结构-高等学校-教材
Ⅳ．①TP311.12

中国版本图书馆 CIP 数据核字(2021)第 253088 号

责任编辑：张丽花 / 责任校对：王　瑞
责任印制：张　伟 / 封面设计：迷底书装

科 学 出 版 社 出版
北京东黄城根北街 16 号
邮政编码：100717
http://www.sciencep.com

涿州市银润文化传播有限公司 印刷

科学出版社发行　各地新华书店经销
*
2009 年 12 月第　一　版　　开本：787×1092　1/16
2022 年 1 月第　二　版　　印张：19 1/2
2022 年 1 月第一次印刷　　字数：474 000

定价：**69.00** 元

前　　言

"数据结构"是计算机学科各专业以及其他相近专业的核心课程之一，其研究对象是利用计算机解决问题过程中的信息表示和处理方法。

本书以解决计算机领域复杂工程问题为导向，采用"问题案例驱动"的方式，对问题进行系统的分析和抽象，给出数据的逻辑结构和存储结构表示，设计基本操作的思想方法和步骤，在此基础上给出程序实现代码，最后对算法进行复杂度分析，使读者体会到从问题求解到程序设计的转换过程，深刻理解数据结构在解决问题和实现程序设计中的作用。

本书的主要特点体现在以下几个方面：

(1)为了解决学生在学习数据结构的过程中将算法用程序语言表示的困难，提高算法设计与算法实现的能力，书中采用"算法思想→操作步骤→语言实现"的描述过程，对每个算法进行思想阐述之后，给出用文字描述的算法步骤，最后对应算法步骤用类 C++语言实现。

(2)针对问题案例，从系统结构、逻辑结构、存储结构、操作步骤、实现方法和性能评价等多方面给出系统全面的解决方案。引导学生在获得知识和经验的同时，不断提高科学素养。本书强化算法的实践与应用，使学生通过算法实现复杂程序训练，编写出结构清晰、正确易读、符合软件工程规范的程序；使老师方便组织教学内容，教学过程结构清晰，内容循序渐进、易于讲解。

(3)以工程实践和技能应用设计书中的知识结构，以"问题驱动，任务引导"的方式，阐述一些新应用场景的实例。讲解基础知识和实用案例时，由简单到复杂，循序渐进，让学生在面对复杂工程问题时明确什么不能做、什么能做、应该怎样做、效果如何评价等，进而培养学生解决工程实际问题的能力。

(4)以"重理论，强思维，突出问题案例和实践应用"为主要目标，体现"关联"的方法和思路，给出知识结点和问题结点，引导学生建立问题空间；以"典型问题引路，面向问题求解"的方式，将知识成果化的理念转换为以学生和学习者为中心、以学生的学习过程和结果服务为导向的理念。

本书使用类 C++作为数据结构和算法的描述语言，采用 C++语言中的类来表示抽象数据类型，尽可能用 C++的类和面向对象结构实现数据结构的算法。

全书编写分工如下：第 1 章由丁卫平编写，第 2 章由徐慧、顾顾编写，第 3 章由周建美、程学云、徐慧编写，第 4 章由丁红编写，第 5 章由朱玲玲、徐慧编写，第 6 章和第 8 章由陈德裕、陈森博编写，第 7 章由章雅娟编写，管致锦、程学云对全书进行统稿。

本书在 2009 年第一版基础上进行修订改版，尽管做了大量的努力，也难免存在疏漏之处，恳请读者予以指正，我们也会在适当的时间进行修订和补充。感谢国家一流本科专业(南通大学计算机科学与技术专业)建设项目对本书出版的资助，同时在此对本书中引用和参考的文献资料的作者一并致以感谢。

编　者
2021 年 4 月

目　录

第1章 绪 论

本章简介：本章作为全书的导引，概括性地介绍数据结构的研究对象，进而介绍数据结构中常用的基本概念、术语、算法描述及分析的方法。

学习目标：通过本章的学习，读者可以全面了解数据结构的定义、研究内容以及这门课程的知识体系，从而为后面章节的学习打下基础。

计算机解决问题通过信息的表示和处理来实现，计算机中表示和处理的信息以数据(Data)的形式体现。数据的表示和组织直接关系到计算机程序能否处理这些数据以及处理的效率。因此，为了更有效地设计出高效率、高可靠性的程序，需要研究数据的特性、数据间的相互关系以及数据在计算机内部的存储表示，并利用这些特性和关系设计出相应的算法和程序。研究数据结构(Data Structure)和算法是计算机科学的核心问题之一。

1.1 问题的分析

1.1.1 系统与结构

人类在解决复杂问题时一般会把要解决的问题看成一个系统，解决问题时需要先分析组成该系统的各个组成部分及其各部分之间的关系，再给出解决问题的方案，然后进行解决方案的具体实施。系统和结构是计算机科学和技术领域中非常重要的两个概念。

系统：若干部分相互联系、相互作用形成的具有某些功能的整体。这里主要是指要解决的问题所应考虑的全部内容。

结构：组成系统的各个部分及它们之间的关系。

例 1.1 桌子的安装构造问题。

构成如图 1-1 所示的一张桌子各个部分，即构件集合为

构件集(C)={台面, 上横料, 木柜, 后挡板, 框架, 后托料, 前托料}

要想由上述构件集 C 构造一张桌子，既需要拥有构件集中的每一个构件，还需要考虑这些构件之间的关系(即各部分的搭配组合)，才可以经过组装过程构造一张完整的桌子。因此，构件集 C 中各个构件之间的关系构成一个集合：

构件关系集(R)={台面在上横料之上, 木柜在上横料之下, 后挡板在框架之后, …}

按照给定的构件和构件之间的关系，再设计一种组装过程，这个组装过程可以看成由一系列操作(安

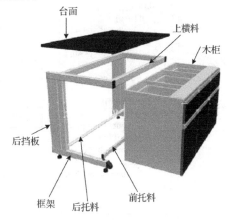

图 1-1 桌子构造图

装)步骤构成的集合,比如:

操作步骤集合(P)={

第一步:把前托料固定在框架上;

第二步:把木柜放到框架中并固定好;

第三步:把后挡板固定在框架上;

第四步:把台面固定在框架的上横料上。}

由集合 C、R、P 就可以实现上述桌子的组装问题。可见,桌子作为一个系统,其各部分构件和构件之间的关系对桌子的整体性能起着决定性作用。

用计算机解决的问题一般可以通过图形、图像、温度、重量等方式表现出来,通过数值、字符等数据形式表达。为了有效地设计和实现满足各种应用的计算机软件,必须正确地分析描述、存储和处理数据对象及其相互关系。利用计算机解决问题的过程中所涉及的全部数据、数据之间的关系以及处理数据的操作方法和步骤构成一个系统;数据集合和数据之间的关系集合就构成了要解决问题的数据结构。

例 1.2 数的排序问题。

初学程序设计语言选择(分支)结构时,一般会通过解决三个数排序问题的实例加以分析说明,此时解决该问题的方法是利用简单变量表示三个数,对其进行排序,如图 1-2 所示。从这个问题分析的流程图可以看出,其操作步骤还是比较复杂的,如果要增加一个数据,相应程序的复杂程度就会增加很多。如果采用上述方法,对成百上千的数据进行排序几乎不可能,而小数目的数据排序,用计算机实现的意义也不大。

同样的问题,图 1-3 中的程序,由于事先对数据集合中的数据之间的先后关系做了整理,并采用数组(Array)结构的数据存储方式,这样可以轻松实现三个乃至更多个数的排序,不论对三个数还是对更多个数进行排序,其程序结构基本相同,用这样的方法可以处理大数据量的数据排序问题。当然,在这个问题中,程序中的数据也可以通过指针的方式进行存储,实现大规模数据排序问题。

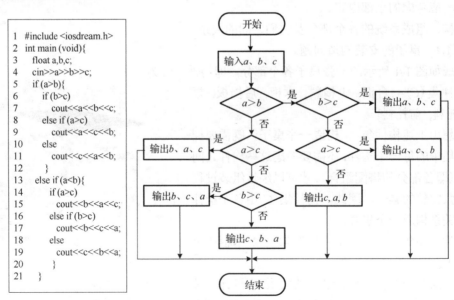

图 1-2　不考虑数据逻辑关系的三个数排序

采用数组结构实现的冒泡排序算法，可以轻松实现3个乃至n个数的快速排序

```
1 void bubble_sort(int arr[], int sz)
2 {
3   int i=0;
4   int j=0;
5   for(j=0;j<sz-1;j++){
5     for(i=0;i<sz-1-j;i++){
7       if(arr[i]<arr[i+1]){
8         int tmp=arr[i];
9         arr[i]=arr[i+1]
10        arr[i+1]=tmp;
11      }
12    }
13  }
14 }
```

注：也可写成if(*(an+i)*(arr+i+1)的形式，
　　运用指针进行运算

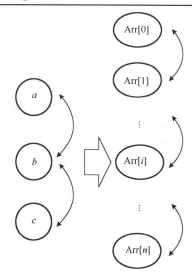

图 1-3　冒泡排序

例 1.2 中，前者没有考虑数据之间的位置关系，用来存储数据所声明的简单变量由编译系统映射到内存中，因此程序设计随变量个数的增加越来越复杂；而后者由于理顺了数据集合中数据的先后关系，变量按照这种顺序关系存储到内存，即用数组的方式存储，使得程序设计简单且规范。可见，数据关系和存储方式对程序设计的影响很大。

1.1.2　抽象与模型

抽象是计算机科学领域中最重要的概念之一。

抽象：从研究的对象中，抽取相关的实质性内容或关系加以考察，忽略研究对象中个别的、非本质的或与研究工作无关的次要因素，这种过程称为抽象。抽象就是抽出事物的本质特征，而暂时不考虑它们的细节。对于复杂系统问题，人们一般借助分层面抽象的方法进行问题求解。

对于一个复杂工程(Project)问题，随着对问题不同层面抽象的细化，逐步建立起过程抽象和数据抽象。例如，软件开发是一个复杂的问题，具有需求、设计、代码、运行等不同层面的问题。

模型：对于某个实际问题或客观事物、规律进行抽象后的一种形式化表达方式，是为一种特殊目的或一类特定问题而做的抽象的、简化的结构。

例如，为了说明某些人是在校大学生，我们可以从这一类人抽象出一个由数据集合构成的模型：

　　　　Students={姓名，性别，年龄，所在大学，入学时间，是否在校}

只要把一个人对应模型的数据集合抽象出来，就可以对这个人是否为在校大学生做出判断。

一般来说，利用计算机求解一个具体问题时，大致需要经过下列几个步骤。

(1)从具体问题抽象出一个适当的数学模型。

(2)设计一个解此数学模型的算法。

（3）根据算法设计程序。

（4）对程序进行调试和运行。

（5）得到问题最终答案。

以上步骤如图 1-4 所示。数学建模是把错综复杂的实际问题简化、抽象为合理的数学结构，建立起反映实际问题的数量关系，从问题中提取操作的对象，并找出这些操作对象之间包含的关系，然后用数学语言加以描述。

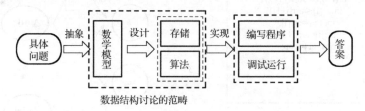

图 1-4　计算机解决问题的一般步骤

数据结构研究描述现实世界实体的数学模型及其在计算机中的表示和操作实现，主要包含以下三个方面的内容。

（1）逻辑结构——建模：构建模型。

（2）物理结构——存储：数据元素（Data Element）及其逻辑关系在计算机中的存储。

（3）操作——算法：给出求解问题的操作步骤。

1.1.3　数据结构与算法

计算机算法与数据的结构密切相关，算法无不依附于具体的数据结构，数据结构直接关系到算法的选择和效率。也就是说，数据结构还需要给出每种结构类型所定义的各种运算的算法。

从前面的例子可以看出，数据结构对于用计算机编写程序解决问题至关重要。如果要编写程序让计算机解决某一问题，首先对问题的数据以某种结构形式进行组织，然后按特定的方式存储起来，接着给出解决问题的操作步骤（也就是算法），最后编写程序加以实现，这就是我们所需要的计算机解决问题的程序。因此有

$$（数据结构+算法）=程序$$

为了说明程序是由数据结构和算法构成的整体，其等式左边特别加了括号。

1.2　数据结构相关概念

现代计算技术在计算能力和存储容量上的革命仅仅提供了解决更复杂问题的有效工具，如何利用这种工具更好地解决问题是程序设计者一直要面对的问题。高效率程序的设计基于良好的信息组织和优秀的算法，而不是编程技巧。一名程序员如果没有掌握设计简明清晰程序的基本原理，就不可能编写出有效的程序。因此，在掌握了一般程序设计和设计简明清晰程序的原理的前提下，学习有效的数据组织和算法，以提高程序的效率尤为重要。

1.2.1　基本概念

数据：信息的载体，是所有能输入计算机中，且能被计算机程序处理的符号(数字、字符等)的集合，它是计算机操作对象的总称。数据是计算机处理的信息的某种特定的符号表示形式。如果用集合的表示方法来写，就是

数据={x|x 是计算机操作的对象}

数据是人们利用文字符号、数字符号以及其他规定的符号对现实世界的事物及其活动所做的描述。数据不仅仅可以是整型、实型等数值类型，还可以是文字、表格、图像、声音等非数值类型。比如，我们在手机或计算机上看到的网页、音乐、图片等分类，其中网页则包括数值、文字、图片等多种数据，音乐是音频数据，图片是图像数据。总之，这里所说的数据，必须具备如下两个条件。

(1)可以输入计算机。

(2)能被计算机程序处理。

数据元素：数据元素(Data Element)是数据的基本单位。换言之，数据元素是组成数据的、有一定意义的基本单位。在不同的条件下，数据元素又可称为元素、结点、顶点、记录等。通常，一个数据元素由用来描述一个特定事物的名称、数量、特征、性质的一组相关信息组成，在计算机中通常把数据元素作为一个整体进行考虑和处理。

数据项：数据项(Data Item)是构成数据元素不可分割的最小单位。一个数据元素可由一个或多个数据项组成。当一个数据元素只含有一个数据项时，该数据元素即为不可分割的“原子”型数据元素。有时也把数据项称为数据元素的域、字段等。

图 1-5 为某一专业同一年级所有学生的列表，每个学生的一行信息称为一个数据元素，每个数据元素由学号、姓名、性别、出生日期、班级名称 5 个数据项组成。

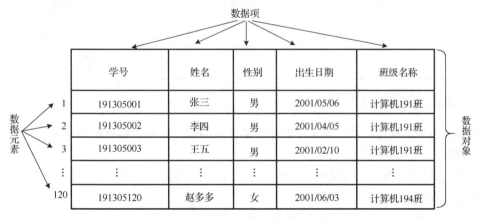

图 1-5　某一专业同一年级所有学生的列表

关键字：关键字(Key Word)是数据元素中某个项或组合项的值，用它可以标识一个数据元素(记录)。能唯一确定数据元素(记录)的关键字，称为主关键字；而不能唯一确定数据元素(记录)的关键字，称为次关键字。例如，图 1-5 中的学号是可以唯一识别的数据项，所以可以做主关键字。

数据对象：数据对象(Data Object)或数据元素类(Data Element Class)是具有相同性质的数据元素的集合，是数据集合的子集。在某个具体问题中，数据元素都具有相同的性质(元素值不一定相等，但具有相同的属性)，属于同一数据对象(数据元素类)，数据元素是数据元素类的一个实例。例如，图1-5中某一专业同一年级所有学生构成的集合为一个数据对象。数据对象、数据元素、数据项之间具有包含关系。

数据结构：数据结构(Data Structure)是指相互之间存在着一种或多种关系的数据元素的集合。在任何问题中，数据元素之间都不会是孤立的，在它们之间都存在着各种各样的关系(如前驱和后继关系等)，这种数据元素之间的关系称为数据的逻辑结构。

如果用 S 表示数据结构集合，D 表示 S 中数据元素的有限集合，R 表示 D 上数据元素之间关系的有限集合，那么数据结构的形式可定义为

$$S=\{D, R\} \tag{1-1}$$

数据结构一般包括如下三方面内容。

(1)数据的逻辑结构：数据元素之间的逻辑关系。

(2)数据的存储结构：数据元素及数据元素之间的关系在计算机内部存储器(简称内存，又称主存)中的表示。

(3)数据的基本运算：对数据施加的各种操作。数据的运算定义在数据的逻辑结构上，数据的运算实现建立在存储结构之上。

数据结构研究数据的逻辑结构和存储结构，以及它们之间的相互关系和所定义的算法如何在计算机上实现，如表1-1所示。

表 1-1　数据结构的内容

层次	方面	
	数据表示	数据处理
抽象	逻辑结构	基本运算
实现	存储结构	算法
评价	不同数据结构的比较及算法分析	

1.2.2　数据的逻辑结构

数据的逻辑结构是指数据对象中数据元素之间的相互关系，根据数据元素间关系的不同特性，通常有下列四种基本结构。

(1)集合结构：在集合结构中，数据元素之间的关系是"属于同一个集合"的关系。集合结构是元素关系松散的一种结构。

(2)线性结构：数据元素之间存在着一对一的关系。

(3)树结构：数据元素之间存在着一对多的关系。

(4)图结构：数据元素之间存在着多对多的关系，图结构也称为网状结构。

如果利用圆圈表示数据元素，用连线表示结点之间的逻辑关系，四种基本逻辑结构如图1-6所示。

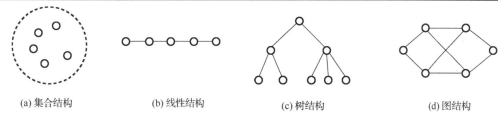

图 1-6　四种基本逻辑结构

从上面所介绍的数据结构的概念中可以知道，一个数据结构有两个要素：一个是数据元素的集合；另一个是关系的集合。在形式上，数据结构通常可以采用一个二元组来表示。

下面以某班级学生作为数据对象(数据元素是学生的学籍档案记录)四种结构中所举的示例，来分别考察数据元素之间的关系。

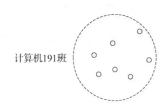

图 1-7　集合结构

(1)集合结构。

数据元素之间除了"属于同一集合"的关系外，别无其他关系。例如，确定一名学生是否为班级成员，只需将班级看作一个集合结构，如图 1-7 所示。

(2)线性结构。

将图 1-5 中的学生信息数据按照学号后三位数字的顺序进行排列，将组成一个线性结构，如图 1-8 所示。

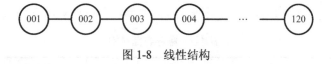

图 1-8　线性结构

(3)树结构。

在班级的管理体系中，班长管理多个组长，每位组长管理多名组员，从而构成树结构，如图 1-9 所示。

(4)图结构或网状结构。

在班级中，多位同学之间为朋友关系，任何两位同学都可以是朋友，从而构成图结构或网状结构，如图 1-10 所示。

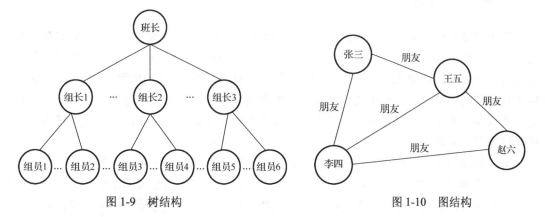

图 1-9　树结构　　　　　　　　　　　图 1-10　图结构

数据的逻辑结构可以看作从具体问题抽象出来的数学模型，它与数据的存储无关。我们研究数据结构的目的是在计算机中实现对它的操作，为此还需要研究如何在计算机中表示一个数据结构。

1.2.3 数据的存储结构

数据对象在计算机中的存储表示称为数据的存储结构，也称为物理结构。把数据对象存储到计算机时，通常要求既要存储各数据元素的数据，又要存储数据元素之间的逻辑关系，数据元素在计算机内用一个结点来表示。数据的存储结构可采用以下 2 种基本的结构。

1. 顺序存储结构

顺序存储结构借助元素在存储器中的相对位置来表示数据元素之间的逻辑关系，即把逻辑上相邻的结点存储在物理位置上相邻的存储单元中，结点之间的逻辑关系由存储单元的邻接关系来体现，通常借助程序设计语言的数组类型来描述。其主要优点在于节省存储空间，因为分配给数据的存储单元全用于存放结点的数据，结点之间的逻辑关系没有占用额外的存储空间；并且其可实现对结点的随机存取，即每一个结点对应一个序号，由该序号可以直接计算出来结点的存储地址。顺序存储结构的主要缺点是不便于修改，对结点的插入、删除进行运算时，可能要移动一系列的结点。

对于图 1-7 某一专业同一年级所有学生集合，假定每个结点(学生记录)占用 40 个存储单元，数据从 0 号单元开始由低地址向高地址方向存储，对应的顺序存储结构如表 1-2 所示。

表 1-2 顺序存储结构

存储地址	学号	姓名	性别	出生日期	班级名称
0	191305001	张三	男	2001/05/06	计算机 191 班
40	191305002	李四	男	2001/04/05	计算机 191 班
80	191305003	王五	男	2001/02/10	计算机 191 班
...	...	...	...	...	...
4760	191305120	赵多多	女	2001/06/03	计算机 194 班

2. 链式存储结构

顺序存储结构要求所有的数据元素依次存放在一片连续的存储空间中，而链式存储结构无须占用一整块存储空间，但为了表示结点之间的关系，需要给每个结点附加指针字段，用于存放后继元素的存储地址。在 C++程序设计语言中，链式存储结构借助于指针类型来描述。链式存储结构中每个结点都由数据域与指针域两部分组成，相比顺序存储结构增加了存储空间，所以存储密度小，但是在进行插入、删除操作时，不必移动结点，只需改变结点中的指针，使其更加灵活。

假定给图 1-5 某一专业同一年级所有学生集合中的每个结点附加一个"下一个结点地址"，即后继指针字段，用于存放后继结点的首地址，则可得到如表 1-3 所示的链式存储结构。从表中可以看出，每个结点占用两个连续的存储单元，一个存放结点的信息，另一个存放后继结点的首地址。

表 1-3 链式存储结构

存储地址	学号	姓名	性别	出生日期	班级名称	下一个结点地址
300	191305120	赵多多	女	2001/06/03	计算机 194 班	无
800	191305003	王五	男	2001/02/10	计算机 191 班	无
900	191305001	张三	男	2001/05/06	计算机 191 班	450
...	...	...	...	...	...	...
450	191305002	李四	男	2001/04/05	计算机 191 班	800

上述 2 种基本的存储结构，既可以单独使用，也可以组合起来对数据结构进行存储。例如，图的邻接表中，结点表一般用顺序存储结构，而边表常用链式存储结构。同一种逻辑结构，若采用不同的存储方法，则可以得到不同的存储结构。选择何种存储结构来表示相应的逻辑结构，应该根据具体要求而定，主要是考虑运算便捷和算法的时间、空间需求。

1.3 数据类型与抽象数据类型

1.3.1 数据类型

数据类型（Data Type）是和数据结构密切相关的一个概念。它最早出现在高级程序设计语言中，用以刻画程序中操作对象的特性。在用高级语言编写的程序中，每个变量、常量或表达式都有一个它所属的确定的数据类型。类型显式或隐含地规定了在程序执行期间变量或表达式所有可能的取值范围，以及在这些值上允许进行的操作。因此，数据类型是一个值的集合和定义在这个值集上的一组操作的总称。

在高级程序设计语言中，数据类型可分为两类：一类是原子类型；另一类则是结构类型。原子类型的值是不可分解的，如 C 语言中整型、字符型、浮点型、双精度型等基本类型，分别用保留字 int、char、float、double 标识。而结构类型的值是由若干成分按某种结构组成的，因此是可分解的，并且它的成分可以是原子类型，也可以是结构类型。例如，数组的值由若干分量组成，每个分量可以是整数，也可以是数组。在某种意义上，数据结构可以看成"一组具有相同结构的值"，而数据类型则可看成由一种数据结构和定义在其上的一组操作所组成。

1.3.2 抽象数据类型

数据结构研究的问题针对计算机所要解决的一般性问题，而不是一个个具体实例。因此，问题中的数据类型描述不能像程序设计所针对的具体问题，具体问题需要通过具体的数据类型描述，而一般问题则需要采用概括（也就是抽象）的方法进行描述，称为抽象数据类型（Abstract Data Type，ADT）。

抽象数据类型是一个数据结构及定义在该结构上的一组操作的总称。其定义仅仅取决于它的一组逻辑特性，而与它在计算机中的表示和实现无关。抽象数据类型通常是对数据的某种抽象，定义了数据的取值范围及其结构形式，以及对数据操作的集合。前面将数据结构的形式表示为二元组 (D, R)，则抽象数据类型可表示为三元组 (D, R, P)。其中，D 是数据对象；

R 是 D 上的关系集；P 是对 D 的基本操作集。

数据对象、数据关系和基本操作是抽象数据类型 ADT 的三个要素。

抽象数据类型的定义格式如下：

ADT　抽象数据类型名　{

　　数据对象：

　　　　给出数据对象的定义

　　数据关系：

　　　　数据元素之间的关系描述

　　基本操作：

　　　　基本操作定义

} ADT　抽象数据类型名

其中，数据对象和数据关系的定义采用伪码(Pseudo-code，又称伪代码)描述，基本操作的定义格式如下：

　　操作名(参数表)

　　　　初始条件：

　　　　操作功能：

　　　　操作结果：

　　　　…

基本操作有两种参数：赋值参数只为操作提供输入值；引用参数以"&"打头，除可提供输入值外，还将返回操作结果。初始条件描述操作执行之前数据结构和参数应满足条件，若不满足，则操作失败，并返回相应的错误信息。操作结果说明了操作正常完成之后，数据结构的变化状况和应返回的结果。如果初始条件为空，则省略操作结果。

抽象数据类型不仅包含数学模型，还包含了模型上的运算。所以，它将数据抽象和过程抽象结合为一体，更好地反映某数据对象的静态和动态特性。后面在介绍具体的数据结构(如线性表、栈、队列、树、图等)时，都将首先给出该结构的 ADT。

抽象数据类型的特征是定义和实现相分离，实现封装和信息隐藏。由此，在抽象数据类型设计时，把类型的定义与实现分离。运用抽象数据类型描述数据结构，有助于在设计一个软件系统时，不必首先考虑其中包含的数据对象，以及操作在不同处理器中的表示和实现细节，而把它们留在模块内部解决，使软件设计在更高层次上进行分析和设计。

例 1.3　抽象数据类型复数的表示与实现。

//复数存储结构的定义

typedef struct {

　　float realPart;　　　　　　//复数的实部

　　float ImagPatr;　　　　　　//复数的虚部

}complex;

//定义抽象数据类型"复数"

ADT Complex{

　　数据对象：$D=\{e1,e2|e1,e2RealSet\}$

　　数据关系：$R1=\{<e1,e2>|e1$ 是复数的实数部分，$e2$ 是复数的虚部部分$\}$

基本操作：

AssignComplex (&z, v1, v2)

操作结果：构造复数 z，其实部和虚部分别赋予参数 v1、v2 的值。

GetReal (z, &realPart)

初始条件：复数已经存在。

操作结果：用 realPart 返回复数 z 的实部值。

GetImag (z, &ImagPart)

初始条件：复数已经存在。

操作结果：用 ImagPart 返回复数 z 的虚部值。

Add (z1, z2, &sum)

初始条件：z1 和 z2 是复数。

操作结果：用 sum 返回复数 z1、z2 的和值。

DispComplex (complex z)

初始条件：复数已经存在。

操作结果：输出复数 z。

}

1.3.3　抽象数据类型实现

抽象数据类型独立于具体实现，将数据和操作封装在一起，其概念与面向对象方法的思想是一致的。所以，可以用面向对象程序设计语言(如 C++、Java 等)中的类的声明表示抽象数据类型，用类的实现来实现抽象数据类型。其中，类的实现相当于数据结构的存储结构及其存储结构上实现的数据操作。

抽象数据类型和类的概念实际上反映了程序或软件设计的两层抽象，即概念层和实现层，如图 1-11 所示。ADT 相当于概念层上的描述问题，类相当于实现上的描述问题。

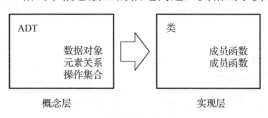

图 1-11　抽象数据类型不同视图

1.4　算法和算法分析

算法与数据结构之间有着紧密的联系，在算法设计时先要确定相应的数据结构，而在讨论某一种数据结构时也必然会涉及相应的算法。下面就从算法特性、算法描述、算法性能分析与度量三个方面对算法进行介绍。

1.4.1　算法特性

算法是对特定问题求解步骤的一种描述，是指令的有限序列。其中，每一条指令表示一个或多个操作。算法具有以下 5 个特性。

(1)有穷性。一个算法必须在有穷步之后结束，即必须在有限时间内完成。

(2)确定性。算法的每一步必须有确切的定义，无二义性。算法的执行对应着的相同的输入仅有唯一的路径。

(3)可行性。算法中的每一步都可以通过已经实现的基本运算的有限次执行得以实现。

(4)输入。一个算法具有零个或多个输入，这些输入取自特定的数据对象集合。

(5)输出。一个算法具有一个或多个输出，这些输出同输入之间存在某种特定的关系。

算法与程序两者之间存在联系又有区别。一个程序不一定满足有穷性，如操作系统，只要整个系统不被破坏，它就永远不会停止，因此操作系统不是一个算法。另外，程序中的指令必须是机器可执行的，而算法中的指令则无此限制。算法是对问题的解，而程序则是算法在计算机中特定的实现。一个算法若用程序设计语言来描述，则它就是一个程序。

求解一个问题的算法通常有多种，如同“条条大路通罗马”。算法的优劣从以下几个方面来评价。

(1)有穷性。算法的每一步必须在有限时间内完成，且能够在执行有穷步后结束。

(2)可读性。算法应当思路清晰、层次分明、简单明了、易读易懂。

(3)健壮性。当输入数据非法时，算法能适当地做出正确反应或进行相应处理，而不产生莫名其妙的结果。

(4)高效性。算法有较高的时间效率并能有效使用存储空间。

1.4.2　算法描述

算法描述用于给出算法的操作步骤。常用的描述算法的方法有自然语言、流程图、程序设计语言和伪代码等，它们各有优缺点，可适用于不同场合。下面以求两个自然数 m 和 n 的最大公约数为例，呈现各种算法描述方法并分析各自特点。

例 1.4　求两个自然数 m 和 n 的最大公约 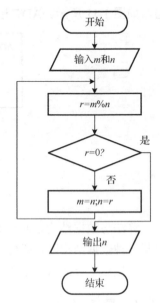 数。采用欧几里得算法——辗转相除法。

方法一：自然语言描述

第 1 步：输入 m 和 n。

第 2 步：求 m 除以 n 的余数 r。

第 3 步：若 r 等于 0，则 n 为最大公约数，算法结束；否则执行第 4 步。

第 4 步：将 n 的值放在 m 中，将 r 的值放在 n 中。

第 5 步：重新执行第 2 步。

用自然语言描述算法，最大的优点是容易理解；缺点是容易出现二义性，并且算法通常会很冗长。

方法二：流程图描述

流程图的优点是直观易懂；缺点是严密性不如程序设计语言，适用于小问题或问题某个局部求解方法的表述，灵活性不如自然语言。

该例的流程图如图 1-12 所示。

图 1-12　求两个自然数 m 和 n 的最大公约数算法流程图

方法三：程序设计语言描述

实例的程序设计语言描述如图 1-13 所示。

```
int CommonFactor(int m, int n)
{
    int r=m % n;
    while (r!=0)
    {
        m=n;
        n=r;
        r=m % n;
    }
    return n;
}
```

```
#include <iostream.h>
int CommonFactor(int m, int n)
{int r=m % n;
while (r!=0)
    {   m=n;
        n=r;
        r=m % n;}
return n;}
void main( )
{ cout<<CommonFactor(63, 54)<<endl;
}
```

```
 "D:\Documents and Settings\Administra
9
Press any key to continue
```

(a) 实例的程序函数代码　　　　　　　　　　(b) 实例的程序代码及执行结果

图 1-13　求两个自然数 m 和 n 的最大公约数程序设计语言

用程序设计语言描述的算法能由计算机直接执行，而缺点是抽象性差，使算法设计者拘泥于描述算法的具体细节，忽略了"好"算法和正确逻辑的重要性，此外，还要求算法设计者掌握程序设计语言及其编程技巧。

方法四：伪代码描述

伪代码描述是介于自然语言描述和程序设计语言描述之间的方法，以编程语言的书写形式指明算法职能。它包含赋值语句并具有程序的主要结构，容易以任何一种编程语言（Pascal、C++、Java 等）实现。伪代码程序通常带有标号，方便理解工作步骤和算法分析。操作指令可以结合自然语言来设计，至于算法中自然语言成分的多少取决于算法的抽象级别。抽象级别高的伪代码自然语言多一些，抽象级别低的伪代码程序设计语言多一些。图 1-14 给出求两个自然数 m 和 n 的最大公约数的两种伪代码描述（不同抽象级别的伪码）。

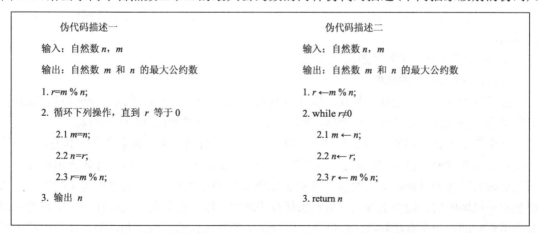

伪代码描述一	伪代码描述二
输入：自然数 n, m	输入：自然数 n, m
输出：自然数 m 和 n 的最大公约数	输出：自然数 m 和 n 的最大公约数
1. $r=m \% n$;	1. $r \leftarrow m \% n$;
2. 循环下列操作，直到 r 等于 0	2. while $r \neq 0$
2.1 $m=n$;	2.1 $m \leftarrow n$;
2.2 $n=r$;	2.2 $n \leftarrow r$;
2.3 $r=m \% n$;	2.3 $r \leftarrow m \% n$;
3. 输出 n	3. return n

图 1-14　求两个自然数 m 和 n 的最大公约数伪代码描述

伪代码具有下列优点：

(1)不依赖于语言、便于理解的代码。

(2)伪代码充当程序与算法或流程图之间的桥梁，也可以作为一个粗略的文档，因此当写出伪代码时，可以很容易地理解一个开发人员的程序。

(3)伪代码的主要目标是解释程序的每一行应该做什么，从而使程序员在构建阶段更容易实现代码。

用与某种编程语言类似的语言描述算法简称类语言，类语言也是伪代码，它采用某一程序设计语言的基本语法，如 C++，以函数的形式描述算法，变量无须声明直接使用，使算法描述简明清晰，既不拘泥于完全遵守 C++语言的语法规定和实现细节，又容易转换为C++程序。

1.4.3 算法性能分析与度量

评价一个算法的性能在于将该算法转化为程序在计算机上执行时需要占用多少机器资源。其中最重要的就是时间资源和空间资源。因此，在进行程序分析时，最关注的就是程序所用的算法在运行时要花费的时间和程序中使用的数据结构所占有的空间，通常称为时间复杂度和空间复杂度。

1. 时间复杂度

算法的执行时间通过算法编制的程序在计算机上运行时所消耗的时间来衡量，通常有两种衡量算法时间效率的方法：事后统计法和事前分析估算法。事后统计法在算法实现后，通过运行程序，测算其时间和空间开销。该方法的缺点是：①编写程序实现算法将花费较多的时间和精力；②所得实验结果依赖于计算机的软硬件等环境因素，有时容易掩盖算法本身的优劣。通常采用事前分析估算法，即不实现算法，就算法策略本身进行性能分析，通过计算算法的渐近复杂度来衡量算法的效率。

与算法执行时间相关的因素如下。

(1)算法选用的策略。

(2)问题的规模。例如，处理 100 个数与处理 100000 个数，时间一定不一样。

(3)选用的程序设计语言。一般而言，编程语言级别越高，执行效率就越低，执行时间就越长。

(4)编译程序所产生的机器代码质量。

(5)机器执行指令的速度。

撇开给予算法实现的计算机软、硬件相关因素(3)、(4)、(5)，采用事前分析估算法时，只需考虑(1)和(2)，可以认为一个特定算法运行的工作量只依赖于问题的规模。

一个算法所耗费的时间等于算法中每条语句的执行时间之和，每条语句的执行时间=语句的执行次数(即频度)×语句执行一次所需的时间。算法转换为程序后，每条语句执行一次所需的时间取决于机器的指令性能、速度以及编译所产生的代码质量等难以确定的因素。若要独立于机器的软、硬件系统来分析算法耗费的时间，则可设每条语句执行一次所需的时间均是单位时间，一个算法耗费的时间就是该算法中所有语句的频度之和，假设随着问题规模 n 的增长，算法执行时间的增长率为 $f(n)$，时间度量记为 $T(n)$。

定义 1.1(大 O 记号) 如果存在两个正的常数 c 和 n_0，对于任意 $n \geqslant n_0$，都有

$$T(n) \leqslant cf(n)$$

则称 $T(n)$ 的渐近的上界是 $f(n)$，记为

$$T(n) = O(f(n))$$

定义 1.1 表明函数 $T(n)$ 和 $f(n)$ 具有相同的增长趋势，并且 $T(n)$ 增长至多趋同于函数 $f(n)$ 增长，如图 1-15 所示。

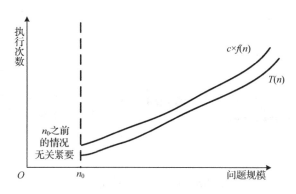

图 1-15　大 O 记号的含义

定理 1.1　若 $A(n)=a_m n^m+a_{m-1}n^{m-1}+\cdots+a_1 n+a_0$ 是一个 m 次多项式，则 $A(n)=O(n^m)$。

根据定理 1.1，若 $T(n)=2.7n^3+3.8n^2+5.3$，则 $T(n)=O(n^3)$。

定理 1.1 说明，在计算任何算法的时间复杂度时，可以忽略所有低次幂和最高次幂的系数，这样能够简化算法分析，并且使注意力集中在最重要的一点：增长率。

常见的增长率有常量阶 $O(1)$、对数阶 $O(\log_2^n)$、线性阶 $O(n)$、线性对数阶 $O(n\log_2^n)$、平方阶 $O(n^2)$、立方阶 $O(n^3)$、……、k 次方阶 $O(n^k)$、指数阶 $O(2^n)$。

增长率大小关系为

$$O(1)<O(\log_2^n)<O(n)<O(n\log_2^n)<O(n^2)<O(n^3)<\cdots<O(n^k)<O(2^n)$$

假设某一问题求解算法的类 C++ 语言描述有六条语句，各语句执行次数如表 1-4 所示。

表 1-4　各语句频度

语句编号	1	2	3	4	5	6
执行次数	1	1	$n+1$	n	n	1

所以总的语句频度为 $T(n)=1+1+n+1+n+n+1=3n+4$。

$T(n)$ 的渐近上界称为算法的时间复杂度，它表示算法所需时间随问题规模 n 的增长趋势。上述算法中，求 n 个自然数的和，$T(n)=3n+4=O(n)$，即算法的时间复杂度为 $O(n)$，为线性阶。

由定理 1.1 可知，在计算任何算法的时间复杂度时，可以忽略所有低次幂和最高次幂的系数，所以算法分析时只需分析频度最高的语句。

因输入的不确定性，算法语句频度有的可以直接计算出（如例 1.4），有的不可以。不同的算法策略有不同的分析方法，下面通过示例，介绍本节将用到的 4 种典型情况。

例 1.5　语句序列如下，分析其时间复杂度。

```
1. for (j=1;j<=n;++j)
2.   for (k=1;k<=n;++k) {
```

```
3.     ++x; s + =x; }
```

语句 1、2、3 的频度分别为 $n+3$、$n+3$、$2*n*n$，由定理 1.1 可知，仅分析语句 3 的增长率即可，算法的时间复杂度为 $T(n)=2n^2=O(n^2)$，平方阶。

例 1.6 算法描述如下，分析其时间复杂度。

```
int  Judge (int x)           //判断一个数是否大于 0，小于 0 或者等于 0
{if (x >0) ;                 //大于 0
    cout<<x<<"大于 0";
 else if (x<0)               //小于 0
    cout<<x<<"小于 0";
 else                        //等于 0
    cout<<x<<"等于 0";
return max;
}
```

该算法与问题规模无关，记为 $T(n)=O(1)$，常量阶。

例 1.7 语句序列如下，分析其时间复杂度。

```
1.  i=1;
2.  while (i<=n)
3.    i=i*2;
```

解 语句 3 的循环次数，很难直观得到。设：循环次数为 $f(n)$，则 $i=2^{f(n)}$，由循环条件可知：$2^{f(n)} \leq n$，则有 $f(n) \leq \log_2 n$，根据渐近上界定义可知：$O(f(n))=O(\log_2 n)$，所以，该语句序列的时间复杂度为 $T(n)=O(\log_2 n)$，对数阶。

例 1.8 下列算法是在一维数组 $a[n]$ 中，查找值为 e 的元素，如果找到，返回其位序；如果未找到，返回 -1。

```
0.  int find_e(int a[], int n,int e ) {
1.    for (i=0;i<k;i++ ) {
2.        if (a[i]==e)        //找到
3.    return i; }
4.    return -1; }           //未找到
```

解 该算法查找的思路是从第 0 号元素开始，依次比较，如果发现值为 e 的元素，则找到，返回其位序；如果比较完所有元素，没有发现值为 e 的元素，则未找到。

该算法中语句 2 是主要操作语句且频度最高。但该语句的执行次数，取决于找哪个元素。如果第 i 个元素是要找的，则需比较 i 次。在查找成功的情况下，被找的元素只可能是其中之一。当查找不成功时，需要穷尽所有可能，可在等概率条件下进行分析。

设每个元素被找到的概率 p 是一样，为 $1/n$，则平均比较次数为

$$f(n) = \sum_{i=1}^{n} p_i c_i = \frac{1}{n} \sum_{i=1}^{n} i = \frac{n+1}{2}$$

由此可得，顺序查找的时间复杂度为 $O(n)$。

当无法穷尽所有可能时，上述等概率假设就不能用了，此时选用最坏情况来分析。

例 1.9 设有交换标志的冒泡排序算法描述如下，分析其时间复杂度。

```
0.  void sort (int a[ ] , int n)              //冒泡排序
1.  {for (i=1, change=ture; change &&i<n-1; i++){
2.      change=false ;                        //每一趟交换标志初值
3.      for (j=0; j < n-i; j++)                //从第一个数开始，相邻两数两两比较
4.          if (a[j] > a[j+1] )                //相邻数逆序
5.              {a[j]←→a[j+1];                 //两两互换
6.               change=true;}}                //设置交换标志为 true
7.          }
8.  }
```

如果初始序列为正序，只需一趟两两比较，共比较 $n-1$ 次，无数据交换，时间复杂度为 $T(n)=O(n)$，线性阶。

如果初始序列为逆序，需进行 $n-1$ 趟比较，每一趟比较 $n-i$ 次，发生 $n-i$（第 i 趟）次数据交换，所以语句的频率为

$$T(n) \leqslant k \cdot (n-1+n-2+\cdots+2+1) = k \cdot \frac{n(n-1)}{2} = O(n^2) \text{。}$$

2. 空间复杂度

与算法运行所需空间相关的因素主要有以下 3 个。

(1)程序本身所需空间。

(2)输入数据所需空间。

(3)辅助存储所需空间。

程序本身所需空间是有限的，输入数据只取决于问题本身，与算法无关，算法所需空间性能分析，只考虑第(3)个。

算法空间复杂度是指算法的执行过程中，需要的辅助空间数量，随问题规模增长的增长趋势，记为 $S(n)=O(f(n))$，其中 n 为问题的规模。

如果所需辅助空间依赖于特定的输入，则除特别指明外，均按最坏情况来分析。

例 1.10 求对 n 个数据进行升序排序中，选择排序方法的空间复杂度。

由于第一次处理时，要找出最小记录，并交换位置到最前面；第二次处理时，要找出次小记录，并交换位置到第 2 位，……，如此反复，直至排序结束。而每次交换位置需要 1 个中间变量的存储空间，这是与问题规模 n 无关的常数。因此，选择排序方法的空间复杂度为 $O(1)$。

1.5 本 章 小 结

本章给出了解决复杂问题和数据结构相关的基本概念、术语，介绍了算法和算法时间复杂度的分析方法。主要内容如下。

(1)系统与结构：若干部分相互联系、相互作用形成的具有某些功能的整体称为系统，这里主要是指要解决的问题所应考虑的全部内容。组成系统的各个部分及其之间的关系称为结构。

(2)抽象：从研究的对象中，抽取相关的实质性内容或关系加以考察，忽略研究对象中个别的、非本质的或与研究工作无关的次要因素，这种过程称为抽象。抽象就是抽出事物的

本质特征，而暂时不考虑它们的细节。对于复杂系统问题，人们一般借助分层次抽象的方法进行问题求解。

（3）模型：对于某个实际问题或客观事物、规律进行抽象后的一种形式化表达方式，是为一种特殊目的或一类特定问题而做的抽象的、简化的结构。

（4）数据结构：它是一门研究非数值计算程序设计中操作对象，以及这些对象之间的关系和操作的学科。

（5）数据结构包括两个方面的内容：数据的逻辑结构和存储结构。同一逻辑结构采用不同的存储方法，可以得到不同的存储结构。

①逻辑结构是从具体问题抽象出来的数学模型，从逻辑关系上描述数据，它与数据的存储无关。根据数据元素之间关系的不同特性，通常有四类基本逻辑结构：集合结构、线性结构、树结构和图结构。

②存储结构是逻辑结构在计算机中的存储表示，有两类存储结构：顺序存储结构和链式存储结构。

（6）抽象数据类型是由用户定义的、表示应用问题的数学模型，以及定义在这个模型上的一组操作的总称，具体包括三部分：数据对象、数据对象上关系的集合，以及对数据对象的基本操作的集合。

（7）算法是为了解决某类问题而规定的一个有限长的操作序列。算法具有五个特性：有穷性、确定性、可行性、输入和输出。一个算法的优劣应该从四方面来评价：有穷性、可读性、健壮性和高效性。

（8）算法分析的两个主要方面是分析算法的时间复杂度和空间复杂度，以考察算法的时间和空间效率。一般情况下，鉴于运算空间较为充足，故将算法的时间复杂度作为分析的重点。算法执行时间的数量级称为算法的渐近时间复杂度，$T(n)=O(f(n))$，它表示随着问题规模 n 的增大，算法执行时间的增长率和 $f(n)$ 的增长率相同，简称时间复杂度。

习　　题

1. 什么是数据结构?有关数据结构的讨论涉及哪三个方面?

2. 什么是算法?算法的 5 个特性是什么?试根据这些特性解释算法与程序的区别。

3. 简述下列概念：系统、结构、抽象、模型、数据、数据元素、数据类型、数据结构、逻辑结构、存储结构、线性结构。

4. 试举一个数据结构的例子，叙述其逻辑结构、存储结构、基本运算三个方面的内容。

5. 常用的存储表示方法有哪几种?

6. 算法的时间复杂度仅与问题的规模相关吗?

7. 给出计算机执行下面的语句时，语句 s++ 的频度。

```
for(i=1;i<n-1;i++)
    for(j=n;j>=i;j--)
        s++;
```

8. 求下面程序段的时间复杂度。

```
sum=1;
```

```
for(i=0;i<n;i++)  sum+=1
```

9. 求下列程序段运行后 m 的值，并给出该程序段的时间复杂度。

```
m=0;
for(i=1;i<=n;i++)
    for(j=2*i;j<=n;j++)
        m=m+1;
```

10. 调用下列函数 $f(n)$，回答问题。

(1)给出执行 $f(5)$ 时的输出结果及返回值。

(2)给出语句 sum++ 的频度和 $f(n)$ 的时间复杂度。

```
int f(int n){
    int i,j,k,sum=0;
    for(i=1;i<n+1 ;i++){
        for(j=n;j>i-1;j--)
            for(k=1;k<j+1;k++)
                sum++;
        cout("sum=% d\n ",sum);
    }
    return sum;
}
```

第2章 线 性 表

本章简介：线性结构是一种常用且简单的数据结构，许多实际问题均可抽象为线性结构的形式。线性表(Linear List)是"数据结构"课程的重点与核心内容，也是第3~8章的重要基础。

学习目标：本章介绍线性表的逻辑结构和各种存储表示方法，以及定义在逻辑结构上的各种基本运算及其在存储结构上如何实现这些基本运算。通过本章的学习，读者应能了解线性表的逻辑结构特性及其在计算机中的存储结构：顺序存储结构和链式存储结构，熟练掌握这两类存储结构的描述方法，以及在存储结构上的各种基本操作的实现，进而能够从时间和空间复杂度的角度综合比较线性表两种存储结构的不同特点及其适用场合。

2.1 线性表的定义

线性表是由 $n(n \geq 0)$ 个具有相同数据类型的数据元素构成的有限序列，当 $n = 0$ 时称为空表。在非空有限集合中，线性表具有以下主要特性。

(1)存在唯一的第一个元素。

(2)存在唯一的最后的元素。

(3)除最后的元素之外，其他数据元素均有唯一的直接后继。

(4)除第一个元素之外，其他数据元素均有唯一的直接前驱。

例如，非空线性表：

$$L = (a_1, a_2, \cdots, a_i, \cdots, a_n), \qquad n \geq 0 \tag{2-1}$$

其中，a_1 称为线性表的第 1 个数据元素；a_n 称为线性表的最后一个数据元素；$i(i=1,\cdots,n)$ 称为数据元素 a_i 在线性表中的位序；表中数据元素的个数 n 称为线性表的长度。当 $1 \leq i < n$ 且 $i < j \leq n$ 时，a_j 为 a_i 的后继，a_{i+1} 为 a_i 唯一的直接后继；当 $1 < i \leq n$ 且 $1 \leq j < i$ 时，a_j 为 a_i 的前驱，a_{i-1} 为 a_i 唯一的直接前驱。

2.2 线性表的问题案例

许多实际问题均能够抽象为线性表。这里只举出几个代表性问题，以达到触类旁通的目的。

案例 2.1 求两个集合的并。

假设有两个集合 A 和 B 分别用两个线性表 L_A 和 L_B 表示(即线性表中的数据元素为集合中的成员)，求一个新的集合 $A = A \cup B$。

案例 2.2 一元多项式的表示和运算。

数学上，一元多项式 $P_n(x)$ 可按升幂表示为

$$P_n(x)=p_0+p_1x+p_2x^2+\cdots+p_nx^n \tag{2-2}$$

它可由 $n+1$ 个系数唯一确定。在计算机中对一元多项式 $P_n(x)$ 进行运算，要求先给出相应的存储表示，然后给出操作。

案例 2.3 通讯录管理系统。

通讯录是用来记载和查询联系人通讯信息的工具。电子通讯录已成为手机、电子词典等电子设备中不可缺少的工具软件。通讯录管理系统主要包括以下 6 个基本功能。

查找：按指定方式输入关键字，查找指定记录。

插入：实现记录的添加或在指定位置插入新记录。

删除：提供指定记录的删除功能。

排序：按指定关键字对通讯录中的数据进行排序。

修改：提供修改某条记录的功能。

移动：移动记录在通讯录中的存储位置，使其被查找或显示时的位序前移或后移。

要实现上述功能，首先根据通讯录的特点将其抽象成一个线性表，每条记录作为线性表中的一个元素，然后根据两种不同存储结构的优缺点，视情况选择合适的存储结构，在此基础上设计并完成相关的功能算法。

案例 2.4 文本编辑系统。

文本编辑的主要功能包括文本的插入、删除以及操作位置变化等操作。文本编辑系统广泛应用于源程序和文稿的编辑加工，如 Windows 下的各种编辑器、UNIX 系统下的标准编辑程序等。

如何在内存中保存被编辑的文本是实现文本编辑系统的关键问题。最容易想到的存储结构是二维数组，用二维数组的行数表示文本的行数，用二维数组的列数表示每行的字符数。光标位置表示所在行位置和列位置。由于文本在编辑时会引起大量数据的频繁移动，例如，在某位置插入一个字符会引起本段落后续的所有字符向后移动；类似地，删除文本中的字符也会引起大量的数据移动，随之而来的是文本大小也会在编辑时发生变化。这些都成为使用二维数组存储文本进行文本编辑时的致命问题。

要避免出现上述问题，首先根据文本的特点将其抽象成一个线性表，每个字符作为线性表中的一个元素，然后可以采用顺序表或链表表示该线性表，在此基础上设计并完成有关的功能算法。

2.3　线性表的抽象数据类型

如果一个要解决的问题可以抽象的数据和数据关系是线性表的形式，同时可以定义一系列基本操作，如存储、查找、插入、删除等。按照第 1 章抽象数据类型格式的描述，线性表的抽象数据类型定义如下：

ADT List{

  Data： $D=\{ a_i \mid a_i \in \text{ElementSet}, i=1, 2,\cdots, n, n\geqslant0\}$

  Relation： $R=\{ <a_{i-1}, a_i> \mid a_{i-1}, a_i \in D, i=2,\cdots, n\}$

  Operation：

   InitList（&L）

前置条件：线性表不存在

　　输入：无

　　功能：线性表的初始化

　　输出：无

后置条件：一个空的线性表

CreateList（&L）

前置条件：线性表已存在

　　输入：m 个数据元素

　　功能：创建 m 个数据元素的线性表

　　输出：无

后置条件：一个具有 m 个数据元素的线性表

DestroyList（&L）

前置条件：线性表已存在

　　输入：无

　　功能：销毁线性表

　　输出：无

后置条件：释放线性表所占用的存储空间

Length（L）

前置条件：线性表已存在

　　输入：无

　　功能：求线性表的长度

　　输出：线性表中元素的个数

后置条件：线性表不变

GetElem（L,i）

前置条件：线性表已存在

　　输入：元素的序号 i

　　功能：取线性表中第 i 个数据元素

　　输出：如果序号合法，则返回第 i 个数据元素的值；否则输出"出错"信息

后置条件：线性表不变

Locate（L,e）

前置条件：线性表已存在

　　输入：数据元素 e

　　功能：线性表中查找等于 e 的值的数据元素

　　输出：如果查找成功，则返回表中第一个等于 e 的值的数据元素的序号；

　　　　　否则返回 0

后置条件：线性表不变

Insert（&L,i,e）

前置条件：线性表已存在

　　输入：插入位置 i，待插入元素 e

　　　　　　功能：在线性表的第 i 个位置插入一个新元素 e
　　　　　　输出：若不成功，则输出"出错"信息
　　　　后置条件：若插入成功，则表中增加一个新元素
　　Delete（&L,i）
　　　　前置条件：线性表已存在
　　　　　　输入：删除位置 i
　　　　　　功能：删除线性表中的第 i 个元素
　　　　　　输出：若删除成功，则返回被删除元素；否则输出"出错"信息
　　　　后置条件：若删除成功，则表中减少一个元素
　　Clear（L）
　　　　前置条件：线性表已存在
　　　　　　输入：无
　　　　　　功能：把线性表变为空表
　　　　　　输出：无
　　　　后置条件：线性表为空表
　　Empty（L）
　　　　前置条件：线性表已存在
　　　　　　输入：无
　　　　　　功能：判断线性表是否为空表
　　　　　　输出：若是空表，则返回 1；否则返回 0
　　　　后置条件：线性表不变
　　ListDisplay（L）
　　　　前置条件：线性表已存在
　　　　　　输入：无
　　　　　　功能：按位置的先后次序输出线性表中的元素
　　　　　　输出：线性表的各个数据元素
　　　　后置条件：线性表不变
　}
　关于线性表的抽象数据类型定义的说明：
　（1）线性表的抽象数据类型是为可抽象为线性表的一类问题建模，并不针对某个具体问题。因此，线性表的抽象数据类型不涉及具体实现，描述中涉及的参数也无须考虑其具体数据类型。在实际应用中数据元素的数据类型可能不一样，可根据需要选择使用不同的数据类型。

　（2）上述抽象数据类型中给出的只是基本操作，由这些基本操作可以构成其他较复杂的操作。例如，线性表的拆分、复制等操作均可以利用上述基本操作的组合来实现。对于不同的应用，基本操作可以不同，有些问题可能只用到部分基本操作，而有些问题则需在基本操作的基础之上补充其他操作；即使功能相同的操作，定义上也可能有所不同。例如，输出既可以用变量的方式，也可以用函数返回值的方式。

（3）由抽象数据类型定义的线性表，可以根据实际所采用的存储结构形式，进行具体的表示和实现。

2.4 顺序表及基本操作

2.4.1 线性表的顺序存储

用一组地址连续的存储单元依次存放线性表中的数据元素称为线性表的顺序存储，以顺序存储结构存储的线性表称为顺序表，其存储结构示意图如图 2-1 所示。

顺序表中第一个元素的存储位置为顺序表的起始地址，称作顺序表的基地址（图 2-1 中基地址 $LOC(a_1)=b$）。假设每个数据元素占据的存储量是一个常量 l，则后继元素的存储地址和其前驱元素相隔一个常量 l，即

$$LOC(a_i)=LOC(a_{i-1}) + l \qquad (2\text{-}3)$$

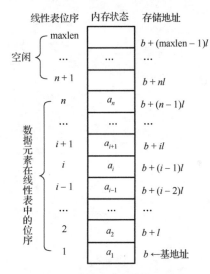

图 2-1　线性表的顺序存储结构

所有数据元素的存储位置均取决于第一个数据元素的存储位置。若设第一个数据元素的存储地址为 $b=LOC(a_1)$，则第 i 个元素的存储地址 $LOC(a_i)$ 为

$$LOC(a_i)=LOC(a_1) + (i-1)l=b + (i-1)l \qquad (2\text{-}4)$$

顺序表以"存储位置相邻"表示两个数据元素（有序对 $<a_{i-1},a_i>$）之间前驱和后继的关系，只要知道顺序表的起始位置（基地址）和每个数据元素所占存储单元的长度，就确定了线性表中的任何一个数据元素在线性表中的位序（由式（2-4）计算），该数据元素无须查找，即可进行读操作或写操作，因此称为可"随机存取"。

2.4.2 顺序表的实现

1. 顺序表类的定义

顺序表用一组地址连续的存储单元依次存放线性表中的数据元素，存储单元的申请可采用静态或动态方式。本节采用动态方式，因此需设置一个指针变量用以指示相关数据元素的位置。顺序表的使用受已申请容量的限制，因此在顺序表类定义中需设置反映表容量和表已用空间的属性。由于数据元素的类型不确定，所以采用 C++的模板机制。顺序表类定义的 C++语言描述如下。

```
template <class T>
class SqList
{
    Private:
        T *elem;            //设置一个指针变量用以指示相关数据元素的位置
        int length;         //顺序表的长度
```

```
    int listsize;                    //为顺序表申请的最大存储空间
  public:
    SqList(int m);                   //构造函数，创建容量为 m 的空表
    ~SqList();                       //析构函数，删除表空间
    void CreateList(int n);          //创建具有 n 个元素的线性表
    void Insert(int i,T e);          //在表中第 i 个位置插入元素
    T Delete(int i);                 //删除表中第 i 个元素
    T GetElem(int i);                //获取第 i 个元素的值
    int Locate(T e);                 //元素定位
    void Clear();                    //清空表
    int Empty();                     //测表空
    int Full();                      //测表满
    int Length();                    //测表长
    void ListDispplay();             //输出表元素
}
```

2. 顺序表的基本操作与分析

下面介绍顺序表类中部分基本操作的实现，将从算法思想、C++算法描述和算法性能分析等 3 个方面进行叙述。对于操作较简单的算法将省略算法思想；对于时间复杂度为 $O(1)$ 的算法，将省略算法分析。

算法 2.1　初始化顺序表。

顺序表的初始化工作是从无到有创建一个空顺序表，因此在构造函数中完成。

操作步骤：

步骤 1：申请一组连续的内存空间，作为表存储空间。

步骤 2：判断空间申请是否成功。若申请成功，则表属性初始化，长度为 0，容量为已申请存储空间容量；若申请不成功，则返回步骤 1。

类 C++语言描述：

```
template<class T>
SqList<T>::SqList(int m)              //顺序表类 SqList 构造函数
{
    elem=new T[m];                   //动态申请一组连续的内存空间
    if(!elem) throw "内存分配失败";
    length=0;                        //长度为 0
    listsize=m;                      //容量为已申请存储空间容量
}
```

算法分析：

算法的时间复杂度、空间复杂度均为 $O(1)$。

算法 2.2　销毁顺序表。

销毁顺序表的工作是释放顺序表占用的内存空间，即顺序表从有到无，可在析构函数中实现。

类 C++语言描述：

```
template<class T>
```

```
SqList<T>::~SqList()                    //顺序表类 SqList 析构函数
{                                       //销毁顺序表
    delete [] elem;                     //释放顺序表占用的内存空间
    length=0;
    listsize=0;                         //表不存在
}
```

算法分析：

算法的时间复杂度、空间复杂度均为 $O(1)$。

算法 2.3 顺序表插入。

顺序表插入指在线性表的第 $i-1$ 个数据元素和第 i 个数据元素之间插入一个新的数据元素，即把原线性表 $(a_1,\cdots,a_{i-1},a_i,\cdots,a_n)$ 改变为 $(a_1,\cdots,a_{i-1},e,a_i,\cdots,a_n)$。数据元素 a_{i-1} 和 a_i 之间的逻辑关系 $<a_{i-1},a_i>$ 改为 $<a_{i-1},e><e,a_i>$。为此，需要将最后一个数据元素 a_n 至第 i 个数据元素 a_i 依次后移，以空出待插入位置，同时表长增 1。顺序表插入元素过程如图 2-2 所示。

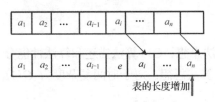

图 2-2　顺序表插入元素示意图

操作步骤：

步骤 1：判断表是否为满。如果表满，则输出"上溢"信息。

步骤 2：判断插入位置是否合理。如果插入位置 i 不合理，则输出"插入位置异常"信息。

步骤 3：将最后一个元素 a_n 至第 i 个元素 a_i，共 $n-i+1$ 个元素，依次后移一个元素位置。

步骤 4：将元素值 e 填入位置 i 处。

步骤 5：表长增 1。

类 C++语言描述：

```
template<class T>
void SqList<T>::Insert (int i,T e)
{
    if(length>=listsize) throw "上溢";
    if(i<1||i>length+1) throw "插入位置异常";
    for(j=length;j>=i; j--)             //an～ai 依次后移
        elem[j]=elem[j-1];
    elem[i-1]=e;
    length++;
}
```

算法分析：

在顺序表中某个位置插入元素的时间主要耗费在移动元素上，而移动元素的个数取决于插入位置。

假设 p_i 是在第 i 个元素之前插入一个元素的概率，则在长度为 n 的顺序表中插入一个元素所需移动元素次数的期望值（平均次数）为

$$E_{\text{in}} = \sum_{i=1}^{n+1} p_i(n-i+1) \tag{2-5}$$

不失一般性，假设在顺序表的任意位置上插入元素的概率相同，因为共有 $n+1$ 个可能插入的位置，即 $p_i = 1/(n+1)$，所以有

$$E_{\text{in}} = \frac{1}{n+1} \sum_{i=1}^{n+1} (n-i+1) = \frac{n}{2} \tag{2-6}$$

也就是说，在顺序表上实现插入操作，等概率情况下平均要移动表中一半的元素，算法的时间复杂度为 $O(n)$。

算法 2.4　删除顺序表中第 i 个数据元素。

删除线性表中第 i 个数据元素，即把原线性表 $(a_1, \cdots, a_{i-1}, a_i, \cdots, a_n)$ 改变为 $(a_1, \cdots, a_{i-1}, a_{i+1}, \cdots, a_n)$。数据元素 a_{i-1}、a_i 和 a_{i+1} 之间的逻辑关系 $\langle a_{i-1}, a_i \rangle$ 和 $\langle a_i, a_{i+1} \rangle$ 改为 $\langle a_{i-1}, a_{i+1} \rangle$。为此，需要将 $a_{i+1} \sim a_n$ 的数据元素依次前移，同时表长减 1。顺序表删除元素过程如图 2-3 所示。

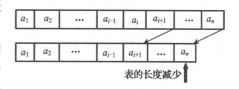

图 2-3　顺序表删除元素示意图

操作步骤：

步骤 1：判断表是否为空。如果表空，则输出"下溢异常"信息。

步骤 2：判断删除位置是否合理。如果删除位置 i 不合理，则输出"删除位置异常"信息。

步骤 3：取出被删除元素。

步骤 4：第 $i+1$ 个元素 a_{i+1} 至最后一个元素 a_n，共 $n-i$ 个元素，依次前移一个元素位置。

步骤 5：表长减 1。

类 C++语言描述：

```cpp
template <class T>
T SqList<T>::Delete (int i)
{
    if(length==0) throw "下溢异常";
    if(i<1||i>length) throw "删除位置异常";
    e=elem[i-1];
    for(j=I;j<length;j++)            //元素 a_{i+1}～a_n 依次前移一个元素位置
        elem[j-1]=elem[j];
    length--;                        //表长减 1
    return e;
}
```

算法分析：

删除元素的算法分析与插入元素的算法分析类似。由该算法可知，在顺序表中删除某个位置元素的时间主要耗费在移动元素上，而移动元素的个数取决于删除位置。

假设 q_i 是删除第 i 个元素的概率，则在长度为 n 的顺序表中删除一个元素所需移动元素次数的期望值(平均次数)为

$$E_{\text{de}} = \sum_{i=1}^{n+1} q_i (n-i) \tag{2-7}$$

不失一般性，假定在顺序表的任何位置上删除元素的概率一样，共有 n 个可能删除的位

置，即 $q_i = \dfrac{1}{n}$，所以有

$$E_{de} = \frac{1}{n}\sum_{i=1}^{n}(n-i) = \frac{n-1}{2} \tag{2-8}$$

也就是说，在顺序表上实现删除操作，等概率情况下，平均要移动表中约一半的元素，算法的时间复杂度为 $O(n)$。

算法 2.5 根据给定数据元素值，在已知某顺序表中查找该数据元素，如果找到则输出该数据元素在表中的位置，否则输出"未找到"信息。

在顺序表中查找是否存在值为 e 的元素，最简单的方法是把表中各个元素的值依次与 e 进行比较。按 ADT List 中 Locate 的定义，给出按值查找算法。

操作步骤：

步骤 1：从表中第一个元素开始，依次与查找值 e 比较。

步骤 2：判断表中某个元素的值与 e 是否相等，如果相等则执行步骤 3，否则执行步骤 4。

步骤 3：返回该元素在顺序表中的序号。

步骤 4：返回 0。

类 C++语言描述：

```cpp
template<class T>
int SqList<T>::Locate (T e)
{                              //在顺序表中查找值为 e 的元素
    for(i=0;i<length;i++)
        if (elem[i]==e)        //表中元素依次与查找值 e 比较
            return i+1;        //找到,返回该元素在顺序表中的序号
    return 0;                  //未找到，返回 0
}
```

算法分析：

该算法的基本操作是进行元素值的比较。若比较按元素位序升序顺序进行，即从第 1 个元素开始，则找到第 i 个元素，需比较的次数为 i（$1 \leqslant i \leqslant length$）。依照元素插入或删除的算法分析，不难分析出在等概率情况下，按值查找成功平均需比较 $n/2$ 个元素。因此，按值查找算法的平均时间复杂度为 $O(n)$。

2.5 顺 序 查 找

在数据元素集合中，通过一定的方法找出与给定关键字相同的数据元素的过程称为查找，即根据给定值在查找表中确定一个关键字等于给定值的记录或数据元素。静态查找是指在查找的过程中查找表的结构不发生变化的查找操作，也就是在查找过程中表中数据元素既不增加也不减少。静态查找表可以有多种表示方法，不同的表示方法其查找操作的实现也不相同。

2.5.1 静态查找表

在一般情况下，把查找表(集合结构)中的数据元素人为地加上一些顺序关系，使之成为

一个线性表。至于查找表中的数据元素存放在线性表的什么位置，完全可以由人为选取的顺序而定。此时查找表既可以采用顺序存储的方式也可以采用链式存储的方式。

静态查找表的链式存储结构：

```
template <class T>
struct Node
{
    T key;                      //关键字域
    ...                         //其他域，可以自己根据需要添加
};
template <class T>
class StaticSearchTable
{
Public:
    Node<T> *ST;
    int index;
    StaticSearchTable()
    {
        ST=NULL;                //初始为空表
        index=0;                //表示静态查找表中当前存储数据元素的个数
    }
};
```

静态查找表的顺序存储结构：

```
template <class T>
class SqList
{
    Private:
        T *elem;                //表基址
        int length;             //表长度
        int listsize;           //表容量
    public:
        SqList(int m);          //构造函数，创建容量为 m 的空表
        ~SqList();              //析构函数，删除表空间
}
```

2.5.2 顺序查找算法

顺序查找又称为线性查找，是最基本的查找方法之一。该查找方法较为简单，主要适用于对小型查找表的查找。该方法是从表的一端开始，向另一端逐个按给定值 key 与关键字进行比较，若查到，则查找成功，并给出数据元素在表中的位置；若整个表检测完，仍未找到与 key 相同的关键字，则查找失败，给出查找不成功的信息。

算法思想：将顺序表中的 0 号单元设置为"哨兵"，就是把待查值放入该单元。查找时从顺序表中的最后一个元素开始，依次向前进行查找。这样做的好处是：在查找过程中不需

要每次都要判断查找位置是否越界，从而提高了查找速度。测试表明，当 $n \geqslant 1000$ 时，进行一次查找所花费的时间平均减少约一半。当然"哨兵"也可以放在顺序表的尾部。

操作步骤：

步骤 1：将给定值 k 存入数组的 0 号单元。

步骤 2：从数组的最后一个数据元素开始，向前逐个比较记录的关键字是否等于 k。若相等，则返回其所在的数组下标。

步骤 3：根据所返回的下标值，确定查找是否成功。若下标值大于 0，则查找成功；否则查找不成功。

算法 2.6　以顺序存储为例，数据元素从下标为 1 的数组单元开始存放，0 号单元留空。

```
int   s_search1(SqList  & L, KeyType  k)
{//在表 L 中查找关键字为 k 的数据元素，若找到返回该元素在数组中的下标；否则返回 0
    L.elem[0].key=k;    //存放监测值(也称为监察哨)，这样在从后向前查找失败时，
                        //不必判断表是否检测完，从而达到算法统一
    for(i=L.length ;L.elem[i].key < > k;i--);    //从表尾端向前找
    return  i;
}
```

注意：当返回值为 0 时就意味着查找不成功。

算法分析：

查找算法的效率通常用平均查找长度(Average Search Length，ASL)来衡量。

在查找成功时，平均查找长度是指为确定数据元素在顺序表中的位置所进行的关键字比较次数的期望值。

对一个含 n 个数据元素的表，查找成功时，有

$$ASL = \sum_{i=1}^{n} P_i \cdot C_i \tag{2-9}$$

式中，P_i 为表中第 i 个数据元素的查找概率，且 $\sum_{i=1}^{n} P_i = 1$；C_i 为表中第 i 个数据元素的关键字与给定值 k 相等时，按算法定位时关键字的比较次数。显然，对于不同的查找方法，C_i 可以不同。

就上述算法而言，对于 n 个数据元素的顺序表，给定值 k 与表中第 i 个元素关键字相等，即定位第 i 个记录时，需进行 $n-i+1$ 次关键字比较，即 $C_i = n-i+1$。设每个数据元素的查找概率相等，即 $P_i = \dfrac{1}{n}$，在等概率情况下，查找成功时，顺序查找的平均查找长度为

$$ASL = \sum_{i=1}^{n} P_i \cdot (n-i+1)$$

$$ASL = \sum_{i=1}^{n} \frac{1}{n}(n-i+1) = \frac{n+1}{2} \tag{2-10}$$

查找不成功时，关键字的比较次数总是 $n+1$ 次。

算法中的基本工作就是关键字的比较，因此查找长度的量级就是查找算法的时间复杂度，所以顺序查找的时间复杂度为 $O(n)$。

许多情况下，查找表中数据元素的查找概率是不相等的。为了提高查找效率，查找表需依据"查找概率越高，比较次数越少；查找概率越低，比较次数较多"的原则来存储数据元素。

顺序查找的缺点是当 n 很大时，平均查找长度较大，效率低；优点是对表中数据元素的存储没有要求。此外，对于线性链表(Linear Linked List)，只能进行顺序查找。

2.6 线性表的链式存储结构及基本操作

2.6.1 线性表的链式存储

顺序表以存储位置相邻表示位序相关的两个元素之间的前驱和后继关系。如果在顺序表中进行插入和删除操作，需要移动操作位置之后的所有元素，因此在顺序表的接口定义中只考虑了在表尾插入和删除元素。这种增删位置受限的存储结构显然难以满足更为广泛的需求，因此需要一种能快速在任意位置插入和删除元素的存储结构——链式存储结构。

具有链式存储结构的线性表称为线性链表，简称链表。常见的链表主要有单向链表(简称单链表)、双向链表(简称双链表)、单向循环链表和双向循环链表(简称单循环链表和双循环链表)等。链表中每一个存储单元称为一个结点，结点中包含数据域和指针域。一个结点中只包含一个指针域的链表称为单链表。图 2-4 是一个单链表的结构示意，其中包含了一个指向结点后继的指针(也就是结点的指针域存放下一个结点的地址)。最后一个结点 a_n 无后继，其指针域为空(NULL)，图中用符号"∧"表示。

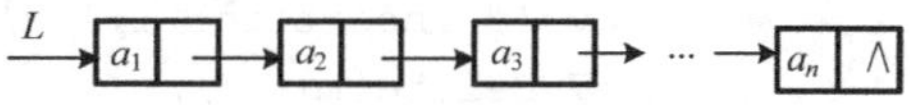

图 2-4 单链表结构

为了操作方便，通常在单链表前加一结点，称为头结点。头结点的数据域可以不存储任何信息，也可以存储表长等信息。具有头结点的单链表如图 2-5 所示(链表 a 为空链表，链表 b 为非空链表)。线性表中第一个元素结点称为首(元)结点，最后一个元素结点称为尾(元)结点。指向链表第一个结点的指针 L，称为头指针。在有头结点的单链表中，指针指向头结点；在没有头结点的单链表中，则指向首结点(第一个数据元素结点)。

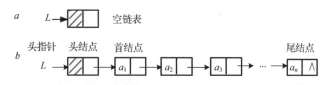

图 2-5 具有头结点的单链表

链式存储结构中，逻辑上相邻的两个数据元素其存储的物理位置不一定相邻，通过指针来建立数据元素之间的逻辑关系。例如，单链表可以通过结点指针域的地址找到后继元素所在存储单元的位置。

2.6.2　单链表的实现

1. 链表的类定义

链表由一系列称为结点的对象组成，可以采用结构类型描述结点。

```
template<class T>
struct Node
{
    T data;
    Node *next;
}
```

单链表类的 C++语言描述：

```
template <class T>
class LinkList
{
    Private:
        Node<T> *head;
    Public:
        LinkList();                  //构造函数，创建空链表
        ~LinkList();                 //析构函数，删除表空间
        void CreateList(int n);      //创建具有n个元素的线性链表
        void Insert(int i,T e);      //在表中第i个位置插入元素
        T Delete(int i);             //删除表中第i个元素
        T GetElem(int i);            //按位查找，获取第i个元素的值
        int Locate(T e);             //在链表中查找值为e的元素
        int Empty();                 //测表空
        int Length();                //测表长
        void Clear();                //清空表
        void ListDisplay();          //遍历输出表元素
}
```

2. 基本操作实现举例与分析

算法 2.7　初始化一个单链表。

单链表初始化是指创建一个空的单链表，可以通过构造函数完成。

类 C++语言描述：

```
template<class T>
LinkList<T>::LinkList()              //构造函数，创建空链表
{
    head=new Node<T>;                //创建一个新结点，该结点为头结点
    head->next=NULL;
}
```

算法 2.8　销毁一个单链表。

销毁单链表是指释放单链表所占内存空间。可以从头结点开始依次释放，直至尾结点，最后将头结点指针赋空值。

类 C++语言描述：

```
template<class T>
LinkList<T>::~LinkList()              //析构函数，删除表空间
{
    while(Head)
    {
        p=head;
        head=Head->next;
        delete p;
    }
    head=NULL;
}
```

算法分析：

对于 n 个数据元素的单链表，需释放 $n+1$ 个结点所占的内存空间，算法的时间复杂度为 $O(n)$。

算法 2.9 单链表按位查找。

链式存储的线性表，位序上相邻的元素在存储位置上不一定相邻。因此，在单链表按位查找中，需要设置一工作指针 p，以头指针为出发点，顺着 next 域逐个结点下移，查找过程如图 2-6 所示。

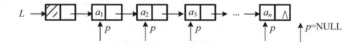

图 2-6 单链表按拉查找过程示意图

由于单链表中没有表长属性，当工作指针 p 移到尾结点之后时查找过程结束。

操作步骤：

步骤 1：设置一工作指针 p 和一个计数器 j，并赋初值。

步骤 2：执行下列操作，直至 p 为空或 p 指向第 i 个结点 ($j==i$)。

(1) p 后移。

(2) j 增 1。

步骤 3：判断是否找到，如果找到，返回指针 p 所指向的存储单元的数据元素；否则，输出"位置错误"。

类 C++语言描述：

```
template<class T>
T LinkList<T>::GetElem(int i)        //获取第 i 个元素的值
{
    p=head->next;                    //工作指针，从首结点开始，也可以从头结点开始
    j=1;                             //计数器初值为1。如果工作指针从头结点开始，则j初值为0
    while(p&&j<i)                    //顺移工作指针，直至第 i 个结点
```

```
    {
        p=p->next;j++;
    }
    if(!p||j>i)                //空表或 i 小于 0, 或 i 大于表长
        throw "位置";          //查找位置不合理
    else
        return p->data;
}
```

算法分析:

单链表按位查找是从头指针开始, 通过顺移工作指针进行定位, 即为顺序查找。若查找位置为 i, 查找成功时, 则需要执行 $i-1$ 次(从首结点开始)或 i 次(从头结点开始)移动, 等概率情况下平均时间复杂度为 $O(n)$。

算法 2.10 在单链表中插入数据元素。

单链表中插入元素是将值为 e 的新结点 s 插入单链表中成为线性表的第 i 个数据元素, 即插入 a_{i-1} 与 a_i 之间。为此, 可将工作指针 p 定位到结点 a_{i-1}, 执行如下操作:

```
s->next=p->next;
p->next=s;
```

插入操作如图 2-7 所示。

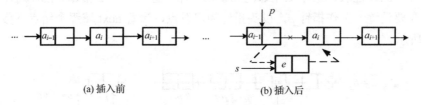

(a) 插入前   (b) 插入后

图 2-7 单链表结点插入操作示意图

线性表的链式存储, 存储空间是动态申请的, 因此一般不存在上溢。

操作步骤:

步骤 1: 设置工作指针 p, 指向头结点; 计数器 j, 初值为 0。

步骤 2: 通过顺移工作指针定位到结点 a_{i-1}。

步骤 3: 若定位不成功, 说明插入位置不合理, 输出"位置异常"; 否则执行步骤 4。

步骤 4: 生成一个值为 e 的新结点 s。

步骤 5: 将 s 插入指针 p 所指向的存储单元的数据元素之后。

类 C++语言描述:

```
template<class T>
void LinkList<T>::Insert (int i,T e)
{
    p=head;                    //工作指针初始化
    int j=0;                   //计数初始化为 0
    while(p && j<i-1)          //定位到插入点之前
    {
        p=p->next;
```

```
        j++;
    }
    if(!p||j>i-1) throw"位置异常";    //插入位置不合理，i<0 或 i>表长
    else
    {
        Node<T> *s;
        s=new Node<T>;
        s->data=e;
        s->next=p->next;
        p->next=s;                    //结点 s 链接到结点 p 之后
    }
}
```

算法分析：

在单链表中插入数据元素无须像顺序表一样移动其后继元素，算法的时间主要耗费在查找正确的插入位置上，故时间复杂度为 $O(n)$。

思考：无头结点单链表的插入算法。

算法 2.11 删除单链表中的数据元素。

单链表的删除操作是将第 i 个数据元素的结点从单链表中摘除，即改变 a_{i-1}、a_i 与 a_{i+1} 之间的链接关系。为此，需在断开链之前暂存删除结点位置 q，并将工作指针 p 定位到 q 的前驱，进行下列操作：

```
p->next=q->next;
delete q;
```

单链表结点删除操作如图 2-8 所示。

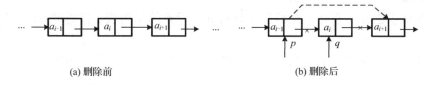

(a) 删除前   (b) 删除后

图 2-8   单链表结点删除操作示意图

操作步骤：

步骤 1：工作指针 p 初始化(指向头结点)，计数器 j 清零。

步骤 2：通过顺移 p 定位到结点 a_{i-1}。

步骤 3：判断删除位置是否合理。若删除位置不合理，输出"位置异常"；否则执行以下操作。

(1)暂存被删结点和被删元素值。

(2)摘链，将指针 p 所指向的存储单元的数据元素的后继结点从链表中摘下。

(3)释放被删结点。

(4)返回被删元素。

类 C++语言描述：

```
template <class T>
T LinkList<T>::Delete(int i)
```

```
{
    T x;
    Node<T> *p,*q;                          //设置工作指针
    p=head;                                 //查找从头结点开始
    int j=0;                                //计数器初始化
    while(p->next && j<i-1)                 //p 定位到删除结点的前驱
    {
        p=p->next;
        j++;
    }
    if(!p->next||j>i-1) throw"位置异常";     //删除位置不合理
    else                                    //删除位置合理
    {
        q=p->next;                          //暂存删除结点位置
        p->next=q->next;                    //从链表中摘除删除结点
        x=q->data;                          //取删除数据元素的值
        delete q;                           //释放删除结点
        return x;                           //返回删除元素的值
    }
}
```

算法分析：

与在单链表中插入元素算法类似，删除算法的时间主要耗费在查找正确的删除位置上，故时间复杂度为 $O(n)$。

思考：删除位置不合理包含哪几种情况？

算法 2.12 创建一个单链表。

这里的链表创建指在初始化后创建具有 n 个元素的单链表。有两种方法：头插法和尾插法。

(1)头插法。头插法指每次将新申请的结点插在头结点的后面，如图 2-9 所示。

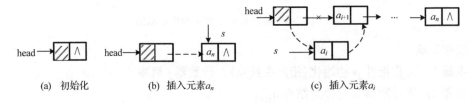

(a) 初始化   (b) 插入元素a_n (c) 插入元素a_i

图 2-9　头插法建立单链表操作示意图

由图 2-9 可知，首先生成的结点是线性表的最后一个元素 a_n，最后生成的结点是线性表的第一个元素。因此该方法也称为单链表的逆位序创建法。

类 C++语言描述：

```
template<class T>
void LinkList<T>::CreateList(int n)
{                              //头插法(逆位序)创建具有 n 个元素的线性表
    for(int i=1;i<=n;i++)
    {
```

```
        s=new Node<T>;              //新建元素结点
        cin>>s->data;               //输入新建数据元素值
        s->next=head->next;         //新结点插入头结点之后
        head->next=s;
    }
}
```

(2)尾插法。尾插法指每次将新申请的结点插在尾结点的后面，如图 2-10 所示。

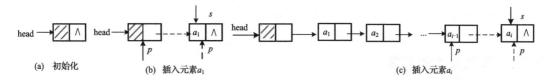

图 2-10　尾插法建立单链表操作示意图

尾插法按线性表中元素的位序依次创建，因此该方法也称为正位序创建法。因为新申请的结点总是插在表尾，为了减少算法的时间复杂度，需要设一个指向表尾的指针，该指针随着结点的插入而移动。

类 C++语言描述：

```
template<class T>
void LinkList<T>::CreateList(int n)
{                                   //尾插法(正位序)创建具有 n 个元素的线性表
    Node<T> *p,*s;                  //设置工作指针，p 指向尾结点
    p=head;
    for(int i=1;i<=n;i++)
    {
        s=new Node<T>;              //新建元素结点
        cin>>s->data;               //输入新建数据元素值
        s->next=p->next;            //新结点链入表尾
        p->next=s;
        p=s;
    }
}
```

算法 2.13　单链表的顺序查找。

算法思想：从单链表的首结点开始，向后逐个检查结点的值域，同时设置一个计数器，用以标记所访问结点在链表中的序号。若查找成功，则返回序号的值；否则返回 0。

操作步骤：

步骤 1：将指针 p 指向链表中的第一个数据结点，计数器 $j=1$。

步骤 2：检查指针 p 所指结点的值域是否等于给定值 k，若相等，则返回 j 的值，否则指针 p 向后移，检查下一个结点。重复此步骤，直至查找成功或 p 为空指针。

假设带头结点的单链表的头指针为 head，下面给出单链表的顺序查找算法。

类 C++语言描述：

```
int  s_search2(Linklist  head, KeyType  k)
```

```
{
    p=head->next; j=1;              //将 p 指向单链表的首结点，j 为结点计数器
    while(p!=NULL &&p->data!=k)    //从链表中的第一个结点开始向后查找结点的值域是否为 k
    {
        p=p->next;
        j++;
    }
if(p->data==k)  return j;          //如果在退出循环时指针 p 不为空指针，则查找成功
    else return 0;                 //查找不成功
}
```

2.6.3 其他形式的链表

1. 循环链表

在单链表中，如果将尾结点的指针域由空指针改为指向头结点，则使整个单链表形成一个环。这种头尾相接的单链表称为单循环链表，简称循环链表。有头结点的循环链表如图 2-11 所示。其中，图(a)为空循环链表，此时，head->next=head。

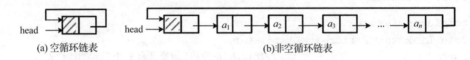

(a) 空循环链表　　　　　　　　　　　(b)非空循环链表

图 2-11　有头结点的循环链表

在单链表中，结点的查找只能从头结点开始依次往后进行；而循环链表中，从任何一个结点出发均可访问到表中其他结点。

在上述带头结点的循环链表中，找到首结点的时间复杂度是 $O(1)$，找到尾结点的时间复杂度是 $O(n)$。如果实际应用中操作常在表首或表尾位置上进行，此时带头指针的循环链表将不太方便；如果将头指针改为尾指针，则查找首结点和尾结点都将很方便。带尾指针的循环链表如图 2-12 所示。此时，首结点地址是 rear->next->next；尾结点地址是 rear。

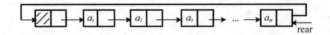

图 2-12　带尾指针的循环链表

循环链表为结点查找带来方便，但由于链表中没有明显的尾端，可能会使循环链表的正常操作进入死循环，因此需格外注意。

循环链表的定义与单链表一样，使用时仅将尾结点的指针域由空指针改为指向头结点。因此，循环链表基本操作的实现与单链表类似，不同之处在于循环结束条件不同。

2. 双向链表

在单链表或循环链表中，寻找结点的前驱必须要遍历整张表，平均时间复杂度为 $O(n)$。

为了克服单链表的单向性，可在结点中增加一个指针域，指向直接前驱，如图 2-13(a)所示，具有这种结点结构的链表称为双向链表。和单链表类似，双向链表一般由头指针唯一确定，具有头结点的双向链表如图 2-13(b)、(c)所示。

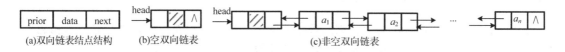

图 2-13 双向链表

如果将头结点和尾结点链接起来则构成双循环链表，如图 2-14(a)、(b)所示。

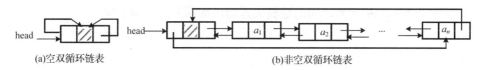

图 2-14 双循环链表

设 p 指向双循环链表中的某一结点，则双循环链表具有如下的对称性：

$$p\text{->prior->next}=p\text{->next->prior}=p$$

即结点 p 的存储地址既存放在其前驱结点的直接后继指针中，也存放在其后继结点的直接前驱指针中。

双向链表或双向循环链表中，有些操作如 Length(求表长)、GetElem(按序号查找)、Locate(按值查找)等仅涉及一个方向指针时，它们的算法描述和线性链表的操作相同，但在插入、删除时有很大的不同，在双向链表中需要同时修改两个方向的指针。

(1)双向链表中插入结点。在结点 p 之前插入一个新结点 s，需要修改 4 个指针，即：

① $s\text{->prior}=p\text{->prior}$；

② $p\text{->prior->next}=s$；

③ $s\text{->next}=p$；

④ $p\text{->prior}=s$。

其中，②、③顺序可以颠倒。指针的变化如图 2-15 所示。

(2)双向链表中删除结点。删除结点 p，需要修改 2 次指针，即：

① $p\text{->prior->next}=p\text{->next}$；

② $p\text{->next->prior}=p\text{->prior}$。

这两个语句的顺序可以颠倒。实际操作中，还应暂存结点 p 地址，以便释放结点。操作如图 2-16 所示。

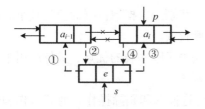

图 2-15 双向链表结点插入时指针变化

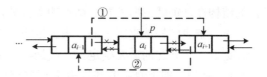

图 2-16 双向链表结点删除时指针变化

2.7　线性表的其他存储方法

2.7.1　顺序存储与链式存储的比较

顺序表的主要特征是逻辑上相邻的数据元素在物理上也相邻，即以"存储位置相邻"表示两个数据元素之间的前驱和后继的关系，这使得顺序存储具有下列优缺点。

顺序存储的优点：

(1)使用简便。根据具体问题确定出所需最大数据元素的个数后，只需定义一次，可以任意多次使用。

(2)无须为表示表中元素之间的逻辑关系而增加额外的存储空间。

(3)可以随机存取。对于顺序表中所有位置上的数据元素只要给出位置下标即可方便地存取该位置上的数据元素。

顺序存储的缺点：

(1)插入和删除操作需移动大量元素。等概率情况下平均要移动表中约一半的元素。

(2)表的容量要事先固定。若太小，则可能以后在表的增加中不够用；若太大，则造成"存储碎片"。

链式存储结构最主要的特征是逻辑上相邻的数据元素在物理上不一定相邻。这是由链式存储结构在每次需要新结点时才申请存储空间所致的。因此，链式存储通过增加指针域存储元素之间的前驱或后继关系。相比于顺序存储，链式存储具有如下优缺点。

链式存储的优点：

(1)结点空间的动态分配使得无须预先确定存储空间。理论上只要内存空间尚有空闲，就不会产生溢出。

(2)结点的前驱与后继关系靠指针指示，因此在链表中任何位置上进行插入和删除，只需修改指针，无须移动元素。

链式存储的缺点：

(1)只能顺序访问。链式存储对任意一个结点的操作不能直接进行，需要从头指针开始逐个查找。

(2)存储中需存储数据元素信息以外的存储空间用于存储数据元素之间的逻辑关系，即其存储密度(Storage Density)低于顺序表。存储密度指结点中数据域占用的存储量占整个结点占用存储量的比例，即

$$存储密度 = \frac{数据域占用的存储量}{整个结点占用的存储量}$$

顺序表的存储密度为 1，单链表的存储密度小于 1。特别当数据域占据的空间较小时，指针的结构性开销就占据了整个结点的大部分，存储密度较低。

可见，链表较好地克服了顺序表的缺点，但同时也失去了顺序表的优点。具体应用中用哪一种更好，由问题的需要确定。一般地，可参照以下两条：

(1)从时间性能上看，若线性表需频繁查找却很少进行插入和删除操作，或其操作和数

据元素在线性表中的位置密切相关时，宜采用顺序存储结构；若线性表需频繁进行插入和删除操作，则宜采用链式存储结构。

(2) 从空间性能上看，当线性表中的元素个数变化较大或者未知时，最好使用单链表实现；而如果用户事先知道线性表的大致长度，使用顺序表空间效率会更高。

以上分析了顺序存储与链式存储的基本形态，各有优缺点，可以在此基础上对它们进行改进，扬长避短。下面介绍静态链表和间接寻址存储。

2.7.2 静态链表

静态链表是用数组来描述的链表。每个数组元素由两个域构成：data 域存放数据元素；next 域（也称游标）存放该元素后继所在的数组下标。其中，0 单元的 next 域存放首元素（第一个数据元素）所在下标，其他单元的 next 域表示对应数据元素的后继在数组中的下标，形成一个数据元素链。为了在插入时快速找到可用空闲单元，通常把空闲单元也组成一个链，并设一指针 avail 指向其头位置，图 2-17(a) 是空链表，图 2-17(b) 是某一时刻的静态链表，其中含有 5 个数据元素 $\{a_1,a_2,a_3,a_4,a_5\}$ 和由 3 个单元组成的空闲链。若在表头后插入元素 e，则线性表首元素位置由 1 变为 3，空闲链指针指向下一个可用单元。插入元素 e 后的静态链表如图 2-17(c) 所示。若在表中删除元素 a_2，则 a_1 的后继由 4 变为 7，空闲链尾部新增一单元。删除 a_2 后的静态链表如图 2-17(d) 所示。

静态链表虽然用数组来存储线性表，但因增加了游标，使得元素无须顺序存放，在插入和删除操作时，只需修改游标，不需要移动表中的元素，从而改进了顺序表中插入和删除操作需要移动大量元素的缺点，但它没有解决连续存储分配带来的表长度难以确定的问题。

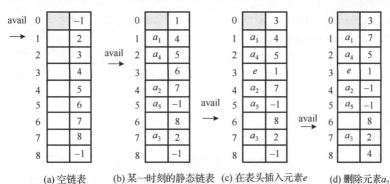

(a) 空链表　(b) 某一时刻的静态链表　(c) 在表头插入元素 e　(d) 删除元素 a_2

图 2-17　静态链表示意图

2.7.3 间接寻址存储

间接寻址存储是将顺序存储和链接存储结合起来的一种方法，它将顺序存储中存储的数据元素改为存储指向该元素的指针，如图 2-18 所示。

在间接寻址存储中，相邻元素存储位置不相邻，但其地址存储位置相邻，因此，可以进行随机存取。在进行元素插入或删除时，元素不需要移动，但元素指针需要移动。虽然算法的时间复杂度仍为 $O(n)$，但当每个元素占用的

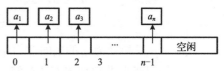

图 2-18　间接寻址存储示意图

空间较大时，间接寻址存储比顺序表的插入和删除操作要快得多。

线性表的间接寻址存储保留了顺序表随机存取的优点，同时改进了插入和删除操作的时间性能，但没有解决连续存储分配带来的表长难以确定的问题。

2.8 问题案例分析与实现

利用线性表类型中定义的基本操作，可以实现更为复杂的操作。

案例 2.1 分析：求两个集合的并。

分析与实现：

上述问题可演绎为，要求对线性表做如下操作：扩大线性表 LA，将存在于线性表 LB 中而不存在于线性表 LA 中的数据元素插入线性表 LA 中。

操作步骤：

步骤 1：从线性表 LB 中依次取得每个数据元素 GetElem(LB, i)→e。

步骤 2：依值在线性表 LA 中进行查访 LocateElem(LA, e, equal( ))。

步骤 3：若不存在，则进行插入操作 Insert(LA, n+1, e)。

类 C++语言描述：

```
void union(List &LA, List LB) {//用 List 泛指线性表，不规定其存储方式
//将所有在线性表 LB 中但不在 LA 中的数据元素插入 LA 中
La_len=LA.Length();
Lb_len=LB.Length();                      //求线性表的长度
for(i=1; i <=LB_len;  i++) {
    Lb.GetElem(i, e);                    //取 LB 中第 i 个数据元素赋予 e
    if(!L LA.LocateElem(e))
        LA.Insert(++LA.length, e);       //LA 中不存在和 e 相同的数据元素则插入表中
    }                                    //for
}                                        //union
```

案例 2.2 分析：一元多项式的表示和运算。

分析与实现：

可以用一个线性表 $P = (p_0, p_1, p_2, \cdots, p_n)$ 来表示一元多项式唯一确定的 n+1 个系数，每一项的指数 i 隐含在其系数 p_i 的序号里。但对于指数很高且变化很大的一元多项式，如

$$S(x) = 1 + 3x^{10000} + 2x^{20000} \tag{2-11}$$

如果也用上述指数隐含的线性表表示就要用长度为 20001 的线性表来表示，且表中只有 3 个非零元，将造成存储空间的极大浪费。因此，可考虑只存储非零元的方法。但是，如果只存储非零元，指数将不再隐含，指数必须与系数一起存储。

一般地，一元 n 次多项式可写成

$$p_n(x) = p_1 x^{e_1} + p_2 x^{e_2} + \cdots + p_m x^{e_m} \tag{2-12}$$

式中，p_i 是指数为 e_i 的项的非零系数，且满足 $0 \leqslant e_1 < e_2 < \cdots < e_m$ 。

用只存储非零项的方法存储，即表示成一个长度为 m 且每个元素有两个数据项(系数项和指数项)的线性表：

$$((p_1,e_1),(p_2,e_2),\cdots,(p_m,e_m))$$

由于非零项的个数预先无法确定，所以较宜采用链式存储，结点结构如图 2-19 所示。其中，coef 为系数域，存放非零项的系数；exp 为指数域，存储非零项的指数；next 为指针域，存放指向下一个结点的指针。

图 2-19 一元多项式链表结点结构

例如，多项式 $P = 7+3x+9x^8+5x^{16}$ 和多项式 $Q = 8x+22x^7-9x^8$ 可分别表示成图 2-20(a)、(b) 所示的链表。

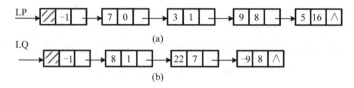

图 2-20 多项式的单链表存储结构

多项式类定义如下：

```
typedef struct
{
    float coef;
    int exp;
}PolyArray[Max];
struct PolyNode
{
  float coef;
  int exp;
  PolyNode *next;
};
class Poly
{
Private:
    PolyNode *head;
Public:
    Poly();                          //构造函数，建立空多项式
    ~Poly();                         //析构函数，释放多项式
    void Create(PolyArray a,int n);  //键盘输入，创建多项式链表
    void Disp();                     //多项式显示
    void Sort();                     //有序表排序
    void Add (Poly LB);              //多项式加
    void Substract(PolyNode * hbQ);  //多项式减
    void Multiply(PolyNode * hb);    //多项式乘
}
```

多项式的创建、销毁与单链表的创建、销毁类似。下面介绍多项式的加法运算。

一元多项式的加法运算规则为：对于两个一元多项式中所有指数相同的项，对应系数相加，若相加和不为零，则构成"和多项式中的一项"；对于两个一元多项式中所有指数不相同的项，则分别复抄到"和多项式"中。

根据上述规则，可以实现链式存储的一元多项式 $A=A+B$ 的操作。

操作步骤：

步骤 1：工作指针 pa、pb 初始化，分别指向两个多项式的头结点；工作指针 qa、qb 初始化，分别指向两个多项式的首结点，如图 2-21(a)所示。

步骤 2：只要 qa、qb 均不为空，就重复执行下列操作。

比较两指针所指结点元素的系数域。

①如果 qa->exp＜qb->exp，则结点 qa 应为结果中的一个结点，指针 qa、pa 后移，如图 2-21(b)所示。

②如果 qa->exp＞qb->exp，则结点 qb 应为结果中的一个结点，将结点 qb 插入单链表 LA 的 qa 结点之前，pa、qb 指针分别后移，如图 2-21(d)所示。

③如果 qa->exp==qb->exp，计算系数和 sum=qa->coef+qb->coef：

如果 sum≠0，修改 qa 结点系数域，值为 sum，qa、pa 后移，删除 qb 结点，qb 后移，如图 2-21(c)所示。否则，删除 qa、qb 结点，qa、qb 后移，如图 2-21(e)所示。

步骤 3：如果 qa 不空，qb 为空，则删除链表 LB 的头结点；如果 qa 空，qb 不空，则把以 qb 结点为首的链表 LB 的剩余结点链接到链表 LA 的 pa 结点之后，删除链表 LB 的头结点。

最终结果如图 2-21(f)所示。

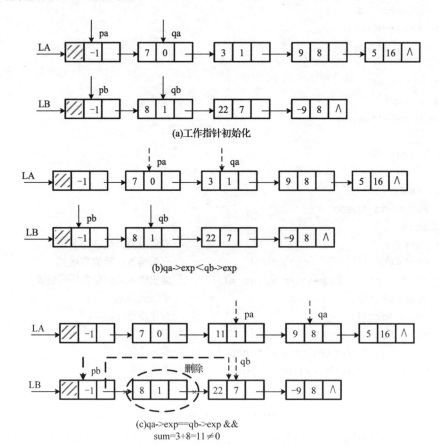

(a)工作指针初始化

(b)qa->exp＜qb->exp

(c)qa->exp==qb->exp &&
sum=3+8=11≠0

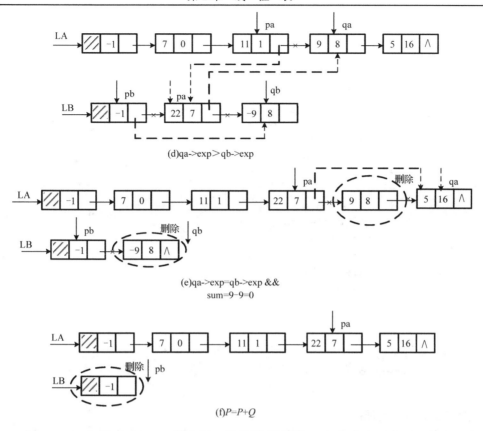

(d)qa->exp＞qb->exp

(e)qa->exp=qb->exp &&
sum=9-9=0

(f)P=P+Q

图 2-21 多项式加法运算

类 C++语言描述：

```
void Poly::Add(Poly LB)
{
    pa=head;                              //工作指针初始化1
    qa=pa->next;
    pb=LB.head ;
    qb=pb->next;
    while (qa!=NULL && qb!=NULL )
    {
        if (qa->exp < qb->exp )
        {
            pa=qa;qa=qa->next;    }
        else if (qa->exp > qb->exp)
        {
            pb->next=qb->next;
            qb->next=qa;
            pa->next=qb;
            pa=qb;
            qb=pb->next;
        }
        else
        {
```

```
            sum=qa->coef+qb->coef;
        if (sum==0)
        {
            pa->next=qa->next;
            delete qa;
            qa=pa->next;
            pb->next=qb->next;
            delete qb;
            qb=pb->next;
        }
        else
        {
            qa->coef=sum;
            pa=qa; qa=qa->next;
            pb->next=qb->next;
            delete qb;
            qb=pb->next;
        }
    }
}    //while
  if(qb!=NULL)
        qa->next=qb;
}
```

案例 2.3 分析与实现：

通讯录中的记录记载顺序是有序的，因此选用线性表：如果考虑到很少删除联系人，并且新增联系人又添加在表尾，则可以采用顺序表；但是如果考虑到在任何位置进行插入或删除操作，因涉及经常性的插入和删除，则应优先考虑采用链表。如果采用链表，就不能采用折半查找。

如果提供多种有序显示，如按姓名、按关系、按号码，可以通过建立索引表来实现，而不是把整个通讯录以不同的顺序存储多个表。

案例 2.4 分析与实现：

把文本抽象成一个线性表，每个字符作为线性表中的一个元素。在文本编辑系统中要求能实现文本插入、删除以及操作位置变化等基本功能。

在实现文本编辑系统时，具体采取哪种存储结构，是解决问题的关键之一。因为文本编辑需要频繁地进行插入和删除操作，宜采用链式存储结构。由于光标位置由行位置和列位置表示，一个较好的存储结构是采用双向链表，双向链表中的每个结点保存一行信息。于是，光标位置用一个指向链表结点的指针(行位置)和一个整型变量(列位置)表示。当光标在左右方向移动时，行位置不变，列位置随之改变；当光标在上下方向移动时，列位置不变，行位置随之改变，即指向前一结点或后一结点。

2.9　本　章　小　结

本章介绍线性表的基本概念，定义线性表的抽象数据类型，给出线性表的顺序存储结构和链式存储结构，并进一步讨论在相应存储结构上实现线性表的基本操作。

(1)线性表的逻辑结构特性是指数据元素之间存在着线性关系，在计算机中表示这种关系的两类不同的存储结构是顺序存储结构(顺序表)和链式存储结构(链表)。

(2)对于顺序表，元素存储的相邻位置反映出其逻辑上的线性关系，可通过算法语言中的数组来实现。给定数组的下标，便可以存取相应的元素，可称为随机存取结构。而对于链表，是依靠指针来反映其线性逻辑关系的，链表结点的存取都要从头指针开始，按照链表中结点顺序向后而行，所以不属于随机存取结构，可称为顺序存取结构。

习　　题

一、填空题

1. 在顺序表中插入或删除一个元素，平均需要移动_____个元素，具体移动的元素个数与_____有关。

2. 线性表有_____两种存储结构。在顺序表中，线性表的长度在数组定义时就已确定，是_____保存，在链式表中，整个链表由头指针来表示，单链表的长度是_____保存。

3. 顺序表中，逻辑上相邻的元素，其物理位置_____相邻。在单链表中，逻辑上相邻的元素，其物理位置_____相邻。

4. 在带头结点的非空单链表中，头结点的存储位置由_____指示，首结点的存储位置由_____指示，除首结点外，其他任一结点的存储位置由_____指示。

二、选择题

1. 在线性表中最常用的操作是存取第 i 个元素及其前驱的值，采用(　　)存储方式最省时间。

　　A. 顺序表　　　　　　　　　　B. 带头结点的单向链表

　　C. 带头指针的双向循环链表　　D. 带头指针的单向循环链表

　　E. 带尾指针的单向循环链表

2. 已知 L 是无头结点的单链表，且 P 结点既不是首结点，也不是尾结点。按要求从下列语句中选择合适的语句序列。

(1)在 P 结点后插入 S 结点的语句序列是(　　)。

(2)在 P 结点前插入 S 结点的语句序列是(　　)。

(3)在表首插入 S 结点的语句序列是(　　)。

(4)在表尾插入 S 结点的语句序列是(　　)。

　　A. P->next=S;　　　　　　B. P->next=P->next->next;　　　　C. P->next=S->next;

　　D. S->next=P->next;　　　E. S->next=L;　　　　　　　　　　F. S->next=NULL;

　　G. Q=P;　　　　　　　　　H. while(P->next!=Q) P=P->next;

　　I. while(P->next!=NULL)P=P->next;　　　　　　　　　　　　J. P=Q;

　　K. P=L;　　　　　　　　　L. L=S;　　　　　　　　　　　　M. L=P;

3. 某线性表中最常用的操作是存取序号为 i 的元素和在最后进行插入和删除运算，则采用(　　)存储方式时间性能最好。

　　A. 双向链表　　　B. 双向循环链表　　　C. 单向循环链表　　　D. 顺序表

4. 下列选项中，(　　)项是链表不具有的特点。

　　A. 插入和删除运算不需要移动元素　　　　B. 所需要的存储空间与线性表的长度成正比

　　C. 不必事先估计存储空间大小　　　　　　D. 可以随机访问表中的任意元素

5. 在链表中最常用的操作是删除表中最后一个结点和在最后一个结点之后插入元素，则采用（　）最省时间。

　　A. 带头指针的单向循环链表　　　　　　　B. 双向链表

　　C. 带尾指针的单向循环链表　　　　　　　D. 带头指针的单向循环链表

6. 在线性表中最常用的操作是存取第 i 个元素及其前驱的值，可采用（　　）存取方式。

　　A. 顺序表　　　　　　B. 单向链表　　　　　C. 双向循环链表　　　　D. 单向循环链表

三、综合题

1. 描述以下 3 个概念的区别：头结点、头指针、首结点。

2. 已知顺序表 L 递增有序，编写一个算法将数据 x 插入线性表的适当位置，以保持线性表的有序性。

3. 编写一算法，从顺序表中删除自第 i 个元素开始的 k 个元素。

4. 已知线性表中的元素（整数）以值递增有序排列，并以单链表作为存储结构。试编写一个高效算法，删除表中所有大于 mink 且小于 maxk 的元素（若表中存在这样的元素），分析所设计算法的时间复杂度（注意：mink 和 maxk 是给定的两个参变量，它们的值为任意的整数）。

5. 试分别以不同的存储结构实现线性表的就地逆转算法，即在原表的存储空间中将线性表 $(a_1, a_2, \cdots, a_n)$ 逆置为 $(a_n, a_{n-1}, \cdots, a_1)$。

6. 假设两个按元素值递增有序排列的线性表 A 和 B，均以单链表作为存储结构，请编写算法，将 A 表和 B 表归并成一个按元素值递减有序排列的线性表 C，并要求利用原表的（即 A 表和 B 表的）结点空间存储表 C。

7. 假设有一个循环链表的长度大于 1，且表中既无头结点也无头指针。已知 s 为指向链表某个结点的指针，试编写算法在链表中删除指针 s 所指结点的前驱结点。

8. 已知由单链表表示的线性表中含有 3 类字符的数据元素（如字母字符、数字字符和其他字符），试编写算法构造 3 个以循环链表表示的线性表，使每个表中只含同类字符，且利用原表中的结点空间作为这三个表的结点空间，头结点可另辟空间。

9. 设线性表 $A=(a_1, a_2, \cdots, a_n)$，$B=(b_1, b_2, \cdots, b_n)$，试编写一个按下列规则合并 A、B 的算法，使得

$$C=(a_1, b_1, \cdots, a_m, b_m, b_{m+1}, \cdots, b_n), \qquad m \leqslant n$$

或者

$$C=(a_1, b_1, \cdots, a_n, b_n, a_{n+1}, \cdots, a_m), \qquad m > n$$

线性表 A、B、C 均以单链表作为存储结构，且 C 表利用 A 表和 B 表中的结点空间构成。

10. 将一个用循环链表表示的稀疏多项式分解成两个多项式，使这两个多项式仅含奇次项或偶次项，并要求利用原链表中的结点空间来构成这两个链表。

11. 建立一个带头结点的线性链表，用以存储输入的二进制数，链表中每个结点的 data 域存放一个二进制位，并在此链表上实现对二进制数加 1 的运算。

12. 多项式 $P(x)$ 采用书中所述的链式存储。编写一个算法，对于给定的 x 值求 $P(x)$ 的值。

第3章 栈、队列和串

本章简介： 栈和队列是两种重要的线性结构。从数据结构角度看，栈和队列也是线性表，其特殊性在于栈和队列的基本操作是线性表操作的子集，它们是操作受限的线性表，因此可称为限定性的数据结构。但从数据类型角度看，它们是和线性表不相同的两类重要的抽象数据类型。串(String)也是一种特殊的线性表，其特殊性体现在线性表中存储的内容是字符串，也就是说，串是一种内容受限的线性表。本质上，它是线性表的一种扩展，但相对于线性表关注一个个元素来说，串更多的是关注它子串的应用问题，如查找、替换等操作。

本章首先讨论栈和队列的定义、存储结构及基本操作的实现，给出应用的例子，然后讨论串的定义、存储结构和模式匹配(Pattern Matching)算法。

学习目标： 掌握栈和队列的特点，并能在相应的应用问题中正确选用它们；熟练掌握栈的两种实现方法；熟练掌握循环队列(Circular Queue)和链队列(Linked Queue)的基本操作实现算法；理解递归(Recursion)算法执行过程中栈的状态变化过程。在此基础上了解栈与队列的相关应用，掌握应用栈与队列解决实际问题的思想及方法。栈和队列的顺序存储结构、链式存储结构和顺序队列(Sequential Queue)假溢的解决方法也是教学重点。

3.1 栈

3.1.1 栈的逻辑结构

1. 栈的定义

栈是限制只能在表的一端进行插入和删除的线性表。栈中能进行插入和删除的一端，称为栈顶(Top)，而不允许插入和删除的另一端称为栈底(Bottom)。不含元素的空表称为空栈。把一个元素从栈顶放入栈中的操作，称为进栈、入栈或压栈(Push)；从栈顶取出一个元素的操作称为出栈或弹出(Pop)。

假设栈 $S=(a_1, a_2, \cdots, a_n)$，则称 a_1 为栈底元素，a_n 为栈顶元素。栈中元素按 $a_1, a_2, \cdots, a_n$ 的次序进栈，出栈的第一个元素应为栈顶元素。换句话说，栈的修改是按后进先出(Last In First Out，LIFO)的原则进行的，如图 3-1 所示。因此，栈又称为后进先出的线性表。

日常生活中，有很多栈的例子。例如，一辆车宽度的死胡同，如果有多辆车进去，只能按后进先出的次序出来。再如，餐馆里摞在一起的一叠盘子也如同一个栈，通常后刷洗的盘子放在最上面，最方便取出使用的是最上面的盘子。栈的操作特点正是上述实际应用的抽象。因此，在实际程序设计中，如果需要按照保存数据时相反的顺序来使用数据，可以考虑利用栈来实现。

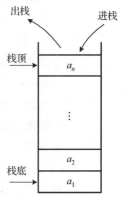

图 3-1 栈的结构示意图

2. 栈的抽象数据类型定义

ADT Stack{
　　Data： $D=\{a_i\,|\,a_i\in\text{ElementSet},\,i=1,2,\cdots,n,\,n\geqslant0\}$
　　Relation： $R=\{<a_{i-1},a_i>|\,a_{i-1},a_i\in D,\,i=2,\cdots,n\}$
　　Operation：
　　InitStack（&S）
　　前置条件：栈不存在
　　　　输入：无
　　　　功能：构造一个空栈
　　　　输出：无
　　后置条件：一个空栈
　　DestroyStack（&S）
　　前置条件：栈已存在
　　　　输入：无
　　　　功能：销毁栈
　　　　输出：无
　　后置条件：释放栈所占用的存储空间
　　Push（&S, e）
　　前置条件：栈已存在
　　　　输入：准备进栈的一个元素
　　　　功能：在栈顶插入一个元素
　　　　输出：如果插入不成功，则抛出异常
　　后置条件：插入成功，栈顶元素为新元素
　　Pop（&S）
　　前置条件：栈已存在
　　　　输入：无
　　　　功能：删除栈顶元素
　　　　输出：如果删除成功，则返回被删除元素值；否则，抛出异常
　　后置条件：如果删除成功，则栈顶元素被删除
　　GetTop（S）
　　前置条件：栈已存在
　　　　输入：无
　　　　功能：读取栈顶元素
　　　　输出：如果栈不空，输出栈顶元素；否则，抛出异常
　　后置条件：栈不变
　　StackEmpty（S）
　　前置条件：栈已存在
　　　　输入：无

　　功能：判断栈是否为空

　　输出：如果栈空，返回 1；否则，返回 0

后置条件：栈不变

ClearStack（&S）

前置条件：栈已存在

　　输入：无

　　功能：删除栈中所有元素

　　输出：无

后置条件：栈被置为空栈

}

表 3-1 给出栈的操作示例。

表 3-1　栈操作示例

操作	输出	栈内数据元素
InitStack（）		
Push（2）		2
Push（1）		2,1
Push（8）		2,1,8
Pop（）	8	2,1
GetTop（）	1	2,1
StackEmpty（）	0	2,1
ClearStack		
Pop（）	异常	
StackEmpty（）	1	

3.1.2　栈的问题案例

案例 3.1　数制转换。

十进制数和其他进制数的转换是计算机实现计算的基本问题。十进制整数转换为其他进制数(如二进制、八进制、十六进制数等)的方法是"除以基数，逆序取余"。

例如，$(888)_{10}=(1570)_8$，其运算过程如下。

N	$N/8$	$N\%8$
888	111	0
111	13	7
13	1	5
1	0	1

案例 3.2　表达式求值。

表达式求值是程序设计语言编译中的一个基本问题。表达式是由运算符、运算对象和界限符组成的一个有意义的式子。运算符可以是算术运算符(如+、−、*、/ 等)、关系运算符(如>、<、=、>=、<=、!=等)和逻辑运算符(如 and、or、not 等)；运算对象为常数或被说明的变量或常量标识符；基本界限符有左右括号和表达式结束符等。例如：

$$1+2*(7-4)/3$$

该式是一个表达式，式中，1、2、7、4 和 3 是运算对象；+、–、*和/是运算符；(和)为界限符。表达式计算的一个常用方法是"算符优先法"，即从左到右扫描表达式，按算符的优先级高低进行计算，如上式运算准则为：①先算括号内的，后算括号外的；②先做乘、除，后做加、减。

计算过程如下。

(1) 计算 7–4： $1+2*\underline{(7-4)}/3$

(2) 计算 2*3： $1+\underline{2*\quad\quad 3\quad\quad}/3$

(3) 计算 6/3： $1+\underline{\quad\quad 6\quad\quad}/3$

(4) 计算 1+2： $\underline{1+\quad\quad 2\quad\quad}$

(5) 得到结果：   3

在表达式计算中，先出现的运算符不一定先运算，具体运算顺序需要通过进行运算符优先关系的比较，确定合适的运算时机。运算时机的确定可以借助栈来完成。这样，将扫描到的不能进行运算的运算对象和运算符分别压入对应的栈中，在条件满足时，它们分别从栈中弹出进行运算，其具体实现是栈应用的一个典型例子。

3.1.3 栈的顺序存储结构及基本操作

1. 栈的顺序存储结构——顺序栈

采用顺序存储结构的栈称为顺序栈(Sequential Stack)，通过利用一组连续的存储单元依次存放从栈底到栈顶的数据元素，同时附设指针 top 指示栈顶元素在顺序栈中的位置。一种习惯的做法是以 top=0 表示空栈，由于 C++中数组的下标约定从 0 开始，因此当以 C++作为描述语言时，如此设定会带来很大的不便。因此，另设指针 base 始终指向顺序栈的栈底元素，称 base 为栈底指针。当 top 和 base 的值相等时，表示栈空。

对于顺序栈，需要事先为它分配一个可以容纳最多元素的存储空间，约定栈底(base)为这个存储空间的基地址，也是一维数组的首地址。若 base 的值为 NULL，则表示栈结构不存在。top 为栈顶指针，其初值指向栈底。每当插入新的栈顶元素时，指针 top 增 1；删除栈顶元素时，指针 top 减 1。因此，栈空时，top 和 base 的值相等，都指向栈底；栈非空时，top 始终指向栈顶元素的下一个位置。图 3-2 为顺序栈中数据元素和栈顶指针之间的关系。

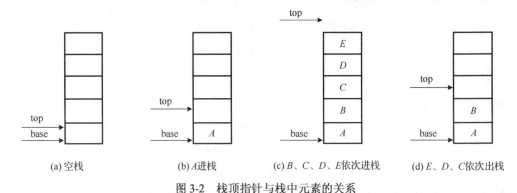

图 3-2   栈顶指针与栈中元素的关系

2. 顺序栈 C++类定义与实现

顺序栈 C++类描述如下：

```cpp
//顺序栈 C++类定义
template <class T>
class SqStack
{
    Private:
        T *base;                        //栈底指针
        T *top;                         //栈顶指针
        int stacksize;                  //栈容量
    public:
        SqStack(int m);                 //构建函数
        ~SqStack();                     //析构函数
        void Push(T x);                 //入栈
        T Pop();                        //出栈
        T GetTop();                     //获取栈顶元素
        int StackEmpty();               //测栈空
        void ClearStack();              //清空栈
        void StackTop();                //返回栈顶指针
        void StackTranverse();          //显示栈中元素
};
```

算法 3.1　顺序栈初始化。

初始化的主要工作是创建一个空顺序栈。

操作步骤：

步骤 1：申请一组连续的内存空间为顺序栈使用。

步骤 2：给栈顶、栈底、栈容量赋相应的值。

初始化工作可在构造函数中实现。

类 C++语言描述：

```cpp
template <class T>
SqStack<T>::SqStack(int m)
{
    base=new T[m];                      //申请一组连续内存空间
    if (base==NULL)
    {
        cout<<"栈创建失败, 退出!"<<endl;
        exit(1);
    }
    stacksize=m;                        //栈容量赋值
    top=base;
}
```

算法 3.2 顺序栈入栈。

入栈是在栈顶插入一个新元素并相应调整栈顶。

操作步骤：

步骤 1：如果栈满，抛出上溢异常，无法进栈。

步骤 2：新元素插入栈顶，栈顶指针增 1。

类 C++语言描述：

```cpp
template <class T>
void SqStack<T>::Push(T x)
{
    if (top-base)==stacksize          //判断栈是否为空
        throw "栈满，无法入栈";
    *top++=x;                         //新元素入栈，栈顶指针加 1
}
```

算法 3.3 顺序栈出栈。

出栈操作是取出栈顶元素，并相应调整栈顶指针。

操作步骤：

步骤 1：如果栈空，抛出下溢异常，无元素出栈；否则，转步骤 2。

步骤 2：栈顶指针减 1，栈顶元素出栈。

类 C++语言描述：

```cpp
template <class T>
T Sq_Stack<T>::Pop()
{
    T x;
    if (top==base)throw "栈空，不能出栈";    //判断栈是否为空
        x=*--top;                        //栈顶指针减 1
    return x;
}
```

算法 3.4 顺序栈取栈顶元素。

取栈顶元素操作是取出栈顶元素，但不改变栈。

类 C++语言描述：

```cpp
template <class T>
T SqStack<T>::GetTop()
{
  if (top!=base)
      return *(top-1);                    //返回栈顶元素
}
```

顺序栈和顺序表一样，会受到最大空间容量的限制。因此，在实际应用程序中，如果无法预先估计栈可能达到的最大容量，使用下面介绍的链栈更为适宜。

3.1.4　栈的链式存储结构及基本操作

1.　栈的链式存储结构——链栈

作为线性表，栈也可以采用链式存储结构。采用链式存储结构的栈称为链栈（Linked Stack）。

通常链栈用单链表表示，此时链栈为运算受限的单链表，其插入和删除操作仅限于在表头位置上进行。由于只能在链表的表头进行操作，所以没有必要附加头结点。链表的头指针即栈顶指针。

链栈结构及操作示意如图 3-3 所示。

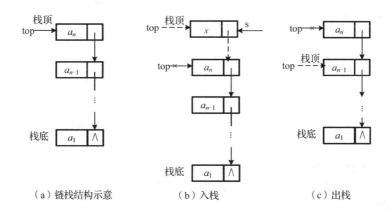

（a）链栈结构示意　　　　　（b）入栈　　　　　（c）出栈

图 3-3　链栈结构及操作示意

2.　链栈类定义与实现

链表的结点结构与单链表的结点相同。链栈类定义的 C++描述如下：

```cpp
template<class T>
struct Node
{
    T data;
    Node<T> *next;                //此处 T 可以省略
};
template<class T>
class LinkStack
{
    Private:
        Node<T> *top;             //链表首为栈顶
    Public:
        LinkStack(){top=NULL;}    //构造函数，置空链栈
        ~LinkStack();             //析构函数，释放链栈中各结点的存储空间
        void Push(T x);           //元素 x 入栈
        T Pop();                  //栈顶元素出栈
        T GetTop();               //取栈顶元素
```

```
        int StackEmpty();          //判断栈是否为空
        void ClearStack();          //清空栈
        void StackTranverse();      //遍历输出栈中元素
};
```

算法 3.5　链栈的销毁。

销毁链栈的主要工作是释放链栈所占的存储空间，实现时可从栈顶开始依次释放链栈中各数据元素结点。销毁工作可在析构函数中实现。

类 C++语言描述：

```
template<class T>
LinkStack<T>::~LinkStack()
{                                   //析构函数，销毁栈
    Node<T> *q;
    while(top)                       //从栈顶开始释放链栈的每一个结点的存储空间
    {
        q=top;                       //暂存被释放结点
        top=top->next;               //头指针后移指向下一个被释放结点
        delete q;
    }
}
```

算法 3.6　链栈入栈。

链栈入栈即在链表头插入新结点，且栈顶指针指向该结点。

操作步骤：

步骤 1：创建一个值为入栈元素的新结点 s。

步骤 2：新结点 s 插入表头。

步骤 3：栈顶指针指向 s。

类 C++语言描述：

```
template<class T>
void LinkStack<T>::Push(T x)
{
    Node<T> *s;
    s=new Node<T>;s->data=x;         //创建新结点，并赋值
    s->next=top;                     //新结点插入表头
    top=s;                           //栈顶指针指向新插入结点
}
```

算法 3.7　链栈出栈。

链栈出栈即删除链表的首元素结点。

操作步骤：

步骤 1：如果栈空，则下溢。

步骤 2：暂存栈顶结点，取该结点值。

步骤 3：栈顶指针后移。

步骤 4：删除原栈顶结点，返回其值。

类 C++语言描述：

```
template<class T>
T LinkStack<T>::Pop()
{
    T x;
    Node<T> *p;
    if(top==NULL)throw"下溢";              //步骤 1
    x=top->data;                          //步骤 2
    p=top;                                //步骤 3
    top=top->next;
    delete p;                             //步骤 4
    return x;
}                                         //LinkStack
```

3.1.5 顺序栈和链栈的比较

顺序栈和链栈基本操作的实现在时间上是一样的，都是常数级。空间上，初始化一个顺序栈必须先声明一个固定长度存储空间，这样在栈不满时，就浪费了一部分存储空间，并且存在栈满的问题；链栈只有当内存没有可用空间时才会出现栈满，所以一般认为链栈不存在栈满问题，但链栈中每个元素都需要一个指针域，从而产生了结构性开销。所以，在栈的使用过程中，元素个数多且变化较大时，适宜用链栈；反之，宜采用顺序栈。

顺序栈具有单向延伸特性。利用这个特性，如果在一个程序中需要同时使用具有相同数据类型的两个栈时，可以使用一个数组来存储两个栈。栈底分别设置在数组的两端，每个栈从各自的端点向中间延伸，如图 3-4 所示。

bottom1　　　top1　　　　　top2　　bottom2

图 3-4　两栈共享空间示意图

此时，只有当整个向量空间被两个栈占满(即两个栈顶相遇)时，才会发生上溢。因此，两个栈共享一个长度为 m 的向量空间和两个栈分别占用两个长度为 $\lfloor m/2 \rfloor$、$\lceil m/2 \rceil$ 的向量空间相比较时，前者发生上溢的概率要比后者小得多。特别是当两个栈的空间需求有相反的关系时，这种方法很奏效。例如，当需要从一个栈中取出元素放入另一个栈时，这种方法非常有效。

3.1.6 案例求解

由于栈结构具有后进先出的固有特性，栈成为程序设计中的有用工具。本节对 3.1.2 节引入的两个案例做进一步的分析，说明如何利用栈的基本操作具体实现案例中的相关算法。

1. 数制转换

案例 3.1 分析与实现：在 $(888)_{10}=(1570)_8$ 计算过程中，各个数位产生的顺序是从低位到高位，而打印输出的顺序，一般来说应从高位到低位，这恰好和计算过程相反。因此，需要先保存在计算过程中得到的八进制数的各位，然后逆序输出，即按后进先出的规律来进行，所以用栈最为合适。

具体实现时，栈可以采用顺序存储表示也可以采用链式存储表示。

算法 3.8　借用栈实现十进制整数 N 到八进制数的转换。

操作步骤：

步骤 1：构造一个空栈。

步骤 2：当 $N \neq 0$ 时，求八进制数各数字位。

(1) $N \% 8$ 入栈。

(2) $N \leftarrow N / 8$。

步骤 3：如果栈不空，输出八进制数各数字位。

(1) 出栈。

(2) 输出。

类 C++语言描述：

```
void conversion10_8(int N)
{                                      //把十进制整数 N 转化为八进制数输出
    Stack<int> s;                      //构造一个空栈
    while (N) {                        //当 N≠0 时，求八进制数各数字位
        s.Push (N%8);
        N=N/8;
    }
    while (!s.StackEmpty()){           //当栈不空时输出各数字位
        e=s.Pop( );
        cout<<e;
    }
} //conversion10_8
```

该算法的时间和空间复杂度都为 $O(\log_8 N)$。

这是利用栈的后进先出特性的最简单的例子，先是各数字位入栈，而后是按入栈相反顺序出栈。显然，该问题不用栈，而用一个数组也可以解决，但栈的引入可以简化程序设计，突出解决问题的根本所在。

2．表达式求值

如何利用计算机来自动进行表达式求值运算呢？

首先，确定算符的优先级。如果仅考虑算术运算的加、减、乘、除，且把界限符作为一种运算符，运算符的优先级如表 3-2 所示。

表 3-2　运算符的优先级

θ_1	θ_2						
	+	−	*	/	(	)	#
+	>	>	<	<	<	>	>
−	>	>	<	<	<	>	>
*	>	>	>	>	<	>	>

续表

θ_1	θ_2						
	+	−	*	/	(	)	#
/	>	>	>	>	<	>	>
(	<	<	<	<	<	=	error
)	>	>	>	error	>	>	>
#	<	<	<	<	<	error	=

如果用 θ_1 和 θ_2 表示相邻出现的两个运算符，则有：

(1) $\theta_1 < \theta_2$ 表示 θ_1 的优先级低于 θ_2。

(2) $\theta_1 = \theta_2$ 表示 θ_1 的优先级等于 θ_2。

(3) $\theta_1 > \theta_2$ 表示 θ_1 的优先级高于 θ_2。

(4) error 表示出现该相邻的运算符为不合理。

其次，设置两个栈：操作数栈 OD 和运算符栈 OP。栈 OD 用于存放暂不参与运算的操作数；栈 OP 用于存放暂不进行运算的操作符。一个运算符是否进行运算，取决于其后出现的运算符，当优先级小于它时才进行运算。

算法 3.9 中缀表达式求值。

操作步骤：

步骤 1：表达式结束符进操作符栈。

步骤 2：读入表达式操作数或操作符。

步骤 3：如果读到的字符不是表达式结束符或者操作符栈的栈顶元素不是结束符，则进行下列操作。

(1) 如果是操作数，入操作数栈，读入下一个字符。

(2) 如果是操作符，把操作符栈的栈顶元素 (θ_1) 与它 (θ_2) 比较。

① 如果比较结果是 $\theta_1 < \theta_2$，则该操作符进栈，读入下一个字符。

② 如果比较结果是 $\theta_1 = \theta_2$，操作符退栈，消去一个括号，读入下一个字符。

③ 如果比较结果是 $\theta_1 > \theta_2$，从操作符栈退出一个运算符，从操作数栈退出两个操作数，进行运算，并将运算结果入操作数栈。

步骤 4：操作数栈顶元素即表达式计算结果。

利用上述算法，对算术表达式 $1 + 2 * (7 - 4) / 3$ 执行计算的过程如表 3-3 所示。

表 3-3 $1 + 2 * (7 - 4) / 3$ 计算过程

步骤	OP 栈	OD 栈	读入字符	主要操作
1				OP.Push('#')
2	#		$\underline{1} + 2 * (7 - 4) / 3 =$	OD.Push('1')
3	#	1	$1 \underline{+} 2 * (7 - 4) / 3 =$	OP.Push('+')
4	#+	1	$1 + \underline{2} * (7 - 4) / 3 =$	OD.Push('2')
5	#+	1 2	$1 + 2 \underline{*} (7 - 4) / 3 =$	OP.Push('*')
6	#+ *	1 2	$1 + 2 * \underline{(} 7 - 4) / 3 =$	OP.Push('(')
7	#+ * (	1 2	$1 + 2 * (\underline{7} - 4) / 3 =$	OD.Push('7')
8	#+ * (	1 2 7	$1 + 2 * (7 \underline{-} 4) / 3 =$	OP.Push('−')

步骤	OP 栈	OD 栈	读入字符	主要操作
9	#+ * (-	1　2　7	1＋2*(7－<u>4</u>)/3=	OD.Push('4')
10	#+ * (-	1　2　7　4	1＋2*(7－4<u>)</u>/3=	OP.Pop()，OD.Pop()，OD.Pop()，OD.Push(7－4)
11	#+ * (	1　2　3	1＋2*(7－4<u>)</u>/3#	OP.Pop()
12	#+ *	1　2　3	1＋2*(7－4)<u>/</u>3#	OP.Pop()，OD.Pop()，DA.Pop()，OD.Push(2*3)
13	#+	1　6	1＋2*(7－4)<u>/</u>3#	OP.Push('/')
14	#+/	1　6	1＋2*(7－4)<u>3</u>#	DA.Push('3')
15	#+/	1　6　3	1＋2*(7－4)/3<u>#</u>	OP.Pop()，OD.Pop()，OD.Pop()，OD.Push(6/3)
16	#+	1　2	1＋2*(7－4)/3<u>#</u>	OP.Pop()，OD.Pop()，OD.Pop()，OD.Push(1＋2)
17	#	3	1＋2*(7－4)/3<u>#</u>	

类 C++语言描述：

```
template<class T>
int EvalExp(char *exp )
{//采用算符优先算法求表达式的值，表达式存于字符串 exp 中，且以"#"为结束符
    Stack <T> OP;                    //创建操作符栈
    Stack <T> OD;                    //创建操作数栈
    OP.Push('#');                    //表达式结束入操作符栈
    p=exp;
    c=*p;                            //读取表达式
    while ( c !='=' || OP.GetTop()!='='){
    if (!In( c,OP))                  //函数用于判断字符 c 是否属于操作符，
                                     //是操作符，返回 1；否则返回 0
    {OD .Push (c );c=*(++p);}        //操作数入操作数栈
        else
        switch ( Precede (OP.GetTop,c))//函数 Precede 用于两个操作符的优先级比较
        {
            case '<':                //栈顶元素的优先级低
            OP.Push(c);c=*(++p);break;
            case '=':                //去括号并接收下一字符
            OP.Pop( );c=*(++p);break;
            case'>':                 //栈顶元素的优先级高
            t=OP.Pop( );             //取运算操作符
            b=OD.Pop( );a=OD.Pop( ); //取运算的两个操作数
            OP.Push(Operate (a ,t ,b));//函数 Operate 实现运算；运算结果入操作数栈
            Break;
            } //switch
        } //while
    return OP.GetTop ( );
} //EvaExp
```

这种把运算符放在操作数中间的表达式，称为中缀表达式，例如：

$$1＋2*(7－4)/3$$

通过上面的求解过程可以发现，中缀表达式不仅要判断运算符优先级，而且还要处理括号，不适于计算机进行求解。

与中缀表达式相对应的还有后缀表达式和前缀表达式。其中，运算符在操作数之后的表

达式称为后缀表达式或逆波兰式。逆波兰式中，将不存在界限符，且计算按运算符出现的先后依次出现，给计算机进行表达式计算带来方便。

上式的后缀表达式为：1　2　7　4　–　*　3　/　+

式子 1 + 2 * (7 – 4)/3 的后缀表达式计算过程如下：

(1) 计算 7–4：　　　　　1　2　7　4　–　*　3　/　+

(2) 计算 2*3：　　　　　1　2　3　*　3　/　+

(3) 计算 6/3：　　　　　1　6　3　/　+

(4) 计算 1+2：　　　　　1　2　+

(5) 得到结果：　　　　　3

算法 3.10　后缀表达式计算。

操作步骤：

步骤 1：创建一个栈，作为操作数栈。

步骤 2：执行下列操作，直到表达式结束。

(1) 读取表达式。

(2) 如果是操作数，则入操作数栈。

(3) 如果是操作符 t，则从操作数栈退出两个操作数 a、b，进行运算 b　t　a，并把运算结果入操作数栈。

步骤 3：栈顶元素即表达式的值。

类 C++语言描述：（略）。

利用运算符的优先级，可以把中缀表达式转化为后缀表达式。这里给出手动的转换方法，如表 3-4 所示。

表 3-4　由中缀表达式求后缀表达式的步骤

步骤	方法描述	示例
1	写出中缀表达式	1 + 2 * (7 – 4)/3
2	按运算先后把每一次运算用括号括起	(1 + ((2 * (7 – 4))/3))
3	把运算符移至对应的括号的后面	(1　((2　(7　4)–)*3)/)+
4	去除括号	1 2 7 4 – *3 /+

算法 3.11　中缀表达式转换为后缀表达式算法。

操作步骤：

步骤 1：创建一个操作符栈。

步骤 2：从左到右扫描读取表达式，执行下列运算，直至表达式结束符。

(1) 如果是操作数，输出。

(2) 如果是操作符 θ_2，则把操作符栈栈顶的运算符 θ_1 与它进行比较。

① $\theta_1 < \theta_2$，θ_2 入操作符栈。

② $\theta_1 = \theta_2$，从操作符栈退出一个操作符，不输出。

③ $\theta_1 > \theta_2$，从操作符栈输出所有比 θ_2 优先级高的运算符，直至栈顶算符优先级小于 θ_2，θ_2 入操作符栈。

类 C++语言描述：（略）。

3.2 队 列

队列是一种抽象的逻辑结构。顾名思义，它是将对象排列成队，有入口（队尾）和出口（队头）。对象只能从队尾入队，从队首离队。所以，队列具有先进先出（First In First Out，FIFO）或后进后出（Last In Last Out，LILO）的特性。

日常生活中，当服务者数目小于服务对象数目时，常用排队来决定服务次序，如售票窗外排队买票、食堂里排队买饭。在计算机系统中为任务分配资源时，也常用排队策略，例如，当打印请求多于一个时，通过队列依次响应各个请求。同理，CPU 有多个任务（或程序）需要处理时，由队列决定服务次序，进行分时响应。

3.2.1 队列的逻辑结构

1. 队列的定义

队列是限定只能在表的一端进行插入和在另一端进行删除操作的线性表。在表中，允许插入的一端称为队尾（rear），允许删除的另一端称为队头（front）。从队尾插入元素的操作称为入队；删除队头元素的操作称为出队，如图 3-5 所示。

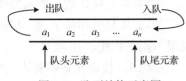

图 3-5 队列结构示意图

2. 队列的抽象数据类型定义

ADT Queue{

    Data: $D=\{ a_i \mid a_i \in \text{ElementSet}, i=1, 2, \cdots, n, n \geqslant 0\}$

    Relation: $R=\{ <a_{i-1}, a_i> \mid a_{i-1}, a_i \in D, i=2, \cdots, n\}$

    Operation：

      InitQueue(&Q)

        前置条件：队列不存在

          输入：无

          功能：初始化队列

          输出：无

        后置条件：创建一个空队列

      DestroyQueue(&Q)

        前置条件：队列已存在

          输入：无

          功能：销毁队列

          输出：无

        后置条件：释放队列所占用的存储空间

      EnQueue(&Q, e)

        前置条件：队列已存在

输入：元素值 e

功能：在队尾插入一个值为 e 的元素

输出：如果插入不成功，则抛出异常

后置条件：如果插入成功，则队尾增加了一个元素

DeQueue($\&Q$)

前置条件：队列已存在

输入：无

功能：删除队头元素

输出：如果删除成功，则返回被删除元素值；否则，抛出删除异常

后置条件：如果删除成功，则队头减少了一个元素

GetHead(Q)

前置条件：队列已存在

输入：无

功能：读取队头元素

输出：若队列不空，则返回队头元素

后置条件：队列不变

QueueEmpty(Q)

前置条件：队列已存在

输入：无

功能：判断队列为空

输出：如果队列为空，则返回 1；否则，返回 0

后置条件：队列不变

QueueClear($\&Q$)

前置条件：队列已存在

输入：无

功能：清除队列所有元素并重新置为初始状态

输出：没有

后置条件：队列为空

}

队列操作举例如表 3-5 所示。

表 3-5　队列操作示例

操作	输出	队列中数据元素	备注
InitQueue		（ ）	创建一个空队列
EnQueue(3)		（3）	值为 3 的数据元素入队
EnQueue(5)		（3,5）	值为 5 的数据元素入队
DeQueue()	3	（5）	出队
EnQueue(7)		（5,7）	值为 7 的数据元素入队
GetHead()	5	（5,7）	获取队头元素

操作	输出	队列中数据元素	备注
QueueEmpty( )	0	(5,7)	队不空
DeQueue( )	5	(7)	出队
DeQueue( )	7	( )	出队
DeQueue( )	下溢	( )	队空时出队，下溢
EnQueue(9)		(9)	值为 9 的数据元素入队
QueueClear( )		( )	删除队列中所有元素
QueueEmpty( )	1	( )	队空

3.2.2　队列的顺序存储结构及实现

1. 队列的顺序存储结构——顺序队列、循环队列

队列的顺序存储是利用一组连续的存储单元存放从队头至队尾的数据元素。采用顺序存储结构的队列称为顺序队列。

顺序存储队列需要事先为它分配一个可以容纳最多元素的存储空间，并且为方便操作，需设置队头(front)、队尾(rear)指针分别指示队头、队尾位置。

生活中的队列，当队头对象出队后，其后元素依次前移来保持队列位置。而在计算机中，为了提高算法的时间性能，队列通过移动队头指针，代替队列中对象的移动。就好像在排队买票时，买票者不动，售票员从队头往队尾移动，依次售票。

如果用两个整型变量 front、rear 分别表示队头、队尾，且队头指向队首元素位置，队尾指向队尾元素的下一个位置，则有：

(1)初始化队列时，rear=front=0。

(2)入队时，两个基本操作为：

①若队不满，则把入队元素送入 rear 所指单元。

②移动队尾，即 rear=rear+1。

(3)出队时，两个基本操作为：

①若队不空，则从 front 所指单元取队头元素。

②移动队头，即 front=front+1。

顺序队列结构及操作示意如图 3-6 所示。

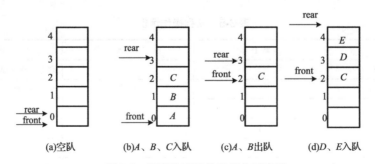

(a)空队　　　(b)A、B、C入队　　　(c)A、B出队　　　(d)D、E入队

图 3-6　顺序队列结构及操作示意图

由图 3-6(d)可知，当 rear>=queuesize（队列容量）时，无法进行入队操作，但事实上队列中仍有空闲空间，该现象称为假溢。

为了解决假溢，可以假设存储队列的连续存储空间结构是头尾相接的环状结构，如同钟表的时间标识一样，当指针移到最大值后又从最小值开始。这种头尾相接的顺序存储结构的队列称为循环队列。循环队列的指针调整方法如下：

入队时，rear=(rear+1)% queuesize；出队时，front=(front+1)% queuesize。

循环队列结构及操作示意如图 3-7 所示。

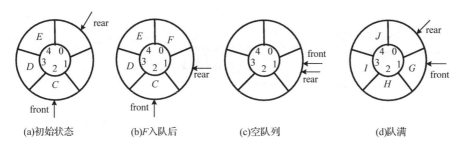

　(a)初始状态　　　　　(b)F入队后　　　　　(c)空队列　　　　　　(d)队满

图 3-7　循环队列结构示意图

图 3-6(d)用循环队列表示，如图 3-7(a)所示；新元素 F 入队后，如图 3-7(b)所示；C、D、E、F 相继出队，队列为空，此时，front=rear，如图 3-7(c)所示；G、H、I、J 相继入队，如图 3-7(d)所示。此时，如果再入队一个元素，则队满，front=rear，于是出现了队空与队满相同的特征。为了区分队空与队满，采用的方法之一是牺牲一个存储空间，即当(rear+1)% queuesize=front 时，队满，如图 3-7(d)所示。

2. 循环队列的实现

循环队列的类定义 C++描述如下：

```
template <class T>
class CirQueue
{
    Private:
        T *base;                //存储空间基址
        int front;              //队头指针
        int rear;               //队尾指针
        int queuesize;          //队列容量
    public:
        CirQueue(int m);        //构造空队列
        ~CirQueue();            //析构函数，释放队列各结点的存储空间
        void EnQueue(T x);      //入队
        T DeQueue();            //出队
        T GetHead();            //取队头元素
        T GetLast();            //取队尾元素
        int QueueEmpty();       //判队空
        int QueueFull();        //判队满
        void ClearQueue();      //清空队列
        void QueueTranverse();  //遍历队，输出队列元素
}
```

基本操作算法实现如下。

算法 3.12 队列初始化。

队列初始化的主要工作是创建一个空循环队列。

操作步骤：

步骤 1：申请一组连续的存储空间为队列使用。

步骤 2：给队头、队尾、队列容量赋相应的值。

构造空队列可在构造函数中完成，类 C++语言描述：

```
template <class T>
CirQueue<T>::CirQueue(int m)
{     base=new T[m];                //申请队空间
      if (base==NULL)               //内存分配失败，退出
      {   cout<<"队创建失败，退出!"<<endl;
          exit(1) ;
      }
      front=rear=0;
      queuesize=m;                  //队容量赋值
}
```

算法 3.13 销毁队列。

销毁队列指释放队列所占用的存储空间，在析构函数中实现，类 C++语言描述：

```
template <class T>
CirQueue<T>:: ~CirQueue()
{     delete [] base;
      front=rear=0;
      queuesize=0;
}
```

算法 3.14 入队操作。

入队指在队尾插入一个元素，并修改队尾指针。

操作步骤：

步骤 1：如果队满，则抛出上溢，元素不能入队。

步骤 2：元素入队尾。

步骤 3：调整队尾指针。

类 C++语言描述：

```
template <class T>
void CirQueue<T>:: EnQueue(T x)
{    if ((rear+1)% queuesize==front)throw "上溢，无法入队";
     base[rear]=x;                   //元素入队尾
     rear=(rear+1)% queuesize;       //调整队尾指针
}
```

算法 3.15 出队操作。

出队是指从队首删除一个元素，并修改队首指针。

操作步骤：

步骤 1：如果队空，则抛出下溢，不能进行出队操作。

步骤 2：保存队头元素值。

步骤 3：调整队头指针。

步骤 4：返回队头元素值。

类 C++语言描述：

```
template <class T>
T CirQueue<T>:: DeQueue()
{    T x;
     if (front==rear)throw "下溢，不能出队";        //队空，下溢，无可出队的元素
     x=base[front];                                //保存队头元素值
     front=(front+1)% queuesize;                   //调整队头指针
     return x;                                     //返回队头元素值
}
```

算法 3.16 取队头元素。

取队头元素操作与出队操作的区别在于不调整队头指针。

类 C++语言描述：

```
template <class T>
T CirQueue<T>:: GetHead()
{    T x;
     if (front==rear)throw "队空，队顶无元素";       //队空，下溢，无队头元素
     x=base[front];                                //保存队头元素值
     return x;                                     //返回队头元素值
}
```

3.2.3 队列的链式存储结构及实现

1. 队列的链式存储结构——链队

队列的链式存储结构称为链队列或链队。它是操作受限的单链表。根据队列先进先出的特性，链队列是限制仅在表头删除和在表尾插入的单链表。

为了操作方便，链队列用带头结点的单链表表示，且分别设置队头指针和队尾指针，队头指针指向链队列的头结点，队尾指针指向链队的尾结点。链队的结构及操作如图 3-8 所示。

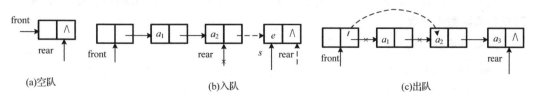

图 3-8 链队结构及操作示意图

2. 链队的实现

链队的结点结构与单链表的结点相同。链队的类定义 C++语言描述如下：

```
template<class T>
struct Node
{   T data;                          //数据域，存储数据元素
    Node<T> *next;                   //指针域，指示其后继元素位置。此处 T 可以省略
}
template<class T>
class LinkQueue
{   private:
        Node<T> *front;              //队头指针
        Node<T> *rear;               //队尾指针
    Public:
        LinkQueue();                 //构造空队列
        ~LinkQueue();                //析构函数，释放链队各结点的存储空间
        void EnQueue(T x);           //入队
        T DeQueue();                 //出队
        T GetHead();                 //取队头元素
        T GetLast();                 //取队尾元素
        int QueueEmpty();            //判断队列是否为空
        void ClearQueue();           //清空队列
        void QueueDisplay();         //遍历输出队列数据元素
}
```

基本操作算法实现如下。

算法 3.17 初始化链队。

初始化链队指创建一个空链队，可在构造函数中实现。

类 C++语言描述：

```
template<class T>
LinkQueue<T>::LinkQueue()
{   front=new Node<T>;               //创建队头结点
    front->next=NULL;                //队头指针指向头结点
    rear=front;                      //队尾指针指向头结点，空链表
}
```

算法 3.18 链队的销毁。

销毁链队指释放队列所占用的存储空间，可从队头开始逐个删除队列的结点。销毁链队可在析构函数中实现。

类 C++语言描述：

```
template<class T>
LinkQueue<T>:: ~LinkQueue()
{   Node<T> *p;
    while (front!=NULL)              //从队头开始逐个删除队列中的结点
    {   p=front;                     //暂存被释放结点
```

```
            front=front->next;          //头指针后移指向下一个被释放结点
            delete p;                    //释放结点所占存储空间
        }
}
```

算法 3.19　链队的入队。

链队的入队即在队尾插入一个元素，修改队尾。

操作步骤：

步骤 1：创建一个值为入队元素值的结点 *s*。

步骤 2：把 *s* 结点链入队尾。

步骤 3：移动队尾指针，指向 *s*。

步骤 4：如果该结点是第一个结点，则把该结点链接在头结点后。

类 C++语言描述：

```
template<class T>
void LinkQueue<T>:: EnQueue(T x)
{   Node<T> *s;
    s=new Node<T>;                  //s 指向新申请的结点
    s->data=x;
    s->next=rear->next;
    rear->next=s;                   //新结点插在队尾
    rear=s;                         //修改队尾指针
    if (front->next==NULL)          //如果创建的是首元素结点，front->next 指向它
        front->next=s;
}
```

算法 3.20　链队的出队。

链队出队即从链首删除一个数据元素并调整队首指针。

操作步骤：

步骤 1：如果队空，抛出下溢异常，无可出队元素。

步骤 2：暂存队头元素所在结点。

步骤 3：将队头元素所在结点从链表中摘除。

步骤 4：如果被删除元素是队头元素，则修改队尾指针。

类 C++语言描述：

```
template<class T>
T LinkQueue<T>:: DeQueue()
{   T x;
    Node<T> *p;
    if (rear==front)throw"下溢";        //队空，则下溢
    p=front->next;
    x=p->data;                         //暂存队头元素
    front->next=p->next;               //将队头结点从链表中摘除
    if (p->next==NULL)rear=front;      //如果元素出队后队列为空队，修改队尾指针
    delete p;
    return x;
}
```

3.2.4 循环队列和链队的比较

循环队列与链队的比较与顺序栈和链栈的比较相似，只是循环队列不能像顺序栈一样共享空间，通常不能在一个数组中存储两个循环队列。

3.2.5 队列的应用

队列具有先进先出的特性，一些满足先进先出特性的问题都可以采用队列作为数据结构。

1. 舞伴问题

假设舞会上，要求男士和女士各自排队且配对进入舞场。跳舞开始时，依次从男队和女队出队一人配成舞伴。若两队初始人数不同，则较长的一队中未配对者等待下一轮舞曲。一轮舞曲结束，舞者依次入男或女队。如何用算法模拟该问题呢？

该问题中采用队列来决定男或女配对及入场的顺序，所以采用队列作为算法的数据结构。分别建立两个队列，一个为男队，另一个为女队。

算法 3.21 舞伴问题。

操作步骤：

步骤 1：舞会开始，创建两个空队，一个为男队，另一个为女队。

步骤 2：如果有新来者或舞曲结束舞场有未入队者是男士，则入男队；如果是女士，则入女队。

步骤 3：舞曲开始，只要男队和女队都不空。男队出队一人；女队出队一人；两人配对入场。

步骤 4：如果舞会结束，则算法结束；否则，重复步骤 2、步骤 3。

类 C++语言描述：

```
Partner( )
{   Gentleman.Queue( );
    Lady.Queue( );
    while ( ball )                          //舞会进行着
      { cin>>person;
        if (person=='M')Gentleman.EeQueue( );
        else Lady.EnQueue ( );
        //有舞曲且男、女队均不空
        while (dance && !Genglema.Empty( )&& !Lady.Empty( ))
            {   Gentleman.DeQueue( );
                Lady.DeQueue ( );
            }
      }                                     //舞会结束
} //Partner
```

2. 资源分配问题

当资源不够分配时，常用的策略是先来先得。因此，这类问题也可采用队列作为算法的数据结构。例如，在一个多用户多任务的计算机系统中，假设只有一台打印机，如何让它为多个任务多个用户服务呢？

可以创建一个缓冲区队列，存放各用户各任务的打印服务请求。打印机从队列中依次取打印请求，并为之服务，如图 3-9 所示。

多用户多任务计算机系统　　　　　　缓冲区打印任务队列　　　　　　共享打印机

图 3-9　多用户多任务共享打印机

3.3　串

计算机非数值处理的对象大部分是字符串数据，如信息检索系统、文字编辑等。字符和字符串是除了数值以外在程序中使用最多的数据对象，串是字符串的简称，它也是一种线性表。串本质上就是数据元素类型为字符的线性表。

3.3.1　串的逻辑结构

1.　串的定义及相关概念

(1)串：由零个或多个字符组成的有限连续序列，即串(String)是一串字符。一个非空串记为

$$S= \text{“} s_1s_2\cdots s_n \text{”}$$

式中，S 是串名；双引号是界限符，标志字符串的起始位置和终止位置；双引号括起来的字符序列 $s_1s_2\cdots s_n$ 是串的值，其中，字符个数 n 称为串的长度。

(2)空串：由零个字符组成的串。空串(Null String)中不包含任何字符，它的长度为 0，记为 $S=\text{“”}$。

(3)空格串：由一个或多个空格组成的串。

(4)子串：字符串中任意一个连续的字符构成的子序列称为字符串的子串。空串是任何串的子串。

(5)主串：包含子串的字符串。

(6)位置：一个字符在序列中的序号称为该字符在串中的位置。子串在主串中的位置则以子串的第一个字符在主串中的位置来表示。

(7)串的比较：通过对组成串的字符的编码比较来进行，有大于、小于、等于等关系。

设有两个串：$X=\text{“} x_1x_2\cdots x_m \text{”}$、$Y=\text{“} y_1y_2\cdots y_n \text{”}$，$X$ 与 Y 之间的大于、小于和等于关系定义如下。

①等于(==)：当 $m==n$，且 $x_i==y_i$ 时，称 $X==Y$，即当两串的长度相等，且对应位置上的字符都相同时，称两串相等。

②小于（<）：当 $m < n$，且 $x_i = y_i$ $(i=1,2,\cdots,m)$，或存在某个 $k \leqslant \min(m,n)$，使得 $x_i = y_i$ $(i=1,2,\cdots,k-1)$，$x_k < y_k$ 时，称 $X < Y$。

③大于（>）：当 $m > n$，且 $x_i = y_i$ $(i=1,2,\cdots,n)$，或存在某个 $k \leqslant \min(m,n)$，使得 $x_i = y_i$ $(i=1,2,\cdots,k-1)$，$x_k > y_k$ 时，称 $X > Y$。

例如，"abcd" = "abcd"，"abc" < "abcd"，"abcd" > "abc"。

2. 串的抽象数据类型定义

串的逻辑结构尽管也是线性表，然而串的基本操作和线性表的基本操作存在一定差别。在线性表的基本操作中，大多以单个元素作为操作对象，而在串的基本操作中，通常以若干字符的集合，即串作为操作对象，如在串中查找某个子串、求取一个子串、在串的某个位置上插入一个子串以及删除一个子串等。这种操作方式可以显著提高字符串的操作效率。

串的抽象数据类型定义如下：

ADT String{

 Data：$D=\{ a_i \mid a_i \in$ CharaterSet, $i=1, 2,\cdots, n, n \geqslant 0\}$

 Relation：$R=\{ <a_{i-1}, a_i > \mid a_{i-1}, a_i \in D, i=2,\cdots, n\}$

 Operation：

  StrAssing(&S,T)

   前置条件：无

    输入：串 T

    功能：串赋值，将串 T 的值赋予串 S

    输出：串 S

   后置条件：串 T 不变

  StrLength(S)

   前置条件：串 S 存在

    输入：无

    功能：求串 S 的长度

    输出：串 S 长度

   后置条件：串 S 不变

  StrConcat(&S,T)

   前置条件：无

    输入：串 S、串 T

    功能：串连接，将串 T 放在串 S 的后面，连接成一个新串 S

    输出：串 S

   后置条件：串 T 不变

  StrSub(S,i,len)

   前置条件：串 S 存在

    输入：位置 i、长度 len

    功能：求子串，返回从串 S 的第 i 个字符开始长为 len 的子串

    输出：S 的一个子串

后置条件：串 S 不变

StrCmp(S,T)

 前置条件：无

  输入：串 S、串 T

  功能：串比较

  输出：若 $S=T$，则返回 0；若 $S<T$，则返回值 <0；若 $S>T$，则返回值 >0

 后置条件：串 S 和串 T 均不变

StrIndex(S,T)

 前置条件：串 S 存在

  输入：串 T

  功能：子串定位

  输出：子串 T 在主串 S 中首次出现的位置

 后置条件：串 S 和串 T 不变

StrInsert($\&S, i, T$)

 前置条件：串 S 已存在

  输入：串 T、位置 i

  功能：串插入，将串 T 插入串 S 的第 i 个位置上

  输出：串 S

 后置条件：串 T 不变

StrDelete($\&S, i$, len)

 前置条件：串 S 已存在

  输入：位置 i、长度 len

  功能：串删除，删除串 S 中从第 i 个字符开始连续 len 个字符

  输出：串 S

 后置条件：串 S 的长度减少了 len

StrRep($\&S, T, R$)

 前置条件：串 S 已存在

  输入：串 T、串 R

  功能：串替换，在串 S 中用串 R 替换所有与串 T 相等的子串

  输出：串 S

 后置条件：串 T 和串 R 不变

}

3.3.2 串的存储结构

  串作为线性表应用的一个特例，用于线性表的存储结构也适用串，因此串也有两种基本存储结构：顺序存储结构和链式存储结构。考虑到存储效率和算法的方便性，串多采用顺序存储结构。

1.　串的顺序存储结构

和线性表顺序存储结构一样，可以用一组连续的存储单元依次存储串中的各个字符，如图 3-10 所示。

在 Pascal、C、C++、Java 等语言中，串的存储都采用顺序存储。串的实际长度可以在最大长度范围内任意定义，超过最大长度的串值则舍去，称为截断。串的当前长度一般由以下三种来表述。

方法一：用一变量存储串长，和顺序表一样。

方法二：在串尾存储一个不会在串中出现的特殊字符作为串的终结符。例如，C++语言中，用 "\0" 来表示串结束，如图 3-11 所示。

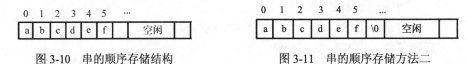

图 3-10　串的顺序存储结构　　　　　　　　图 3-11　串的顺序存储方法二

方法三：用数组的 0 号单元存放串的长度，串值从 1 号单元开始存放，如图 3-12 所示。

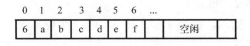

图 3-12　串的顺序存储方法三

2.　串的链式存储结构

串的链式存储结构与线性表的链式存储结构相似，由包含字符域和指针域的结点链接而成。其中，字符域用来存放串中的字符；指针域用于存放指向下一个结点的指针。串的链式存储结构有以下两种形式。

1) 结点大小为 1 的链式存储结构

一个串用一个单链表表示，其中每个结点只存储一个字符，链表中的结点数目等于串的长度。如串 S= "GOOD DAY!" 采用结点大小为 1 的链式存储结构如图 3-13 所示。

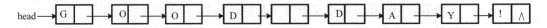

图 3-13　串的链式存储结构

串采用链式存储时的最大优点是进行插入、删除运算非常方便。但是，每个结点只存放一个字符，而每个结点的指针域所占空间比字符域所占空间大数倍，使得存储空间利用率低。为了克服这个缺陷，可以在每个结点中存放若干个字符，形成块链存储结构。

2) 块链存储结构

一个串用一个单链表表示，其中每个结点存放若干个字符，以减少链表中的结点数量，从而提高存储空间的利用率。例如，每个结点存放 4 个字符，上例中 S= "GOOD DAY!" 的块链存储结构如图 3-14 所示。

head ⟶ G O O D —→ ☐ D A Y —→ ! # # # ∧

图 3-14　块链存储结构

图 3-14 中最后的结点没有全部被串值填满，一般用不属于串值的某些特殊字符来填充，如图中的"#"。

块链结构的存储密度显然高于一个结点存放一个字符的单链结构，但是，块链存储结构对字符串的插入和删除不方便，会引起字符的移动。

串的链式存储结构对于某些串操作，如连接串，有一定的方便之处。但总的来说，由于串的特殊性，采用链式存储结构不如顺序存储结构灵活，性能也不如顺序存储结构好。下面讨论的模式匹配算法采用串的定长顺序存储结构，从下标为 1 的数组分量开始存储，下标为 0 的分量闲置不用。

3.3.3　模式匹配算法

设 S 和 T 是两个给定的串，在串 S 中找等于 T 的子串的过程称为**模式匹配**。其中，S 称为主串，T 称为模式。如果找到，则称为匹配成功；否则称为匹配失败。串的模式匹配是一种重要的串运算，应用非常广泛，如搜索引擎、数据压缩、拼写检查等应用中，都需要进行模式匹配。下面介绍模式匹配的 BF（Brute-force）和 KMP 算法。

1. 模式匹配的 BF 算法

BF 算法是一种简单直观的模式匹配算法，其基本思想是：从主串 S 的第一个字符开始和模式 T 的第一个字符进行比较，若相等，则继续比较两者的后继字符；否则，从主串 S 的第二个字符开始和模式 T 的第一个字符进行比较。重复上述过程，若 T 中的字符全部比较完毕，则说明匹配成功，返回主串 S 在本趟比较中的起始位置；否则匹配失败，返回 0。

例如，主串 S＝"ababcabcacbab"，模式 T＝"abcac"，BF 算法的匹配过程如图 3-15 所示。

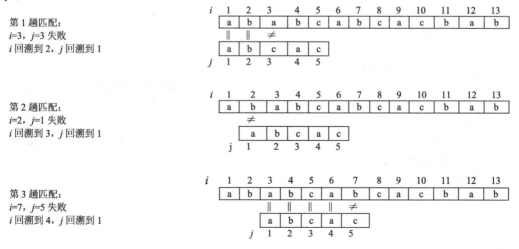

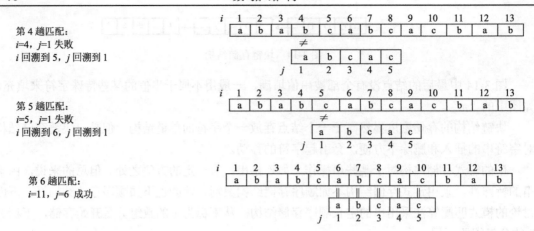

图 3-15 BF 算法匹配过程

算法 3.22 BF 算法。

操作步骤：

步骤 1：初始化：设置两个工作指针 i、j，分别指向主串 S 比较起始位置和子串 T 的首字符位置。

步骤 2：只要主串和子串没有比完，重复下列操作。

(1)$s[i]$ 和 $t[j]$ 比较，若相等，则 i 和 j 分别指示串中下个位置，继续比较后继字符。

(2)若不等，指针后退重新开始匹配，从主串的下一个字符（$i=i-j+2$）起再重新和模式的第一个字符（$j=1$）比较。

步骤 3：如果子串比完，则匹配成功，返回子串在主串中的位置；否则，匹配不成功，返回-1。

类 C++语言描述：

```
int IndexBF(char s[],char t[],int pos)
{//在主串S中找模式串T,若找到,则返回T的首字符在S中的下标;否则返回-1
    i=pos-1; j=0;                          //设置比较的起始下标
    m=strlen(s);                           //主串长
    n=strlen(t);                           //模式串长
    while (i<m && j<n)
     {if (s[i]==t[j])
         {++i; ++j;}                       //继续比较后继字符
         else {i=i-j+2;j=1;}               //i、j分别回溯
     }
    if (j>=n)                              //成功,返回本趟匹配的主串的起始下标
       return i-n+1;
    else                                   //失败,返回-1
       return -1;
} //Index_BF
```

算法分析：

设主串 $S=$ "$s_1 s_2 \cdots s_i \cdots s_n$"，长度为 n，模式 $T=$ "$t_1 t_2 \cdots t_m$"，长度为 m。

匹配成功的最好情况是每次不成功发生在模式 T 的第一个字符。例如：

$$S=\text{“aaaaaaaaaaabcaaaaa”},\qquad T=\text{“bca”}$$

设匹配成功发生在 s_i 处，则在前 $i-1$ 趟不成功匹配中共比较了 $i-1$ 次，第 i 趟成功的匹配共比较了 m 次，所以，共比较了 $i-1+m$ 次。所有匹配成功的可能共有 $n-m+1$ 种，设每一趟匹配的成功概率 (p_i) 相等，则平均比较次数是

$$\sum_{i=1}^{n-m+1} p_i(i-1+m)=\sum_{i=1}^{n-m+1}\frac{1}{n-m+1}\times(i-1+m)=\frac{n+m}{2} \tag{3-1}$$

即匹配成功最好情况下的时间复杂度是 $O(n+m)$。

匹配成功的最坏情况是每趟不成功的匹配都发生在串 T 的最后一个字符。例如：

$$S=\text{“aaaaaaaaaaabcaaaa”},\qquad T=\text{“aaab”}$$

设匹配成功发生在 s_i 处，则在前 $i-1$ 趟不成功匹配中共比较了 $(i-1)\times m$ 次，第 i 趟成功的匹配共比较了 m 次。所以，共比较了 $i\times m$ 次。所有匹配成功的可能共有 $n-m+1$ 种，设每一种匹配的成功概率 (p_i) 相等，则平均比较次数是

$$\sum_{i=1}^{n-m+1} p_i(i\times m)=\sum_{i=1}^{n-m+1}\frac{1}{n-m+1}\times(i\times m)=\frac{m(n-m+2)}{2} \tag{3-2}$$

一般情况下，$m\ll n$，因此匹配成功最坏情况下的时间复杂度为 $O(n\times m)$。

2. 模式匹配的 KMP 算法

BF 算法中，如果某趟匹配不成功，主串的比较位置需要回溯到开始比较位置的后一个字符处，以开始下一轮比较。所以 BF 算法是一种带回溯的匹配算法。也正是回溯使得 BF 算法效率低下。事实上，这些回溯并不一定是必要的。

如图 3-15 所示的第 1 趟匹配后可知

$$s_1\!=\!=\!t_1,\quad s_2\!=\!=\!t_2,\quad s_3\!\neq\!t_3$$

由于 $t_1\neq t_2$，可得：$s_2\neq t_1$，所以没有必要进行第 2 轮比较，可直接进行第 3 趟匹配$(i=3,$ $j=1)$。

再如图 3-15 中的第 3 趟匹配后可知

$$s_3\!=\!=\!t_1,\quad s_4\!=\!=\!t_2,\quad s_5\!=\!=\!t_3,\quad s_6\!=\!=\!t_4,\quad s_7\!\neq\!t_5$$

由于 $t_1\neq t_2\neq t_3$，可得：$s_4\neq t_1$，$s_5\neq t_1$，所以没有必要进行第 4、5 轮比较，可直接进行第 6 趟匹配。

又由于 $t_4\!=\!=\!t_1$，所以，$s_6\!=\!=\!t_1$，第 6 趟可以从第二对字符 s_7 和 t_2 开始进行匹配。

综上所述，模式匹配可以通过主串不回溯、模式 T 的向右滑动而开始新一轮匹配过程，这正是 KMP 算法的基本思想。

记 next[j]=k 为某趟不成功匹配中因模式第 j 个字符与主串中相应字符"失配"时，下一趟匹配模式串的起始位置，即 k 决定模式串向右滑动的距离。因此，实现主串不回溯的匹配算法，首先要解决的问题是求 next[j]。

设第 i 趟匹配，因 $s_i\neq t_j$ 而不成功，具体如图 3-16 所示。

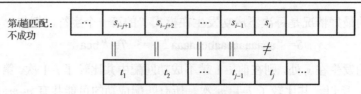

图 3-16　第 i 趟不成功匹配

通过第 i 趟匹配，可得

$$s_{i-j+1}\ s_{i-j+2}\cdots s_{i-1}=t_1\ t_2\cdots\ t_{j-1} \tag{3-3}$$

如果模式 T 的 t_j 字符前，存有如图 3-17 所示的长度为 $k-1$ 的最大子串：

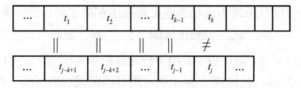

图 3-17　模式 T 的 t_j 字符前长度为 $k-1$ 的子串

即

$$t_1\ t_2\ \cdots\ t_{k-1}=t_{j-k+1}\ t_{j-k+2}\cdots\ t_{j-1} \tag{3-4}$$

根据式 (3-3)、式 (3-4)，可得 $s_{i-k+1}\ s_{i-k+2}\ \cdots\ s_{i-1}=t_1\ t_2\ \cdots\ t_{k-1}$，如图 3-18 所示。因此，下一趟比较可从 s_i 与 t_k 开始。

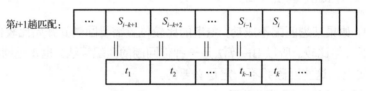

图 3-18　第 $i+1$ 趟匹配起始位置：从 s_i 与 t_k 开始

根据上面分析，next[j] 函数定义如下：

$$\text{next}[j]=\begin{cases}0, & j=1\\ \text{Max}\{k|1<k<j \text{ 且有 } t_1\ t_2\cdots t_{k-1}=t_{j-k+1}\ t_{j-k+2}\cdots t_{j-1}\}\\ 1, & \text{其他情况}\end{cases} \tag{3-5}$$

设模式 $T=$ "abcac"，该模式的 next 值计算如下：

```
j=1, next[1]=0;
j=2, next[2]=1;
j=3, t₁≠t₂,next[3]=1;
j=4, t₁≠t₃,next[4]=1;
j=5, t₁==t₄,next[5]=2;
```

根据上述分析，可得求 next[j] 算法的类 C++语言描述。

算法 3.23　求 next[j] 算法。

类 C++描述：

```
void GetNext(char t[],int next[])
```

```
{//求模式串 T 的 next 函数值并存入数组 next[]
    int j=1,k=0;
    int n=strlen(t);
    next[j]=0;
    while(j<n)
    {
        if(k==0||t[j]==t[k])
          {j++; k++; next[j]=k;}
        else k=next[k];
    }
}
```

KMP 算法是由 Knuth、Morris 和 Pratt 共同设计的，是对 BF 算法的改进。设主串为 S，模式串为 T，在模式串的 next[j] 已知的情况下，KMP 算法如下。

算法 3.24　KMP 算法。

操作步骤：

步骤 1：分别指示主串、模式串比较位置的指针 i、j 初始化。

步骤 2：重复下列操作，直至 S 中所剩字符个数小于 T 的长度或 T 中所有字符均比较完。

(1)如果 $s_i = t_j$，则 i 和 j 分别增 1；否则 j=next[j]。

(2)如果 j=0，则将 i 和 j 分别加 1。

步骤 3：如果 T 中所有字符均比较完，则返回匹配的起始下标；否则，返回 0。

类 C++语言描述：

```
int IndexKMP(char s[],char t[],int next[],int pos)
{//利用模式串 T 的 next 函数求 T 在主串 S 中第 pos 个字符之后位置的 KMP 算法。其中,T 非空,
 //1≤pos≤StrLength(S)
    i=pos;j=1;
    m=strlen(s);
    n=strlen(t);
    while(i<m && j<n)
        if (j==0||s[i]==t[j])
          {i++;j++;}                        //继续比较后继字符
        else
            j=next[j];                       //模式串向右移动
    if (j> n)
        return  i-n;                         //匹配成功
    else
        return  0;                           //匹配不成功
}
```

例 3.1　设主串 S=“ababcabcacbab”,模式 T=“abcac”,KMP 算法的匹配过程如图 3-19 所示。

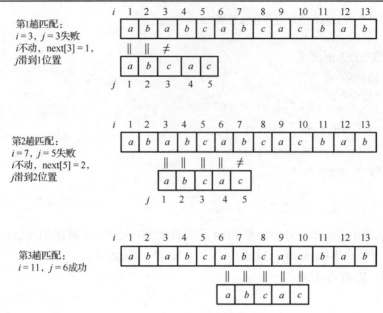

第1趟匹配：
$i=3$，$j=3$失败
i不动，next[3]=1，
j滑到1位置

第2趟匹配：
$i=7$，$j=5$失败
i不动，next[5]=2，
j滑到2位置

第3趟匹配：
$i=11$，$j=6$成功

图 3-19　KMP 算法匹配过程

算法分析：

设模式串长为 m，则求 next[j]的算法时间复杂度是 $O(m)$。

若主串长为 n，KMP 算法的时间复杂度是 $O(n)$；如果包括求 next[j]的时间，KMP 算法的时间复杂度是 $O(n+m)$。

虽然 BF 算法的时间复杂度是 $O(n×m)$，但在一般情况下，其实际执行时间近似于 $O(n+m)$，因此至今仍被采用。KMP 算法仅当模式与主串之间存在许多"部分匹配"的情况下，才显得比 BF 算法快很多。但是 KMP 算法的最大特点是指示主串的指针不需回溯，整个匹配过程中主串只需从头到尾扫描一遍，这对处理从外设输入的庞大文件很有好处，可以边读入边匹配，而无须回头重读。

相对于线性表关注一个个元素而言，串更多是关注它子串的应用问题，如查找、替换等操作。现在的高级语言都有针对串的函数可以调用，我们在使用这些函数的时候，要理解其中的原理，以便在碰到更加复杂的问题时，可以更加灵活地使用，如模式匹配算法的学习，就可以帮助我们更有效地理解 index 函数中的实现细节。

3.4　本 章 小 结

（1）栈是限定仅在表尾进行插入或删除的线性表，又称为后进先出的线性表。栈有两种存储表示，顺序存储表示(顺序栈)和链式存储表示(链栈)。栈的主要操作是进栈和出栈，对于顺序栈的进栈和出栈操作要注意判断栈满或栈空。

（2）队列是一种先进先出的线性表。它只允许在表的一端进行插入，而在另一端删除元素。队列也有两种存储表示，顺序存储表示(循环队列)和链式存储表示(链队)。队列的主要操作是进队和出队，对于顺序存储的循环队列的进队和出队操作要注意判断队满或队空。凡是涉及队头或队尾指针的修改都要将其对 queuesize 求模。

(3)串是内容受限的线性表，它限定了表中的元素为字符。串有两种基本存储结构：顺序存储结构和链式存储结构，但多采用顺序存储结构。串的常用算法是模式匹配算法，主要有 BF 算法和 KMP 算法。BF 算法实现简单，但存在回溯，效率低，时间复杂度为 $O(n \times m)$。KMP 算法对 BF 算法进行改进，消除回溯，提高了效率，时间复杂度为 $O(n+m)$。

习　题

一、选择题

1. 若让元素 1,2,3,4,5 依次进栈，则出栈次序不可能出现（　　）的情况。

　　A．5,4,3,2,1　　　B．2,1,5,4,3　　　C．4,3,1,2,5　　　D．2,3,5,4,1

2. 若已知一个栈的入栈序列是 1,2,3,…,n，其输出序列为 $p_1,p_2,p_3,\cdots,p_n$，若 $p_1=n$，则 p_i 为（　　）。

　　A．i　　　　　B．$n-i$　　　　C．$n-i+1$　　　D．不确定

3. 数组 $Q[n]$ 用来表示一个循环队列，f 为当前队列头元素的前一位置，r 为队尾元素的位置，假定队列中元素的个数小于 n，计算队列中元素个数的公式为（　　）。

　　A．$r-f$　　　B．$(n+f-r)\%n$　　　C．$n+r-f$　　　D．$(n+r-f)\%n$

4. 链式栈结点为 (data,link)，top 指向栈顶，若想摘除栈顶结点，并将删除结点的值保存到 x 中，则应执行操作（　　）。

　　A．x=top->data;top-top->link;　　　　B．top-top->link;x=top->link;

　　C．x=top;top-top->link;　　　　　　　D．x=top->link;

5. 为解决计算机主机与打印机间速度不匹配问题，通常设一个打印数据缓冲区。主机将要输出的数据依次写入该缓冲区，而打印机则依次从该缓冲区中取出数据。该缓冲区的逻辑结构应该是（　　）

　　A．队列　　　　　B．栈　　　　　　C．线性表　　　　D．有序表

6. 设栈 S 和队列 Q 的初始状态为空，元素 e_1、e_2、e_3、e_4、e_5 和 e_6 依次进入栈 S，一个元素出栈后即进入 Q，若 6 个元素出队的序列是 e_2、e_4、e_3、e_6、e_5 和 e_1，则栈 S 的容量至少应该是（　　）。

　　A．2　　　　　　B．3　　　　　　C．4　　　　　　D．6

7. 若一个栈以向量 $V[1..n]$ 存储，初始栈顶指针 top 设为 $n+1$，则元素 x 进栈的正确操作是（　　）。

　　A．top++;V[top]=x;　　B．V[top]-x; top++;　　C．top--;V[top]=x;　　D．V[top]-x; top—;

8. 设计一个判别表达式中左、右括号是否配对出现的算法，采用（　　）数据结构最佳。

　　A．线性表的顺序存储结构　　　B．队列　　　C．线性表的链式存储结构　　　D．栈

9. 用链接方式存储的队列，在进行删除运算时（　　）。

　　A．仅修改头指针　　　　　B．仅修改尾指针

　　C．头、尾指针要修改　　　D．头、尾指针可能都要修改

10. 循环队列存储在数组 $A[0..m]$ 中，则入队时的操作为（　　）。

　　A．rear=rear+1　　　　　B．rear=(rear+1)%(m-1)

　　C．rear=(rear+1)%m　　　D．rear=(rear+1)%(m+1)

11. 最大容量为 n 的循环队列，队尾指针是 rear，队头是 front，则队空的条件是（　　）。

　　A．(rear+1)%n==front　　　B．rear==front　　　C．rear+1==front　　　D．(rear-1)%n==front

12. 栈和队列的共同点是（　　）。

A. 都是先进先出　　　　　　　　　　B. 都是先进后出

C. 只允许在端点处插入和删除元素　　D. 没有共同点

13. 串是一种特殊的线性表，其特殊性体现在（　　）。

A. 可以顺序存储　　　　　　　　　　B. 数据元素是单个字符

C. 可以链式存储　　　　　　　　　　D. 数据元素可以是多个字符

14. 下列关于串的叙述中，不正确的是（　　）

A. 串是字符的有限序列　　　　　　　B. 空串是由空格构成的串

C. 模式匹配是串的一种重要运算　　　D. 串既可以采用顺序存储，也可以采用链式存储

15. 串"ababaaababaa"的 next 数组为（　　）。

A. 012345678999　　B. 012121111212　　C. 011234223456　　D. 0123012322345

16. 串"ababaabab"的 nextval 为（　　）。

A. 010104101　　　　B. 010102101　　　　C. 010100011　　　　D. 010101011

二、简答题

1. 简述栈和线性表的差别，队列和线性表的差别。

2. 何谓队列的上溢现象和假溢出现象?解决它们有哪些方法?

3. 试各举一个实例，用示意图简要阐述栈和队列在程序设计中所起的作用。

4. 链栈中为何不设置头结点?

5. 循环队列的优点是什么?如何判别它的空和满?

6. 设长度为 n 的队列用单循环链表表示，若设头指针，则入队、出队操作的时间为何?若只设尾指针又怎样?

三、应用题

1. 假设火车调度站的入口处有 n 节硬席或软席车厢(分别以 H 和 S 表示)等待调度，试编写算法，输出对这 n 节车厢进行调度的操作(即入栈或出栈操作)序列，以使所有的软席车厢都被调整到硬席车厢之前。

2. 回文是指正读和反读均相同的字符序列，如"abba"和"abdba"均是回文，但"good"不是回文。试写一个算法判定给定的字符向量是否为回文(提示：将一半字符入栈)。

3. 设计算法判断一个算术表达式的圆括号是否正确配对(提示：对表达式进行扫描，凡遇到"("就进栈，遇")"就退掉栈顶的"("，表达式被扫描完毕时栈应为空)。

4. 假设以带头结点的循环链表表示队列，并且只设一个指针指向队尾结点(注意不设头指针)，试编写相应的置空队、判队空、入队和出队等算法。

5. 假设循环队列中只设 rear 和 quelen 来分别指示队尾元素的位置和队中元素的个数，试给出判别此循环队列的队满条件，并写出相应的入队和出队算法，要求出队时需返回队头元素。

6. 已知模式串 $t=$"abcaabbabcab"，写出用 KMP 算法求得的每个字符对应的 next 和 nextval 函数值。

7. 设目标为 $t=$"abcaabbabcabaacbacba"，模式串为 $p=$"abcabaa"。

(1)计算模式串 p 的 nextval 函数值;

(2)画出利用 KMP 算法进行模式匹配时每一趟的匹配过程。

第4章 哈 希 表

本章简介： 在前面讨论的各种线性结构中，记录的存储位置与关键字之间不存在确定关系。在查找记录时，需要进行关键字比较，其查找的效率依赖于查找过程中所进行的比较次数，即查找算法是建立在比较的基础上的，查找效率由比较一次缩小的查找范围决定。理想的情况是依据关键字直接得到其对应的数据元素位置，即要求关键字与数据元素位置间存在一一对应的关系。通过这个关系，能很快地由关键字得到对应的数据元素位置。

学习目标： 熟练掌握散列表的构造方法，明确各种不同查找方法之间的区别和各自的适用情况，能够按定义计算各种查找方法在等概率情况下查找成功的平均查找长度。

4.1 哈希表的概念

关键字集合 K 到一个有限的连续的地址集(区间) D 的映射关系 H 表示为

$$H(\text{key}): K \rightarrow D, \qquad \text{key} \in K$$

式中，K 为主关键字集合；H 为哈希函数或散列函数。按哈希函数构建的表称为哈希(Hash)表或散列表。D 的大小 m 称为哈希表的地址区间长度。

例4.1 已知 11 个元素的关键字分别为 18、27、1、20、22、6、10、13、41、15、25。选取关键字与元素位置间的函数为 $f(\text{key}) = \text{key} \mod 11$。

(1)通过这个函数对 11 个元素建立的查找表如下：

0	1	2	3	4	5	6	7	8	9	10
22	1	13	25	15	27	6	18	41	20	10

(2)查找时，对给定值 kx 依然通过这个函数计算出地址，再将 kx 与该地址单元中元素的关键字比较，若相等，则查找成功。

4.2 哈希表的问题案例

案例 4.1 针对某个集体(如我们所在的班级)中的"人名"设计一个哈希表，完成相应的建表和查表程序。假设人名为中国人姓名的汉语拼音形式。待填入哈希表的人名共有 30 个，并计算平均查找长度。

案例 4.2 已知图书的 ISBN，如何对图书进行高效的存储及检索呢？

案例 4.3 利用哈希函数存储密码。如果数据库中用明文存储用户的密码，那么破解该数据库的黑客或者拥有查看数据库的管理员，就可以轻而易举地冒充用户的身份。因此，一般数据库中账号密码部分存储的是密码原文的哈希的结果。于是即使能够看到存储的哈希值，由于无法计算出密码本身，就没有办法冒充用户去登录。

案例 4.4 利用公钥密码体制，发信息的人用自己的私钥对所发信息进行加密，接收信息者用发信者的公钥来解密，就可以保证信息的真实性、完整性和不可否认性。但是，这样做在实际使用中却存在一些问题：要发的信息可能很长，非对称密码又运算复杂，导致计算时间长、功耗大。哈希函数正是解决这个问题的关键，哈希函数有以下吸引人的性质：①能够代表信息本身，哈希值和信息的关系类似于指纹和人，即哈希值能够代表信息，但是从哈希值中不能反推出信息；②长度极短，一般情况下，哈希值为 128 位或者 256 位的，利用哈希值代替信息本身，能够有效降低计算量。

4.3　哈希表的构建

散列技术(又称哈希技术)既是一种存储方法，也是一种查找方法。它与线性表、树、图等数据结构不同的是，数据元素之间都存在某种逻辑关系，而哈希技术的数据元素之间不存在逻辑关系，它只与关键字有关系。因此，哈希技术主要是面向查找的存储结构。哈希表的构建过程分两步：

(1)存储时，通过哈希函数计算记录的哈希地址(又称散列地址)，并按此地址存储该记录。

(2)查找记录时，同样通过哈希函数计算记录的散列地址，按此散列地址访问该记录。

对于 n 个数据元素的集合，总能找到关键字与存放地址一一对应的函数。若最大关键字为 m，则可以分配 m 个数据元素存储单元，选取函数 $f(key)=key$ 即可，但这样会造成存储空间的很大浪费，甚至不可能分配这么大的存储空间。通常关键字的集合比哈希地址集合大得多，因而经过哈希函数变换后，可能将不同的关键字映射到同一个哈希地址上，这种现象称为冲突(Collision)，映射到同一哈希地址上的关键字称为同义词。可以说，冲突不可能避免，只能尽可能减少。所以，哈希方法(又称散列方法)需要解决以下两个问题。

(1)构造好的哈希函数：一是所选函数尽可能简单，以便提高转换速度；二是所选函数对关键字计算出的地址，应在哈希地址集中大致均匀分布，以减少空间浪费。

(2)制定解决冲突的方案。

4.4　常用的哈希函数

1. 直接定址法

$$\text{Hash}(key) = a \cdot key + b, \qquad a、b \text{ 为常数} \qquad (4-1)$$

即取关键字的某个线性函数值为哈希地址，这类函数是一一对应的函数，不会产生冲突，但要求地址集合与关键字集合大小相同，因此对于较大的关键字集合不适用。

例 4.2　关键字集合为 $\{100,300,500,700,800,900\}$，选取哈希函数为

$$\text{Hash}(key) = key/100$$

则所建立的哈希表如下：

0	1	2	3	4	5	6	7	8	9
	100		300		500		700	800	900

2. 除留余数法

$$\text{Hash}(key)=key \quad \text{mod} \quad p, \qquad p \text{ 是一个整数} \qquad (4\text{-}2)$$

即取关键字除以 p 的余数作为哈希地址。使用除留余数法，选取合适的 p 很重要，若哈希表表长为 m，则要求 $p \leq m$，且接近 m 或等于 m。p 一般选取质数，也可以是不包含小于 20 质因子的合数。

3. 乘余取整法

$$\text{Hash}(key)=\lfloor B \cdot (A \cdot key \quad \text{mod} \quad l) \rfloor, \quad A、B \text{ 均为常数，且 } 0<A<l, B \text{ 为整数} \quad (4\text{-}3)$$

以关键字 key 乘以 A，取其小数部分（$A \cdot key \bmod l$ 就是取 $A \cdot key$ 的小数部分），再用整数 B 乘以这个值，取结果的整数部分作为哈希地址。

该方法 B 取什么值并不关键，但 A 的选择却很重要，最佳的选择依赖于关键字集合的特征，一般取 $A=0.6180339\cdots$ 较为理想。

4. 数字分析法

设关键字集合中，每个关键字均由 m 位组成，每位上可能有 r 种不同的符号。

例 4.3 若关键字是 4 位十进制数，则每位上可能有 10 个不同的数符 0~9，所以 $r=10$。

例 4.4 若关键字是仅由英文字母组成的字符串，不考虑大小写，则每位上可能有 26 种不同的字母，所以 $r=26$。

数字分析法根据 r 种不同的符号在各位上的分布情况，选取某几位，组合成哈希地址。所选的位应该是各种符号，在该位上出现的频率大致相同。

例 4.5 有一组关键字如下：

3	4	7	0	5	2	4
3	4	9	1	4	8	7
3	4	8	2	6	9	6
3	4	8	5	2	7	0
3	4	8	6	3	0	5
3	4	9	8	0	5	8
3	4	7	9	6	7	1
3	4	7	3	9	1	9

第 1、2 位均是 3 和 4，第 3 位也只有 7、8、9，因此，这几位不能用，余下 4 位分布较均匀，可作为哈希地址选用。若哈希地址是 2 位的，则可取这 4 位中的任意 2 位组合成哈希地址，也可以取其中 2 位与其他 2 位叠加求和后，取低 2 位作为哈希地址。

① ② ③ ④ ⑤ ⑥ ⑦

5. 平方取中法

取关键字平方后的中间几位为哈希地址，这是一种较为常见的构造哈希函数的方法。通常在选定哈希函数时不一定能够知道关键字的全部情况，取其中的哪几位也不一定合适，而一个数的平方后的中间几位数和数额每一位都相关，由此使随机分布的关键字得到的哈希地址也是随机的，取的位数由表长决定。

例 4.6　假定表中各关键字是由字母组成的，用 2 位数字的整数 01～26 表示对应的 26 个英文字母在计算机中的内部编码，则使用平方取中法可得 KEYA、KEYB、KEYC、KEYD 的散列地址。

关键字 K	K 的内部编码	K^2	$H(K)$
KEYA	11052501	122157778355001	778
KEYB	11052502	122157800460004	800
KEYC	01110525	001233265775625	265
KEYD	02110525	004454315775625	315

平方之后，取左起第 7～9 位作为散列地址。

6. 折叠法

折叠(Folding)法将关键字自左到右分成位数相等的几部分，最后一部分位数可以短些，然后将这几部分叠加求和，并按哈希表表长，取后几位作为哈希地址。这种方法称为折叠法。

有两种折叠法：

(1)移位法。将各部分的最后一位对齐相加。

(2)间界叠加法。从一端向另一端沿各部分分界来回折叠后，最后一位对齐相加。

例 4.7　关键字为 key=25346358705，设哈希表长为 3 位数，则可使关键字中每 3 位作为一部分来分割。

关键字分割为如下四组：

$$\underline{253} \quad \underline{463} \quad \underline{587} \quad \underline{05}$$

用上述方法计算哈希地址：

$$
\begin{array}{r}
253 \\
463 \\
587 \\
+\ 05 \\
\hline
1308
\end{array}
\qquad
\begin{array}{r}
253 \\
364 \\
587 \\
+\ 50 \\
\hline
1254
\end{array}
$$

　　Hash(key) = 308　　　　　Hash(key) = 254
　　　　移位法　　　　　　　　间界叠加法

对于位数很多的关键字，且每一位上符号分布较均匀时，可采用此方法求得哈希地址。

4.5　处理冲突的方法

1. 开放定址法

开放定址法，即由关键字得到的哈希地址一旦产生了冲突。也就是说，该地址已经存放了数据元素，就去寻找下一个空的哈希地址，只要哈希表足够大，空的哈希地址总能被找到，并将数据元素存入。

找空哈希地址方法很多，下面介绍三种。

(1)线性探测法：

$$H_i = (\text{Hash}(\text{key}) + d_i) \bmod m, \qquad 1 \leqslant i < m \tag{4-4}$$

式中，Hash(key)为哈希函数；m 为哈希表长度；d_i 为增量序列 1,2,$\cdots$,$m-1$，且 $d_i=i$。

例 4.8 关键字集为{47,7,29,11,16,92,22,8,3}，哈希表表长为 11，Hash(key)=key mod 11，用线性探测法处理冲突，建表如下：

0	1	2	3	4	5	6	7	8	9	10
11	22		47	92	16	3	7	29	8	

47、7、11、16、92 均是由哈希函数得到的没有冲突的哈希地址而直接存入的。

Hash(29)=7，哈希地址上冲突，需寻找下一个空的哈希地址：

由于 H_1=(Hash(29)+1) mod 11=8，所以哈希地址 8 为空，将 29 存入。另外，22、8 同样在哈希地址上有冲突，也是由 H_1 找到空的哈希地址的。

而 Hash(3)=3，哈希地址上冲突，由于 H_1=(Hash(3)+1) mod 11=4，仍然冲突；H_2=(Hash(3)+2) mod 11=5，仍然冲突；H_3=(Hash(3)+3) mod 11=6，找到空的哈希地址，将 3 存入找到的空地址。

线性探测法可能使第 i 个哈希地址的同义词存入第 $i+1$ 个哈希地址，这样本应存入第 $i+1$ 个哈希地址的元素变成了第 $i+2$ 个哈希地址的同义词，因此可能出现很多元素在相邻的哈希地址上"堆积"起来，大大降低了查找效率。为此，可采用二次探测法，或双哈希函数探测法，以改善"堆积"问题。

(2)二次探测法：

$$H_i=(\text{Hash(key)}\pm d_i) \bmod m \tag{4-5}$$

式中，Hash(key)为哈希函数；m 为哈希表长度，m 要求是某个 $4k+3$ 的质数（k 是整数）；d_i 为增量序列 $1^2,-1^2,2^2,-2^2,\cdots,q^2,-q^2$ 且 $q\leq(m-1)$。

仍以上例用二次探测法处理冲突，建表如下：

0	1	2	3	4	5	6	7	8	9	10
11	22	3	47	92	16		7	29	8	

对关键字寻找空的哈希地址只有 3 这个关键字与上例不同，Hash(3)=3，哈希地址上冲突，由于 H_1=(Hash(3)+1^2) mod 11=4，仍然冲突；H_2=(Hash(3)-1^2) mod 11=2，找到空的哈希地址，将 3 存入找到的空地址。

(3)双哈希函数探测法：

$$H_i=(\text{Hash(key)}+i*\text{ReHash(key)}) \bmod m, \qquad i=1,2,\cdots,m-1 \tag{4-6}$$

式中，Hash(key)、ReHash(key)是两个哈希函数；m 为哈希表长度。

双哈希函数探测法先用第一个函数 Hash(key)对关键字计算哈希地址，一旦产生地址冲突，再用第二个函数 ReHash(key)确定移动的步长因子，最后，通过步长因子序列由探测函数寻找空的哈希地址。

例如，Hash(key)=a 时产生地址冲突，就计算 ReHash(key)=b，则探测的地址序列为

$$H_1=(a+b) \bmod m, H_2=(a+2b) \bmod m,\cdots,H_{m-1}=(a+(m-1)b) \bmod m$$

2. 拉链法(链定址法)

设哈希函数得到的哈希地址域在区间[0, $m-1$]上，以每个哈希地址作为一个指针，指向一个链，即分配指针数组 ElemType *eptr[m]；建立 m 个空链表，由哈希函数对关键字转换

后，映射到同一哈希地址 i 的同义词均加入*eptr[i]指向的链表中。

例 4.9　关键字序列为 47,7,29,11,16,92,22,8,3,50,37,89,92,10，哈希函数为

$$Hash(key)=key \bmod 11$$

用拉链法处理冲突，建表如图 4-1 所示。

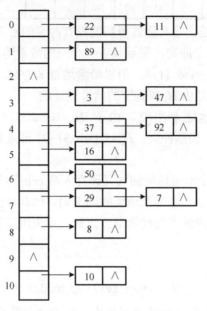

图 4-1　拉链法处理冲突时的哈希表（向链表中插入元素均在表头进行）

3．建立一个公共溢出区

设哈希函数产生的哈希地址集为[0, $m-1$]，则分配两个表：

（1）一个基本表 ElemType base_tbl[m]，每个单元只能存放一个元素。

（2）一个溢出表 ElemType over_tbl[k]，只要关键字对应的哈希地址在基本表上产生冲突，则所有这样的元素一律存入该表中。查找时，对给定值 kx 通过哈希函数计算出哈希地址 i，先与基本表的 base_tbl[i]单元比较，若相等，则查找成功；否则，再到溢出表中进行查找。

4.6　哈希表的查找分析

哈希表的查找过程基本上和造表过程相同。一些关键字可通过哈希函数转换的地址直接找到，另一些关键字在哈希函数得到的地址上产生了冲突，需要按处理冲突的方法进行查找。在介绍的三种处理冲突的方法中，产生冲突后的查找过程仍然是给定值与关键字进行比较的过程。所以，对哈希表查找效率的度量，依然用平均查找长度来衡量。

查找过程中，关键字的比较次数取决于产生冲突的多少。产生的冲突少，查找效率就高；产生的冲突多，查找效率就低。因此，影响产生冲突多少的因素，也就是影响查找效率的因素。影响产生冲突多少的因素有以下三个：

（1）哈希函数是否均匀。

（2）处理冲突的方法。

(3)哈希表的装填因子。

分析这三个因素，尽管哈希函数的"好坏"直接影响冲突产生的频度，但一般情况下，我们总认为所选的哈希函数是"均匀的"，因此，可不考虑哈希函数对平均查找长度的影响。就线性探测法和二次探测法处理冲突而言，相同的关键字集合、同样的哈希函数，在数据元素查找等概率情况下，它们的平均查找长度却不同，例如，在例 4.8 中，线性探测法的平均查找长度：ASL=(5×1+3×2+1×4)/9=5/3。二次探测法的平均查找长度：ASL=(5×1+3×2+1×2)/9=13/9。

$$哈希表的装填因子 \alpha = \frac{哈希表数据元素的个数}{哈希表的长度} \tag{4-7}$$

α 是哈希表装满程度的标志因子。由于表长是定值，α 与填入表中的元素个数成正比，所以，α 越大，填入表中的元素较多，产生冲突的可能性就越大；α 越小，填入表中的元素较少，产生冲突的可能性就越小。

实际上，哈希表的平均查找长度是装填因子 α 的函数，只是不同的处理冲突的方法有不同的函数。以下给出了几种不同的处理冲突方法的平均查找长度(表 4-1)。

表 4-1 哈希查找性能比较

处理冲突的方法	平均查找长度	
	查找成功时	查找不成功时
线性探测法	$S_{nl} \approx \dfrac{1}{2}\left(1+\dfrac{1}{1-\alpha}\right)$	$U_{nl} \approx \dfrac{1}{2}\left(1+\dfrac{1}{(1-\alpha)^2}\right)$
二次探测法与双哈希函数探测法	$S_{nr} \approx -\dfrac{1}{\alpha}\ln(1-\alpha)$	$U_{nr} \approx \dfrac{1}{1-\alpha}$
拉链法	$S_{nc} \approx 1+\dfrac{\alpha}{2}$	$U_{nc} \approx \alpha+e^{-\alpha}$

哈希方法存取速度快，也较节省空间，静态查找、动态查找均适用，但由于存取是随机的，因此，不便于顺序查找。

下面给出了 Hash 表的建立、查找和销毁等操作的类 C++算法实现，供读者参考。

```cpp
#include<iostream>
#include<cmath>
using namespace std;
#define SUCCESS 1;
#define UNSUCCESS 0;
#define DUPLICATE -1;
#define NULLKEY -1;
typedef int KeyType;                //用户可以根据自己的需要定义数据类型
//typedef float KeyType;
//typedef char KeyType;
template <class T>
int EQ(T a,T b)
{
    if(a==b)
        return 1;
```

```
        else
            return 0;
    }


    template <class T>
    struct ElemType
    {
        T key;
    }


    template <class T>
    struct HashTable
    {
        ElemType<T> *elem;
        int count;                  //当前数据元素个数
        int sizeindex;              //哈希表长度
    }


    template <class T>
    class HashFind
    {
    public:
        HashTable<T> H;
        int c;                      //用于记录冲突发生的次数
        int p;                      //指示插入位置
        int *hashsize;
        int state;
        //用于标记选择哪个哈希函数，0 代表最初的哈希函数，1 代表重建哈希表时的哈希函数
        HashFind()
        {
            H.count=0;
            c=0;
            state=0;
            H.elem=NULL;
        }
        void InitHashTable();
        void DestoryHashTable();
        int Hash(T K);              //哈希函数求得哈希地址，用户在这可以根据需求定义哈希函数
        int RecreateHash(T K);      //重新建立的哈希函数，用户在这可以根据需求再次定义哈希函数
        void collision(int &a,int &b);  //开放定址法解决冲突
        int InsertHash(HashTable<T> H,ElemType<T> e);
        void RecreateHashTable(HashTable<T> &H);
        //重新创建哈希函数，以及解决冲突的方法
        void Delete();
        int SearchHash(HashTable<T> H,T K,int &p,int &c);
        void Display();
    }
```

```cpp
template <class T>
void HashFind<T>::InitHashTable()
    {
        cout<<"输入哈希表的长度(哈希表的长度比较大)\n";
        cin>>H.sizeindex;
        H.elem=new ElemType<T>[H.sizeindex];
        for(int i=0;i<H.sizeindex;i++)        //初始化，把哈希表置空
        H.elem[i].key=NULLKEY;
        hashsize=new int[H.sizeindex];
        //hashsize[]={997,…}哈希表容量递增表，一个合适的质数序列，
        int n=0,m=0;                          //用于判断冲突次数是否达到上限
        while(m<H.sizeindex)
        {
            int i,j;
            j=(int)sqrt(997+n);
            for(i=2;i<=j;i++)
            {
                if((997+n)%i==0)//这是求从 997 开始，长度为 H.sizeindex 的质数序列
                {
                    n++;
                    break;
                }
            }
            if(i>j)
            {
                hashsize[m]=997+n;
                m++;
                n++;
            }
        }
    }


template <class T>
void HashFind<T>::DestoryHashTable()
    {
        if(H.elem==NULL)
        {
            cout<<"哈希表为空，不需要销毁"<<endl;
        }
        else
        {
            delete []H.elem;
            cout<<"哈希表销毁成功\n";
        }
    }
```

```
template <class T>
int HashFind<T>::Hash(T K)   //哈希函数求得哈希地址，用户在这可以根据需求定义哈希函数
    {
        c=0;
        return K%H.sizeindex;
    }


template <class T>
int  HashFind<T>::RecreateHash(T K)
    //重新建立的哈希函数，用户在这可以根据需求再次定义哈希函数
    {
        c=0;
        return 2*K-1;
    }


template <class T>
void HashFind<T>::collision(int &a,int &b)   //开放定址法解决冲突
    {
        a=a+b;
    }


template <class T>
int HashFind<T>::SearchHash(HashTable<T> H,T K,int &p,int &c)
    {
        if(state==0)                                //选择调用哪个哈希函数
            {
                p=Hash(K);
            }
        else
            {
                p=RecreateHash(K);
            }
        while(H.elem[p].key!=-1&&!EQ(K,H.elem[p].key))
            {
                collision(p,++c);
            }
        if(EQ(K,H.elem[p].key))
            {
                return SUCCESS;
            }
        else
            {
                return UNSUCCESS;
            }
    }


template <class T>
```

```
int HashFind<T>::InsertHash(HashTable<T> H,ElemType<T> e)
    {
        if(SearchHash(H,e.key,p,c)) //表中已有和 e 的关键字相同的元素,不进行插入操作
         {
             cout<<"哈希表中已经存在关键字相同的数据元素,插入失败\n";
             return DUPLICATE;
         }
        else
         {
        if(c<(hashsize[H.sizeindex-1]/2))
    //冲突次数在允许范围内且没有找到和 e 的关键字相同的元素进行插入操作
         {
             H.elem[p]=e;
             ++H.count;
             cout<<"成功插入关键字"<<e.key<<endl;
             return SUCCESS;
         }
        else
         {
             cout<<"哈希表中冲突次数超过范围,需要重建哈希表\n";
             state=1;
             RecreateHashTable(H);
    //表中没有找到和 e 的关键字相同的元素且冲突次数超过范围
             return UNSUCCESS;    //重新建立哈希表
         }
        }
    }

template <class T>
void HashFind<T>::RecreateHashTable(HashTable<T> &H)
    //重新创建哈希函数,以及解决冲突的方法
    {
        int b;
        ElemType<T> *array;
            //申请一个长度为 sizeindex 的数组,用于临时存放原来哈希表中的元素
        array=new ElemType<T>[H.sizeindex];
        for(int i=0;i<H.sizeindex;i++)
         {
             array[i]=H.elem[i];           //把原来哈希表中元素存放到临时数组中
             H.elem[i].key=NULLKEY;        //清空原来的哈希表
         }
        for(i=0;i<H.sizeindex;i++)
         {
             if(array[i].key!=-1)
             {
                 b=InsertHash(this->H,array[i]);
             }
         }
```

```
    }

template <class T>
void HashFind<T>::Delete()
    {
        ElemType<T> e;
        cout<<"输入要删除的数据元素的关键字:\n";
        cin>>e.key;
        if(SearchHash(H,e.key,p,c))  //表中有和e的关键字相同的元素，可以进行删除操作
            {
                cout<<"哈希表中存在关键字为"<<e.key<<"的数据元素\n";
                H.elem[p].key=NULLKEY;
                cout<<"删除成功\n";
                H.count--;
            }
        else
            {
                cout<<"哈希表中不存在关键字为"<<e.key<<"的数据元素，无须进行删除操作\n";
            }
    }

template <class T>
void HashFind<T>::Display()
    {
        cout<<"地址:"<<"数据元素的关键字:"<<endl;
        for(int i=0;i<H.sizeindex;i++)
            {
                if(H.elem[i].key!=-1)
                  {
                        cout<<"  "<<i<<"    "<<H.elem[i].key<<endl;
                  }
                else
                  {
                        cout<<"  "<<i<<"    "<<"空"<<endl;
                  }
            }
        cout<<endl;
    }
```

4.7　问题案例分析与实现

案例 4.1 分析：已知班级的 30 名学生的名单 (拼音表示) 如表 4-2 所示。

表 4-2 学生名单

序号	姓名拼音	序号	姓名拼音	序号	姓名拼音
1	yanghuo	11	yanyixie	21	xiazhixu
2	qinjiule	12	jiangting	22	xuqichen
3	jiangtian	13	changgeng	23	shenweide
4	shengwang	14	guyunqian	24	zhaoyunlan
5	yansuizhi	15	lubixing	25	guochanchen
6	guyangyi	16	linjingheng	26	chushuzhi
7	saeyang	17	luowenzhou	27	ruananzhu
8	chutian	18	feidudu	28	linqiushi
9	xuanmin	19	xiaxiqing	29	lingche
10	xuexian	20	zhouziheng	30	xutangzhou

本例将姓名拼音中的各字符的 ASCII 值累加得到的整数为哈希表的关键字。采用除留余数法构造哈希函数 $H(k)=k \bmod p$($p \leqslant$ 哈希表表长),哈希表表长 m 为 50,因此,取 $p=47$。采用伪随机探测再散列法处理冲突。

案例 4.1 实现:把姓名拼音和其关键字用数组存储,数据类型定义如下。

```
struct{
    char *py;              //用拼音表示的姓名
    int m;                 //关键字
}NAME;
NAME NameTable[HASH_LEN];  //姓名表
```

散列表元素类型定义如下:

```
struct{
    char *py;
    int m;
    int si;                //搜索次数
}HASH;
HASH HashTable[HASH_LEN];  //散列表
```

算法步骤:

步骤 1:初始化姓名表,并进行如下操作。

(1)将 30 个姓名拼音存入姓名表。

(2)计算关键字(各拼音字母的 ASCII 码累加和),存入姓名表。

(3)显示姓名表。

步骤 2:构造哈希函数,建立哈希表。

(1)初始化哈希表。

(2)构造函数 adr=(NameTable[i].m)%P(P 取值 47),若该地址为空,则将姓名拼音和关键字存入哈希表,同时将搜索次数 si 设为 1。

(3)若该地址不空,则采用伪随机探测再散列法计算新的地址,并将 si 增 1,直至新地址为空,将关键字存入哈希表。

(4) 显示哈希表。

步骤 3：姓名查找，并给出查找结果。

(1) 输入待查找的姓名拼音 name，计算关键字 s，计算 s%P，得到哈希地址。

(2) 若该地址 HashTable[adr].m==s 以及 HashTable[adr].py==name，则返回找到。

(3) 若该地址为空，即 HashTable[adr].m==0，则返回没找到。

(4) 否则采用伪随机探测再散列法 adr=(adr+d [j++])%HASH_LEN 计算新的地址，返回 (2)。

算法描述：

```c
#define HASH_LEN 50
#define P 47
#define NAME_LEN 30
typedef struct{
    char *py;
    int m;
}NAME;
NAME NameTable[HASH_LEN];
typedef struct{
    char *py;
    int m;
    int si;
}HASH;
HASH HashTable[HASH_LEN];
int d[30],i,j;
void InitNameTable(){
    NameTable[0].py="yanghuo";
    NameTable[1].py="qinjiule";
    NameTable[2].py="jiangtian";
    NameTable[3].py="shengwang";
    NameTable[4].py="yansuizhi";
    NameTable[5].py="guyangyi";
    NameTable[6].py="saeyang";
    NameTable[7].py="chutian";
    NameTable[8].py="xuanmin";
    NameTable[9].py="xuexian";
    NameTable[10].py="yanyixie";
    NameTable[11].py="jiangting";
    NameTable[12].py="changgeng";
    NameTable[13].py="guyunqian";
    NameTable[14].py="lubixing";
    NameTable[15].py="linjingheng";
    NameTable[16].py="luowenzhou";
    NameTable[17].py="feidudu";
    NameTable[18].py="xiaxiqing";
```

```
        NameTable[19].py="zhouziheng";
        NameTable[20].py="xiazhixu";
        NameTable[21].py="xuqichen";
        NameTable[22].py="shenweide";
        NameTable[23].py="zhaoyunlan";
        NameTable[24].py="guochanchen";
        NameTable[25].py="chushuzhi";
        NameTable[26].py="ruananzhu";
        NameTable[27].py="linqiushi";
        NameTable[28].py="lingche";
        NameTable[29].py="xutangzhou";
        for(int i=0;i<NAME_LEN;i++)              //计算各拼音字母的 ASCII 码累加和
        {
            int s=0;
            char *p=NameTable[i].py;
            for(j=0;*(p+j)!='\0';j++)
                s+=toascii(*(p+j));
            NameTable[i].m=s;
        }
    }
    void CreateHashTable(){                      //初始化哈希表
        for(i=0;i<HASH_LEN;i++){
            HashTable[i].py="\0";
            HashTable[i].m=0;
            HashTable[i].si=0;
        }
        for(i=0;i<NAME_LEN;i++)
        {
            int sum=1,j=0;
            int adr=(NameTable[i].m)%P;
            if(HashTable[adr].si==0){            //计算哈希地址，若空则将记录存入该地址
                HashTable[adr].m=NameTable[i].m;
                HashTable[adr].py=NameTable[i].py;
                HashTable[adr].si=1;
            }
            else{
                while(HashTable[adr].si!=0){    //产生冲突，则计算下一地址，直到找到空地址
                    adr=(adr+d[j++])%HASH_LEN;
                    sum++;                       //搜索次数加 1
                }
                HashTable[adr].m=NameTable[i].m;
                HashTable[adr].py=NameTable[i].py;
                HashTable[adr].si=sum;
            }
```

```
        }
    }
    void DisplayNameTable(){                        //显示姓名表
        cout<<"\n 地址 \t 姓名 \t\t 关键字\n";
        for(i=0;i<NAME_LEN;i++)
        cout<<i<<" "<<NameTable[i].py<<" \t\t "<<NameTable[i].m<<" \n";
        }
    void DisplayHashTable(){                        //显示散列表
        float asl=0.0;
        cout<<"\n 地址 \t 姓名\t\t 关键字\t 搜索长度\n";
        for(i=0;i<HASH_LEN;i++){
            cout<<i<<" "<<HashTable[i].py<<" \t\t "<<HashTable[i].m<<" \t\t
                "<<HashTable[i].si<<"\n";
        asl+=HashTable[i].si;
            }
        asl/=NAME_LEN;
        cout<<"\n\n 平均查找长度: ASL("<<NAME_LEN<<")="<<asl<<" \n";
    }
    void FindName(){                                //按姓名查找
        char name[20]={0};
        int s=0,sum=1,adr;
        cout<<"\n 请输入想要查找的姓名的拼音:";
        cin>>name;
        for(j=0;j<20;j++)
            s+=toascii(name[j]);
            adr=s%P;
            j=0;
        if(HashTable[adr].m==s&&!strcmp(HashTable[adr].py,name))
            cout<<"\n 姓名:"<<HashTable[adr].py <<" 关键字:"<<s<<"    查找长度为: 1";
        else if(HashTable[adr].m==0)
            cout<<"没有想要查找的人!\n";
        else{
            while(1){
                adr=(adr+d[j++])%HASH_LEN;
                sum++;
                if(HashTable[adr].m==0){
                    cout<<"没有想要查找的人!\n";
                    break;
                }
            if(HashTable[adr].m==s&&strcmp(HashTable[adr].py,name)){
                cout<<"\n 姓名:"<<HashTable[adr].py<<"关键字:"<<s<<"查找长度
                    为:"<<sum<<"\n";
                break;
            }
```

```
            }
        }
}
int main()
{
    char a;
    srand((int)time(0));
    for(i=0;i<30;i++)
        d[i]=1+(int)(HASH_LEN*rand()/(RAND_MAX+1.0));
    InitNameTable();
    CreateHashTable();
    puts("                    哈希表设计");
    start:
        puts("\n*-------------------------菜单栏-------------------------*");
        puts(" \t\t\t 1. 显示姓名表");
        puts(" \t\t\t 2. 显示哈希表");
        puts(" \t\t\t 3. 查找");
        puts(" \t\t\t 4. 退出                    ");
        puts("*-----------------------------------------------------*");
    restart:
    printf("\n\t 请选择:");
    cin>>a;
    switch(a){
        case '1':
            DisplayNameTable();
            break;
        case '2':
            DisplayHashTable();
            break;
        case '3':
            FindName();
            break;
        case '4':
            exit(0);
            break;
        default:
            cout<<"\n 请输入正确的选择!\n";
            goto restart;
    }
    goto start;
}
```

案例 4.2 分析与实现: 已知图书的 ISBN 如表 4-3 所示。

表 4-3 图书的 ISBN

序号	ISBN	序号	ISBN	序号	ISBN	序号	ISBN
1	97873021	21	98756182	41	98974183	61	97807553
2	97865043	22	98736811	42	98961782	62	97863671
3	97843079	23	98827192	43	98916371	63	97852032
4	97874321	24	98829102	44	98967211	64	97811231
5	97820942	25	98832613	45	98954621	65	97806553
6	97834721	26	98720375	46	98963713	66	98823142
7	98904781	27	98725361	47	98807541	67	98867462
8	97809451	28	98742610	48	98835673	68	98803642
9	98746913	29	98742512	49	98806345	69	98832223
10	98706893	30	98755161	50	98954372	70	98866573
11	98721963	31	98853710	51	98856171	71	98868931
12	98863711	32	98806781	52	98803543	72	98807662
13	98736671	33	98969132	53	98935601	73	98736711
14	98756190	34	98913781	54	98951301	74	98790762
15	98717932	35	98920353	55	98934671	75	97856681
16	98765230	36	98956713	56	98954312	76	98705381
17	98741610	37	98867181	57	98931122	77	98736800
18	98750531	38	98906273	58	98932133	78	98732102
19	98774613	39	98906343	59	98936891	79	98737193
20	98756371	40	98965431	60	98935612	80	98757810

分析以上数据最高的 3 位数字主要由 9、8、7 构成，最后一位主要由 0、1、2、3 构成，因此在构造哈希函数时可以采用低位的 2、3 两位叠加 4、5 两位的值作为哈希地址，在发生冲突时可以采用开放定址的线性探测再散列法来解决冲突，设表长为 100。

具体实现代码如下：

```cpp
#include <bits/stdc++.h>
#include<string>
#include<iostream>
using namespace std;
#define HASH_LEN 100          //哈希表长
#define BOOK_LEN 80           //图书数量
typedef struct{
    char *isbn;
    char m;                   //书名等其他信息
}BOOK;
BOOK BOOKTable[BOOK_LEN];
typedef struct{
    char *isbn;
    char m;                   //书名等其他信息
    int adr;
    int si;                   //搜索次数
}HASH;
HASH HashTable[HASH_LEN];
int i;
```

```
void InitBOOKTable(){         //初始化，将图书信息 ISBN 等存入数组
    BOOKTable[0].isbn="97873021";
    BOOKTable[1].isbn="97865043";
    BOOKTable[2].isbn="97843079";
    BOOKTable[3].isbn="97874321";
    BOOKTable[4].isbn="97820942";
    BOOKTable[5].isbn="97834721";
    BOOKTable[6].isbn="98904781";
    BOOKTable[7].isbn="97809451";
    BOOKTable[8].isbn="98746913";
    BOOKTable[9].isbn="98706893";
    BOOKTable[10].isbn="98721963";
    BOOKTable[11].isbn="98863711";
    BOOKTable[12].isbn="98736671";
    BOOKTable[13].isbn="98756190";
    BOOKTable[14].isbn="98717932";
    BOOKTable[15].isbn="98765230";
    BOOKTable[16].isbn="98741610";
    BOOKTable[17].isbn="98750531";
    BOOKTable[18].isbn="98774613";
    BOOKTable[19].isbn="98756371";
    BOOKTable[20].isbn="98756182";
    BOOKTable[21].isbn="98736811";
    BOOKTable[22].isbn="98827192";
    BOOKTable[23].isbn="98829102";
    BOOKTable[24].isbn="98832613";
    BOOKTable[25].isbn="98720375";
    BOOKTable[26].isbn="98725361";
    BOOKTable[27].isbn="98742610";
    BOOKTable[28].isbn="98742512";
    BOOKTable[29].isbn="98755161";
    BOOKTable[30].isbn="98853710";
    BOOKTable[31].isbn="98806781";
    BOOKTable[32].isbn="98969132";
    BOOKTable[33].isbn="98913781";
    BOOKTable[34].isbn="98920353";
    BOOKTable[35].isbn="98956713";
    BOOKTable[36].isbn="98867181";
    BOOKTable[37].isbn="98906273";
    BOOKTable[38].isbn="98906343";
    BOOKTable[39].isbn="98965431";
    BOOKTable[40].isbn="98974183";
    BOOKTable[41].isbn="98961782";
    BOOKTable[42].isbn="98916371";
    BOOKTable[43].isbn="98967211";
    BOOKTable[44].isbn="98954621";
    BOOKTable[45].isbn="98963713";
    BOOKTable[46].isbn="98807541";
    BOOKTable[47].isbn="98835673";
    BOOKTable[48].isbn="98806345";
    BOOKTable[49].isbn="98954372";
```

```
    BOOKTable[50].isbn="98856171";
    BOOKTable[51].isbn="98803543";
    BOOKTable[52].isbn="98935601";
    BOOKTable[53].isbn="98951301";
    BOOKTable[54].isbn="98934671";
    BOOKTable[55].isbn="98954312";
    BOOKTable[56].isbn="98931122";
    BOOKTable[57].isbn="98932133";
    BOOKTable[58].isbn="98936891";
    BOOKTable[59].isbn="98935612";
    BOOKTable[60].isbn="97807553";
    BOOKTable[61].isbn="97863671";
    BOOKTable[62].isbn="97852032";
    BOOKTable[63].isbn="97811231";
    BOOKTable[64].isbn="97806553";
    BOOKTable[65].isbn="98823142";
    BOOKTable[66].isbn="98867462";
    BOOKTable[67].isbn="98803642";
    BOOKTable[68].isbn="98832223";
    BOOKTable[69].isbn="98866573";
    BOOKTable[70].isbn="98868931";
    BOOKTable[71].isbn="98807662";
    BOOKTable[72].isbn="98736711";
    BOOKTable[73].isbn="98790762";
    BOOKTable[74].isbn="97856681";
    BOOKTable[75].isbn="98705381";
    BOOKTable[76].isbn="98736800";
    BOOKTable[77].isbn="98732102";
    BOOKTable[78].isbn="98737193";
    BOOKTable[79].isbn="98757810";
}
void CreateHashTable(){                       //创建哈希表
    for(i=0;i<HASH_LEN;i++){                  //初始化哈希表
        HashTable[i].isbn="   \0";
        HashTable[i].adr=i;
        HashTable[i].si=0;
    }

    for(i=0;i<BOOK_LEN;i++)
    {
        int sum=1,j=0;
        int adr=(BOOKTable[i].isbn[3]-'0')*10+BOOKTable[i].isbn[4]-'0';
        adr=adr+(BOOKTable[i].isbn[5]-'0')*10+BOOKTable[i].isbn[6]-'0';
        adr=adr%HASH_LEN;                     //计算哈希地址

        if(HashTable[adr].si==0){             //若不冲突,则将图书信息存入哈希表
            HashTable[adr].isbn=BOOKTable[i].isbn;
            HashTable[adr].adr=adr;
            HashTable[adr].si=1;
        }
        else{                                 //冲突,采用线性探测法计算下一个地址
```

```
            while(HashTable[adr].si!=0){
                adr=(adr+1)%HASH_LEN;
                sum++;
            }
            HashTable[adr].isbn=BOOKTable[i].isbn;
            HashTable[adr].adr=adr;
            HashTable[adr].si=sum;
        }
    }
}
void DisplayBOOKTable(){                      //显示图书信息表
    cout<<"\n isbn\n";
    for(i=0;i<BOOK_LEN;i++)
        cout<<BOOKTable[i].isbn<<"  \n";
}
void DisplayHashTable(){                      //显示哈希表
    float asl=0.0;
    cout<<"\n isbn \t\t\t 位置 \t\t 搜索长度\n";
    for(i=0;i<HASH_LEN;i++){
     cout<<HashTable[i].isbn<<" \t\t "<<HashTable[i].adr<<" \t\t <<HashTable[i].si<<"\n";
    asl+=HashTable[i].si;
    }
    asl/=BOOK_LEN ;                           //计算平均查找长度
    cout<<"\n\n 平均查找长度：ASL("<<BOOK_LEN<<")="<<asl<<" \n";
}
void FindIsbn(){                              //按 ISBN 查找图书
    char name[20]={0};
    int s=0,sum=1,adr;
    char isbnin[20];

    cout<<"\n 请输入想要查找的 isbn:";
    cin>>isbnin;
    char *isbn=isbnin;
    adr=(isbn[3]-'0')*10+isbn[4]-'0';
    adr=adr+(isbn[5]-'0')*10+isbn[6]-'0';
    adr=adr%HASH_LEN;                                //计算待查找元素的哈希值

    bool flag=true;
    int m;
    for(m=0;m<8;m++)
    {
        if(HashTable[adr].isbn[m]!=isbn[m])//比较该地址上的记录与待查找值是否相等
        {
            flag=false;
            break;
        }
    }
    if(flag)
        cout<<"\n isbn:"<<HashTable[adr].isbn <<"     查找长度为: 1";
```

```
                            //相等，查找成功
        else if(HashTable[adr].isbn[0]=='0')      //查找失败
            cout<<"没有想要查找的 ISBN!\n";
        else{                                        //该地址不空且元素与待查找元素不等
            while(1){
                adr=(adr+1)%HASH_LEN;
                sum++;
                if(HashTable[adr].ISBN[0]=='0'){
                    cout<<"没有想要查找的 ISBN!\n";
                    break;
                }
                flag=true;
                for(m=0;m<8;m++)
                {
                    if(HashTable[adr].isbn[m]!=isbn[m])
                    {
                        flag=false;
                        break;
                    }
                }
                if(flag){
                    cout<<"\nisbn:"<<HashTable[adr].isbn<<"   查找长度为:"<<sum<<"\n";
                    break;
                }
            }
        }
}
int main()
{
    char a;

    InitBOOKTable();
    CreateHashTable();
    puts("                     哈希表设计");
    start:
        puts("\n*--------------------------菜单栏--------------------------*");
        puts(" \t\t\t 1.显示 ISBN 表");
        puts(" \t\t\t 2.显示哈希表");
        puts(" \t\t\t 3.查找");
        puts(" \t\t\t 4.退出                   ");
        puts("*--------------------------------------------------------*");
    restart:
    printf("\n\t 请选择:");
    cin>>a;
    switch(a){
        case '1':
```

```
            DisplayBOOKTable();
            break;
        case '2':
            DisplayHashTable();
            break;
        case '3':
            FindIsbn();
            break;
        case '4':
            exit(0);
            break;
        default:
            cout<<"\n 请输入正确的选择!\n";
            goto restart;
    }
    goto start;
}
```

4.8 本 章 小 结

哈希表主要研究两方面的问题：如何构造散列函数，以及如何处理冲突。

（1）构造散列函数的方法很多，除留余数法是最常用的构造散列函数的方法。它不仅可以对关键字直接取模，也可在折叠、平方取中等运算之后取模。

（2）处理冲突的方法通常分为两大类：开放定址法和链定址法，二者之间的差别类似于顺序表和单链表的差别，下面对二者进行比较，如表 4-4 所示。

表 4-4 开放定址法和链定址法比较

比较项目	开放定址法	链定址法
空间	无指针域，存储效率较高	附加指针域，存储效率较低
查找	有二次聚集现象，查找效率较低	无二次聚集现象，查找效率较高
插入、删除	不易实现	易于实现
适用情况	表的大小固定，适于表长无变化的情况	结点动态生成，适于表长经常变化的情况

习   题

一、选择题

1. 下面关于哈希查找的说法，正确的是（   ）。

   A. 散列函数构造得越复杂越好，因为这样随机性好，冲突小

   B. 除留余数法是所有散列函数中最好的

   C. 不存在特别好与坏的散列函数，要视情况而定

　　D．散列表的平均查找长度有时也和记录总数有关

　2．下面关于哈希查找的说法，不正确的是（　　）。

　　A．采用链定址法处理冲突时，查找任何一个元素的时间都相同

　　B．采用链定址法处理冲突时，若插入规定总是在链首，则插入任一个元素的时间是相同的

　　C．用链定址法处理冲突，不会引起二次聚集现象

　　D．用链定址法处理冲突，适合表长不确定的情况

　3．设散列表长为 14，散列函数是 $H(key)=key\%11$，表中已有数据的关键字为 15、38、61、84 共四个，现要将关键字为 49 的元素加到表中，用二次探测法解决冲突，则放入的位置是（　　）。

　　A．3　　　　　　B．5　　　　　　C．8　　　　　　D．9

　4．采用线性探测法处理冲突，可能要探测多个位置，在查找成功的情况下，所探测的这些位置上的关键字（　　）。

　　A．不一定都是同义词　　　　　B．一定都是同义词

　　C．一定都不是同义词　　　　　D．都相同

二、算法与应用题

　1．设哈希表地址区间长度为 13，哈希函数取 Hash(key)=key%13。若插入的关键字序列为 (2,8,31,20,19,18,53,27)：

　（1）分别采用线性探测法、二次探测法和链定址法 3 种不同的处理冲突的方法，画出插入这 8 个关键字后的 3 个哈希表的示意图，并分别计算查找成功的平均查找长度。

　（2）给出利用线性探测法，在插入这 8 个关键字后，接着删除关键字 18，再插入关键字 44 后的哈希表示意图。

　2．编写算法，实现数字分析法的哈希函数。

　3．编写算法，实现 Z 型折叠的哈希函数。

　4．实现利用链定址法处理冲突的哈希表的删除操作。

　5．编写算法，实现利用二次探测法处理冲突。

　6．已知某哈希表的装载因子小于 1，哈希函数 $H(key)$ 为关键字的第一个字母在字母表中的序号，处理冲突的方法为线性探测法。编写一个按第一个字母的顺序输出哈希表中所有关键字的算法。

　7．对关键字集{30,15,21,40,25,26,36,37}，若查找表的装填因子为 0.8，采用线性探测再散列法解决冲突。

　（1）设计哈希函数。

　（2）画出哈希表。

　（3）计算查找成功和查找失败的平均查找长度。

　（4）写出将哈希表中某个数据元素删除的算法。

第 5 章　递归与广义表

本章简介：递归在函数、过程或者数据结构定义和应用中经常使用。本章中的多维数组是线性表的一种扩充，即线性表的数据元素自身又是一个线性表，每个元素具有相同的结构，这种扩充本身还是线性的，这里称为广义线性表。广义表(Generalized Lists)也可以看成线性表的一种扩充，即线性表的数据元素自身又是一个数据结构，广义表的每个元素可以具有不同的结构。无论广义线性表还是广义表，在表的描述中又得到了表，允许表中有表，因此它们的定义都是递归的。数组是一种应用广泛的类型，几乎所有的程序设计语言都把数组类型设定为固有类型；由于广义表集中了常见数据结构的特点，而且可以有效地利用存储空间，因此广泛应用于计算机的诸多领域。

学习目标：掌握递归的基本原理和使用方法；了解多维数组在内存中的存储方式；掌握特殊矩阵(对称阵、三角阵、对角阵)和稀疏矩阵的存储结构及相关算法设计；掌握压缩存储时的下标变换公式；掌握广义表的定义和存储结构。

5.1　递　　归

从认知事物的角度看，递归是一种定义方式，它与一般定义方式的不同之处在于"使用被定义对象自身来为其下定义"。在定义中使用自身进行递归描述的数据结构称为递归数据结构。5.4 节将介绍的广义表以及第 6 章介绍的二叉树(Binary Tree)和树等是典型的递归数据结构。对递归数据结构的常用操作都可以采用递归算法实现。

5.1.1　递归的基本概念

递归：使用被定义对象自身来为其下定义(简单说就是自我复制的定义)。递归的作用在于可以用有限的语句来定义对象的无限集合。一般来说，递归需要有边界条件、递归前进段和递归返回段。当边界条件不满足时，递归前进；当边界条件满足时，递归返回。

在计算机科学中，程序调用自身的编程技巧称为递归。递归作为一种算法在程序设计语言中广泛应用。一个过程或函数在其定义或说明中有直接或间接调用自身的一种方法(即自己调用自己)，它通常把一个大型复杂的问题层层转化为一个与原问题相似的规模较小的问题来求解，递归策略只需少量的程序就可描述出解题过程所需的多次重复计算，大大地减少了程序的代码量。

递归实现需具备的条件：

(1)子问题需与原问题为同样的事，且更为简单。

(2)不能无限制地调用本身，需有个出口，化简为非递归状况处理。

在递归程序实现过程中，把有关调用程序的必要信息(包括返回地址、参数、局部变量等)存储到一个栈中，这块信息称为活动记录(Activation Record)；每次从子程序返回时，就从栈中弹出一个活动记录，从而实现函数(或子程序)调用。

5.1.2 递归的问题案例

案例 5.1 求 n 个正整数阶乘的递归算法。

案例 5.2 假设一个农场主有一块地,要将土地均匀分成方块,且分出来的方块要尽可能大。

5.1.3 递归函数及其执行过程

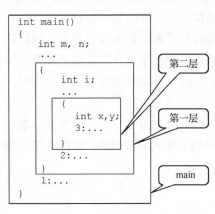

图 5-1　函数嵌套调用示例

在程序执行过程中,递归函数调用与一般函数调用的处理相同。但在递归函数的执行过程中,每次递归调用时,总会跳转至函数的入口处执行,造成重新开始执行的假象。实际上在递归调用中,虽然代码重复执行,但每次执行时程序的运行空间(包括局部变量、传递的实参和返回结果)并不相同,所以每次递归调用的执行过程其实是完全不同的。

函数递归调用的嵌套层数称为递归层次,如图 5-1 所示。其他函数对递归函数的调用称为第 0 层调用。

下面以求 n 个正整数阶乘的递归算法为例,阐述栈在函数调用中的作用。

案例 5.1 分析与实现:求 n 个正整数阶乘的递归算法如下:

```
long int Fact(int n)
{
    if(n<0) exit(0);                 //参数非法
    if(n==0)
        y=1;                         //递归的边界
    else
        y=n * Fact(n-1);             //递归调用
        #:  return y;
}

main()
{
    ...
    y=Fact(3);
    *: ...
}
```

该算法中,以#和*符号代替语句地址。

设 $n=3$,则算法的执行过程如图 5-2 所示。

活动工作记录包括返回地址 Add、调用参数 n 和函数返回值 y。栈的动态状态如图 5-3 所示。

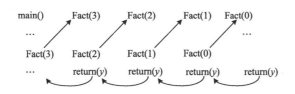

图 5-2　求 n 个正整数阶乘的递归示意图

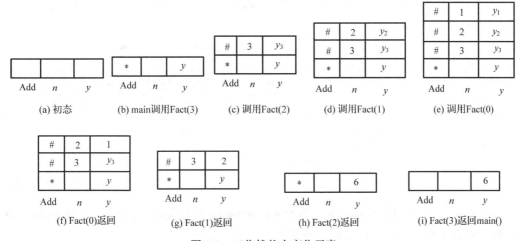

图 5-3　工作栈状态变化示意

注意：为了有所区别，图中以 y_i 表示 i 阶乘的值。

5.1.4　递归与分治

分治（Divide and Conquer）法的基本思想为，把规模为 n 的输入分割成 $k(2 \leqslant k \leqslant n)$ 个子集，从而产生 1 个子问题（一般情况下 $k \leqslant 1$），分别求解得到 1 个子问题的解，并将子解组合成原问题的解。可见，分治法的设计思想是将一个难以直接解决的大问题，分割成一些规模较小的相同问题，以便各个击破，分而治之。采用分治法设计的算法通常用递归来实现。

具有以下特征的问题可应用分治法求解。

（1）当问题规模小到一定程度时，原问题可以直接求解。

（2）当问题规模较大时，原问题可以分解为若干个相互独立的子问题，这些子问题与原问题具有相同特征。若不能直接求解，则可分别递归求解。

（3）原问题的解是子问题解的组合，其组合方式根据问题的具体情况而定。

分治法解决问题的一般步骤为：

（1）找出基线条件（停止问题划分的条件），这种条件必须尽可能简单。

（2）不断将问题分解（或者说缩小规模），直到符合基线条件。

（3）按原问题的要求，判断子问题的解是否就是原问题的解，或是需要将子问题的解逐层合并构成原问题的解。

采用分治法解决问题应该注意的几点如下。

（1）在待解决的问题中是否能够发现重复的子问题，能否发现原问题存在的循环子结构，如果能够发现就把原问题转化为简单的子问题。

(2)待解决的问题是否能划分步骤(不同步骤不同解决方法),因为单个步骤往往比整个问题解决起来要简单很多。

(3)子问题是否很容易解决,如果子问题都解决不了,那么划分也就没有意义。

案例 5.2 分析与实现:首先,找出基线条件,最容易处理的情况,就是一条边的长度是另一条边的整数倍。如果一边长 25m,另一边长 50m,那么可使用的最大方块为 25m×25m。换言之,可以将这块地划分成两个这样均匀的方块,如图 5-4 所示。

找出递归条件,每次递归调用都必须缩小问题的规模,如何缩小前述问题的规模?我们首先找出图 5-5 这块地可容纳的最大方块。

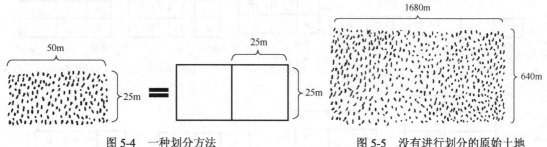

图 5-4　一种划分方法　　　　　　　　图 5-5　没有进行划分的原始土地

如图 5-6 所示,可以从这块地划出两个 640m×640m 的方块,同时余下一小块 640m×400m 的土地,对余下的这块地也使用相同的算法。

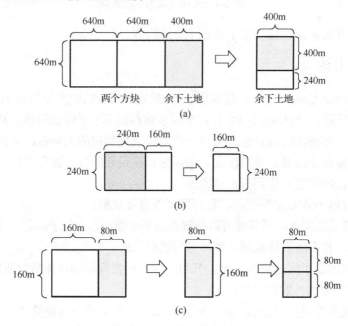

图 5-6　土地的递归划分

(1)要划分的土地尺寸为 1680m×640m,而现在要划分的土地更小,为 640m×400m,适用于这小块地的最大方块,也是适用于整块地的最大方块。

(2)使用同样的划分方法,对于 640m×400m 的土地,可从中划出的最大块地为 400m×400m。这将余下一块更小的土地,其尺寸为 400m×240m。

(3) 使用同样的划分方法，可从这块土地划出最大的方块为 240m×240m，余下一块更小的土地，尺寸为 240m×160m。

(4) 从这块土地再划出最大的方块，余下一块更小的土地 160m×80m。

余下的这块土地满足基线条件，因为 160 是 80 的整数倍，将这块土地分成两个方块后，将不会再余下任何土地。

因此，对于最初的土地，适用的最大方块是 80m×80m。

5.1.5　迭代和递归

从概念上讲，递归就是指程序调用自身的编程思想，即一个函数调用本身；迭代是利用已知的变量值，根据递推公式不断演进得到变量新值的编程思想。简单地说，递归是重复调用函数自身实现循环，迭代是利用函数内某段代码实现循环。

迭代与普通循环的区别是：迭代时，循环代码中参与运算的变量同时是保存结果的变量，当前保存的结果作为下一次循环计算的初始值。

递归与普通循环的区别是：循环是有去无回的，而递归则是有去有回的(因为存在终止条件)。利用迭代算法解决问题，需要做好以下三个方面的工作。

(1) 确定迭代变量。在可以用迭代算法解决的问题中，至少存在一个直接或间接地不断由旧值递推出新值的变量，这个变量就是迭代变量。

(2) 建立迭代关系式。迭代关系式指如何从变量的前一个值推出其下一个值的公式(或关系)。迭代关系式的建立是解决迭代问题的关键，通常可以通过顺推或倒推的方法来完成。

(3) 对迭代过程进行控制。在什么时候结束迭代过程？这是编写迭代程序必须考虑的问题。不能让迭代过程无休止地重复执行下去。迭代过程的控制通常可分为两种情况：一种是所需的迭代次数是个确定的值，可以计算出来；另一种是所需的迭代次数无法确定。对于前一种情况，可以构建一个固定次数的循环来实现对迭代过程的控制；对于后一种情况，需要进一步分析出用来结束迭代过程的条件。

例如，一个饲养场引进一只刚出生的新品种兔子，这种兔子从出生的下一个月开始，每月新生一只兔子，新生的兔子也如此繁殖。如果所有的兔子都不死去，问到第 12 个月时，该饲养场共有兔子多少只？

分析：这是一个典型的递推问题。我们不妨假设第 1 个月时兔子的只数为 u_1，第 2 个月时兔子的只数为 u_2，第 3 个月时兔子的只数为 u_3,…，根据题意："这种兔子从出生的下一个月开始，每月新生一只兔子"，则有

$$u_1=1, \qquad u_2=u_1+u_1×1=2, \qquad u_3=u_2+u_2×1=4, \qquad \cdots$$

根据这个规律，可以归纳出下面的递推公式：

$$u_n=u_{n-1}×2, \qquad n \geqslant 2$$

对应 u_n 和 u_{n-1} 定义两个迭代变量 y 和 x，可将上面的递推公式转换成如下迭代关系：

$$y=x×2$$

$$x=y$$

设计程序对这个迭代关系重复执行 11 次，就可以算出第 12 个月时的兔子数。

5.2　广义线性表

表的数据元素是线性表，且表的每个数据元素具有相同的结构，称这种表为广义线性表。例如，多维数组的每个数据元素是向量或矩阵，因此多维数组是一种广义线性表。显然，这里的数组是数据的逻辑结构中的线性结构。矩阵作为一种二维数组，也是广义线性表，因此以后就不再进一步加以说明。

高级语言都支持数组，但在高级语言中，数组是实现算法的程序中作为数据类型进行定义的，是物理存储结构中的顺序存储的具体实现。也就是说，数据结构中的数组是指数据的逻辑结构中的线性结构，而高级语言中的数组是这种逻辑结构通过物理存储结构中的顺序结构存储时作为一种数据类型的具体实现。

5.2.1　数组的定义

数组：由类型相同的数据元素构成的有序集合，每个元素称为数组元素。例如，向量、矩阵等都是数组。数组中的数据元素可以是整型、实型等简单类型，也可以是构造类型。数据元素在数组中的相对位置由下标来确定。用于标识数组元素位置的下标的个数称为数组的维数，每个下标的取值范围称为该维的长度或维界。

数组可以看成线性表的推广，若数组只有一个下标，这样的数组称为一维数组。在一维数组中，如果把数据元素的下标顺序变成线性表中的序号，则一维数组就是一个线性表。

当数组的每个数据元素含有两个下标时，称该数组为二维数组。图 5-7(a)是一个 m 行、n 列的二维数组，其中任何一个元素有两个下标，一个为行号，另一个为列号，如 a_{ij} 或 a[i][j] 表示第 i 行第 j 列元素。

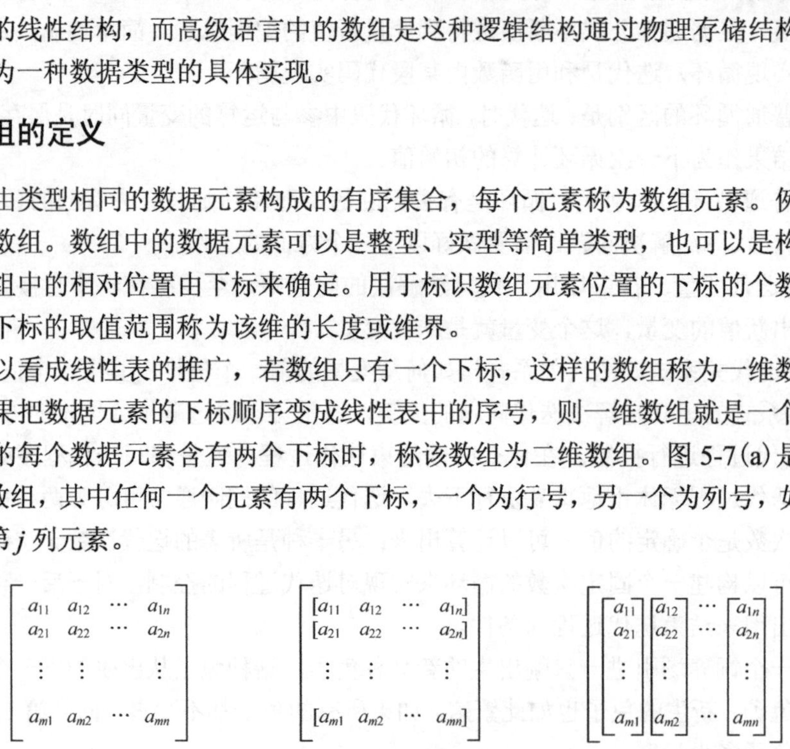

(a)矩阵形式表示的二维数组　　　(b)行向量的一维数组　　　(c)列向量的一维数组

图 5-7　二维数组

一个二维数组可以看成每个数据元素是相同类型的一维数组，这样二维数组也就是一个线性表。例如，上述二维数组(图 5-7(a))可表示成一个行向量的线性表(图 5-7(b))或一个列向量的线性表(图 5-7(c))。依次类推，一个 $n(n \geqslant 3)$ 维数组可以看作每个数据元素都是相同类型的 $n-1$ 维数组的一维数组。因此，数组作为一种数据结构，它是一种广义的线性表，其结构中的元素本身可以具有某种结构。

下面是 n 维数组的抽象类型定义。

ADT Matrix{

Data：$D=\{a_{j_1 j_2, \cdots, j_n} \mid j_i=0, \cdots, b_i-1, i=1,2, \cdots, n\}$　　//第 i 维的长度为 b_i

Relation：$R=\{R_1, R_2, \cdots, R_n\}$

$R_i=\{< a_{j_1}\cdots a_{j_i}\cdots a_{j_n},a_{j_1}\cdots a_{j_{i+1}}\cdots a_{j_n} > \mid 0\leqslant j_k\leqslant b_k-1,1\leqslant k\leqslant n$ 且 $k\neq i,0\leqslant j_i\leqslant b_i-2, a_{j1}\cdots$
$a_{j_i}\cdots a_{j_n},a_{j_1}\cdots a_{j_{i+1}}\cdots a_{j_n}\in D,i=2,\cdots,n\}$

Operation：

    InitMatrix（&*M*）

        前置条件：数组不存在

           输入：数组的维数和各维的长度

           功能：数组的初始化

           输出：无

        后置条件：建立一个空数组

    DestroyMatrix（&*M*）

        前置条件：数组已存在

           输入：无

           功能：销毁数组

           输出：无

        后置条件：释放数组占用的存储空间

    GetMatrix（*M*,i_1,$\cdots$,j_1,$\cdots$,&*e*）

        前置条件：数组已存在

           输入：一组下标

           功能：读取与下标对应的元素的值

           输出：元素的存储地址

        后置条件：数组不变

    SetMatrix（*M*,i_1,$\cdots$,j_1,$\cdots$,*e*）

        前置条件：数组已存在

           输入：一组下标，值 *e*

           功能：修改与下标对应的元素的值

           输出：元素的存储地址

        后置条件：无

    }

几乎所有的高级语言都实现了数组的数据结构，并称其为数组类型。这里以 C/C++语言为例，其中数组类型具有以下性质。

（1）数组中的数据元素具有相同的数据类型。

（2）数组中每个数据元素都和唯一的下标值对应，因此，数组是一种随机存储结构。

（3）数组中的数据元素数目固定。一旦定义了一个数组，它的维数和维界就不能再改变，只能对数组元素进行存取和修改元素的值。

因此，用户可以在 C/C++程序中直接使用数组来存储数据，并使用数组的运算符来完成相应的功能。

需要注意的是，本章数组是作为一种数据结构讨论的，而 C/C++中数组是一种数据类型，前者可以借助后者来存储，线性表的顺序结构就是借助一维数组这种数据类型来存储的，但二者不要混淆。

5.2.2　数组的顺序存储

数组的顺序存储是将数组元素顺序地存放在一段连续的存储单元中。由于存储单元是一维的，而数组可能是多维的，所以采用顺序存储结构需要将多维结构映射到一维结构。

通常有两种映射方法：低下标优先或以行(序)为主(序)的映射方法和高下标优先或以列(序)为主(序)的映射方法。在 COBOL、Pascal 和 C++语言中，采用的是低下标优先存储方法；在 FORTRAN 语言中，采用的是高下标优先存储方法。

低下标优先的内存分配规律是：最右边的下标先变化，即最右下标从小到大，循环一遍后，右边的第 2 个下标再变化，…，从右往左，最后是左下标。高下标优先的内存分配规律恰好相反：最左边的下标先变化，即最左下标从小到大，循环一遍后，左边第 2 个下标再变化，…，从左往右，最后是右下标。

以二维数组为例，一个 m 行 n 列的二维数组 $A_{m \times n}$ 采用低下标优先存储，如图 5-8(a)所示。由图可知，在低下标优先存储中，对二维数组进行了按行切分，即将数组中的数据元素按行依次排放在存储器中。所以，低下标优先存储方法也称为以行为主序的存储方法。那么二维数组经过一维映射后，下标为 (i,j) 的数组元素 a_{ij} 的位序 k 为多少呢？显然，这取决于排在 a_{ij} 之前的元素个数。

(a) 二维数组的低下标优先存储

(b) 二维数组的高下标优先存储

图 5-8　二维数组存储

a_{ij} 前有 $i-1$ 行，每行有 n 个元素，共有 $(i-1) \times n$ 个元素；与 a_{ij} 同行但在 a_{ij} 之前有 $j-1$ 个元素，所以有

$$k=(i-1) \times n+(j-1)+1=(i-1) \times n+j \tag{5-1}$$

假设二维数组 $A_{m \times n}$ 中每个数据元素占 L 个存储单元，并以 $\mathrm{LOC}(i,j)$ 表示下标为 (i,j) 的数据元素的存储地址，则该数组中任何一对下标 (i,j) 对应的数据元素在以行为主序的顺序映射中的存储地址为

$$\mathrm{LOC}(i,j)=\mathrm{LOC}(1,1)+(k-1) \times L$$
$$=\mathrm{LOC}(1,1)+((i-1) \times n+j-1) \times L \tag{5-2}$$

式中，$\mathrm{LOC}(1,1)$ 是二维数组中第一个数据元素的存储地址，称为数组的基地址或基址。式(5-2)适用于下标从 1 开始的情况，如果数组的每一维下标从 0 开始，k 也从 0 开始，则式 (5-2) 相应地发生如下的改变。

位序：

$$k=i \times n+j \tag{5-3}$$

存储地址：

$$\text{LOC}(i,j)=\text{LOC}(0,0) + (i\times n+j)\times L \tag{5-4}$$

推广到一般的二维数组，$A[c_1\cdots c_k, d_1\cdots d_z]$，$k$ 从 1 开始，有

$$k=(i-c_1)\times(d_2-d_1+1)+(j-d_1)+1 \tag{5-5}$$

$$\text{LOC}(i,j)=\text{LOC}(c_1,d_1) + ((i-c_1)\times(d_2-d_1+1)+ (j-d_1))\times L \tag{5-6}$$

高下标优先的存储如图 5-8(b) 所示。由图可知，在高下标优先的存储顺序中，对二维数组进行按列切分，即将数组中的数据元素按列依次排放在存储器中。所以，高下标优先存储方法也称为以列为主序的存储方法。与上面分析类似，可知经过一维映射后，下标为 (i,j) 的数组元素 a_{ij} 的位序 k 为

$$k=(j-1)\times m+i \tag{5-7}$$

$$\text{LOC}(i,j)=\text{LOC}(1,1) + (k-1)\times L=\text{LOC}(1,1) + ((j-1)\times m+i-1)\times L \tag{5-8}$$

若数组下标从 (0,0) 开始，则有

$$k=j\times m + i \tag{5-9}$$

$$\text{LOC}(i,j)=\text{LOC}(0,0) + (j\times m+i)\times L \tag{5-10}$$

下面再来分析三维数组。设三维数组的维界为：$m\times n\times p$，如图 5-9(a) 所示，采用低下标优先存储，如图 5-9(b) 所示。

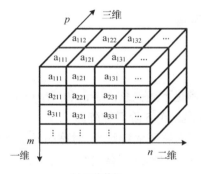

(a) 三维数组

(b) 三维数组的低下标优先存储

图 5-9　三维数组及其低下标优先存储示意图

经过一维映射后，其中下标为 (j_1,j_2,j_3) 的元素，位序(从 1 开始)为

$$k=(j_1-1)\times(n\times p) + (j_2-1)\times p+j_3 \tag{5-11}$$

$$\text{LOC}(j_1,j_2,j_3)=\text{LOC}(1,1,1) + (k-1)\times L$$
$$=\text{LOC}(1,1,1) + ((j_1-1)\times(n\times p) + (j_2-1)\times p+j_3-1)\times L \tag{5-12}$$

当下标从 0 开始时，有

$$\text{LOC}(j_1,j_2,j_3)=\text{LOC}(0,0,0) + (j_1\times n\times p+j_2\times p+j_3)\times L \tag{5-13}$$

推广到 n 维数组，设维界为：$b_1\times\cdots\times b_n$，可以得到

$$\text{LOC}(j_1, j_2, \cdots, j_k) = \text{LOC}(0,0,\cdots,0) + (b_2 \times \cdots \times b_n \times j_1 + b_3 \times \cdots \times b_n \times j_2 + \cdots + b_n \times j_{n-1} + j_n) \times L$$

$$= \text{LOC}(0,0,\cdots,0) + (\sum_{i=1}^{n-1} j_i \prod_{k=i+1}^{n} b_k + j_n) \times L \tag{5-14}$$

思考：

(1) 如果各维下标为一区间，如 $[c_{ii} \cdots c_{ii}]$，式 (5-14) 如何修改？

(2) 如果按高下标优先进行存储，式 (5-14) 又将如何？

5.3 矩阵的压缩存储

矩阵是很多科学与工程计算问题中研究的数学对象，在计算机技术应用中占有很重要的位置。矩阵一般可以用二维数组表示。在数值分析中经常出现一些阶数很高的矩阵，同时在矩阵中有很多元素值相同的特殊矩阵或很多零元素的稀疏矩阵。为了更合理地利用存储空间，可以对它们进行压缩存储。压缩存储的思想如下。

(1) 为多个值相同的元素分配同一个存储空间。

(2) 对零元素不分配存储空间。

下面分别介绍特殊矩阵和稀疏矩阵的压缩存储方法。

5.3.1 特殊矩阵的压缩存储

1. 对称阵

若 n 阶方阵 A 中的元素满足下述关系：$a_{ij} = a_{ji} (0 \leqslant i, j \leqslant n-1)$，则称矩阵 A 为 n 阶对称阵。图 5-10 是一个 5 阶对称阵。

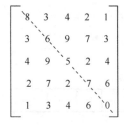

图 5-10 5 阶对称阵

由于对称阵的特殊性，对称的元素可以共用一个存储单元，对于 $n \times n$ 个元素的对称阵只需存储对角线及其以上或以下的元素，共有 $1+2+\cdots+n = n(n+1)/2$ 个元素。

不失一般性，设存储对角线及其以下的元素 (对角线以上元素值与对角线以下对应元素值相同，即 $a_{ij} = a_{ji} (0 \leqslant i, j \leqslant n-1)$，故图中略去)，如图 5-11 (a) 所示。其以低下标优先映射到一个一维存储空间，如图 5-11 (b) 所示。

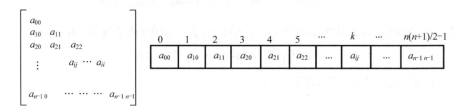

(a) 对角线及其以下元素　　　　　　(b) 对称阵存储示意图

图 5-11 n 阶对称阵及其低下标优先存储示意图

对于下三角中的任一元素 $a_{ij} (i \geqslant j)$，其上有 i 行，第 1 行有 1 个元素，第 2 行有 2 个元素，…，

第 i 行有 i 个元素，共有 $1+2+\cdots+i = i(i+1)/2$ 个元素；与其同行但排在它之前的有 j 个元素，所以，当下标从 0 开始时，a_{ij} 的存储位置 k 为

$$k = i(i+1)/2 + j \tag{5-15}$$

因此，对称阵采用上述压缩存储时，任一元素 a_{ij} 在压缩存储中的位置 k 由式 (5-16) 决定：

$$k = \begin{cases} \dfrac{i(i+1)}{2} + j, & i \geqslant j \\ \dfrac{j(j+1)}{2} + i, & i < j \end{cases} \tag{5-16}$$

2. 三角阵

主对角线以上或以下元素值为常数 c（通常 $c=0$）的矩阵称为三角阵。其中，主对角线以上元素为常数的称为下三角阵，如图 5-12 (a) 所示；主对角线以下元素为常数的称为上三角阵，如图 5-12 (b) 所示。

$$\begin{bmatrix} 8 & c & c & c & c \\ 3 & 6 & c & c & c \\ 4 & 9 & 5 & c & c \\ 2 & 7 & 2 & 7 & c \\ 1 & 3 & 4 & 6 & 0 \end{bmatrix} \qquad \begin{bmatrix} 8 & 3 & 4 & 2 & 1 \\ c & 6 & 9 & 7 & 3 \\ c & c & 5 & 2 & 4 \\ c & c & c & 7 & 6 \\ c & c & c & c & 0 \end{bmatrix}$$

(a) 下三角阵   (b) 上三角阵

图 5-12　三角阵

三角阵的压缩存储与对称阵类似，不同之处在于除了存储对角线及其以下（上）的元素之外，需多存储一个常数 c，这样一共存储 $n(n+1)/2+1$ 个元素，常数 c 通常存于最后一个单元，即下标为 $n(n+1)/2$。以图 5-13 (a) 所示下三角阵为例，其存储如图 5-13 (b) 所示。

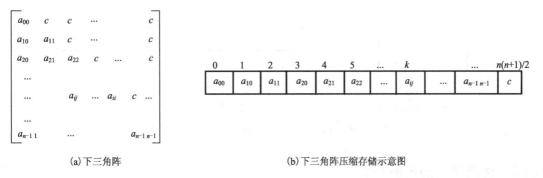

(a) 下三角阵   (b) 下三角阵压缩存储示意图

图 5-13　下三角阵及其存储

3. 对角阵

对角阵是所有非零元均集中在以对角线为中心的带状区域中的矩阵，即除了主对角线上和直接在对角线上、下方若干条对角线上的元素之外，所有其他元素均为 0，如图 5-14 (a) 所示。

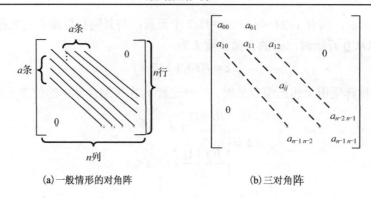

(a) 一般情形的对角阵　　　　　　　(b) 三对角阵

图 5-14　对角阵

对角阵的压缩存储有两种方法：一种是压缩存储到一个 n 行 w（对角线数 $w=2a+1$）列的二维数组中；另一种是压缩存储到一维数组中。下面以三对角阵为例加以说明。

三对角阵如图 5-14(b) 所示，压缩存储到一个 n 行 3 列的二维数组 B 中，如图 5-15(a) 所示。对角阵中任一非零元 $a[i][j]$（$|j-i|\leqslant 1$ 且 $0\leqslant i, j\leqslant n-1$）在 B 中设为 $b[s][t]$，则寻址由 $s=i$ 和 $t=\begin{cases} j, & i\leqslant a \\ j-i+a, & i>a \end{cases}$ 决定。

三对角阵如图 5-14(b) 所示，压缩存储到一个一维数组中，如图 5-15(b) 所示。三对角阵第 1 行和最后一行有 2 个元素，其余行有 3 个元素，所以共有 $2+(n-2)\times 3+2=3n-2$ 个元素。在一维数组中，下标为 $0\sim 3(n-1)$。三对角阵中任一非零元 $a[i][j]$（$|j-i|\leqslant 1$ 且 $0\leqslant i,j\leqslant n-1$），在其上面有 i 行，共有 $2+(i-1)\times 3$ 个非零元，与其同行但在其之前的非零元有 $j-i+1$ 个，所以，$a[i][j]$ 在一维数组中的位序 k 为

$$k=2+(i-1)\times 3+j-i+1=2i+j, \qquad 0\leqslant k\leqslant 3\ (n-1) \qquad (5-17)$$

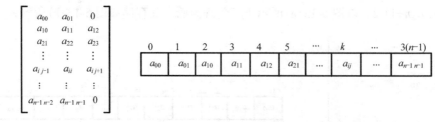

(a) 三对角阵二维数组压缩存储　　　　　　(b) 三对角阵一维数组压缩存储

图 5-15　三对角阵的存储示意图

5.3.2　稀疏矩阵的压缩存储

1. 稀疏矩阵的定义

如果矩阵中只有少量的非零元，并且这些非零元在矩阵中的分布没有一定的规律，称矩阵为随机稀疏矩阵，简称稀疏矩阵，如图 5-16 所示。至于矩阵中究竟含多少个非零元才称为稀疏矩阵，目前还没有一个确切的定义，它只是一个凭人的直觉来了解的概念。假设在 $m\times n$

的矩阵中有 t 个非零元，令 $\delta = \dfrac{t}{m \times n}$，称 δ 为矩阵的稀疏因子，通常认定 $\delta \leqslant 0.05$ 的矩阵为稀疏矩阵。

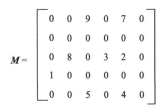

$$M = \begin{bmatrix} 0 & 0 & 9 & 0 & 7 & 0 \\ 0 & 0 & 0 & 0 & 0 & 0 \\ 0 & 8 & 0 & 3 & 2 & 0 \\ 1 & 0 & 0 & 0 & 0 & 0 \\ 0 & 0 & 5 & 0 & 4 & 0 \end{bmatrix}$$

图 5-16　稀疏矩阵

2. 稀疏矩阵的存储

对于稀疏矩阵，如果按常规方法进行顺序存储，显然会造成内存的很大浪费，为此提出了仅存储非零元的压缩存储方法。但由于非零元的分布是没有规律的，因此存储时不仅要存储元素值，还需存储元素所在的位置 (i,j)，i、j 分别为行号和列号。行号、列号和元素值分别就构成了一个三元组 (i,j,a_{ij})。而三元组不同的存储方法形成稀疏矩阵不同的压缩方法。

1) 三元组顺序存储

采用顺序存储结构存储的三元组表称为三元组顺序表(Sequential List of 3-tuples)。要唯一确定稀疏矩阵，除三元组表外，还需存储矩阵的行数、列数和非零元个数。稀疏矩阵的三元组顺序存储用结构体描述如下：

```
struct MTNode
{    int i,j;                        //行号、列号
     T e;                           //元素值，T 为元素类型
}
typedef struct
{    MTNode  * data;                //三元组表
     int mu,nu,tu;                  //行数、列数、非零元个数
}TSMatrix
```

图 5-16 的矩阵 M 以行优先的三元组顺序存储如图 5-17 所示。

MTNode[]	i	j	e
0	0	2	9
1	0	4	7
2	2	1	8
3	2	3	3
4	2	4	2
5	3	0	1
6	4	2	5
7	4	4	4
	空闲	空闲	空闲
mu	6		
nu	5		
tu	8		

图 5-17　矩阵 M 的三元组顺序存储

2)行逻辑链接的顺序表

为了便于随机存储任意一行的非零元，则需知道每一行的首个非零元在三元组表中的位置。在存储中给出该信息的顺序存储，称为行逻辑链接的顺序表。定义如下：

```
typedef struct
{   MTNode *data;              //三元组表
    int *rpos;                 //各行首个非零元在三元组表的位置
    int mu,nu,tu;              //行数、列数、非零元个数
}SMatrix
```

3)带行指针向量的链式存储

如果每个三元组用一个结点表示，且把具有相同行号的三元组结点按照列号从小到大的顺序链接成一个单链表，这种存储方法称为带行指针向量的链式存储。每个三元组结点可定义为：

```
struct MTNode
{   int i,j;                   //行号，列号
    T e;                       //元素值，T 为元素类型
    MTNode *next;              //指向同行下一个结点
};
```

带行指针向量的链式存储结构定义为：

```
typedef struct
{   int mu,nu,tu;              //行数、列数、非零元个数
    MTNode *rpos;             //存放各行链表的头指针
}LMatrix
```

图 5-16 的稀疏矩阵 *M* 的带行指针向量的链式存储如图 5-18 所示。

4)十字链表

十字链表(Orthogonal List)是稀疏矩阵的一种链式存储方法。在链表中，每个非零元用一个 5 个域的结点表示，如图 5-19 所示。其中，*i*、*j*、*e* 的 3 个域分别表示该非零元所在的行号、列号和元素值；向右域 right 用以链接同一行中的下一个非零元；向下域 down 用以链接同一列中的下一个非零元。这样，同一行的非零元通过 right 域链接成一个线性链表，同一列的非零元通过 down 域链接成一个线性链表；另设两个数组，存储各行的头指针和各列的头指针，整个矩阵构成一个十字交叉的链表，故称这样的存储结构为十字链表。图 5-20 为矩阵 *M*(图 5-16)的十字链表存储。

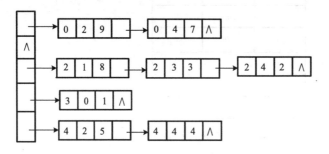

图 5-18　矩阵 *M* 的带行指针向量的链式存储

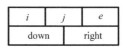

图 5-19　十字链表结点结构

操作中为了方便访问，通常将行、列链表设置成循环链表。

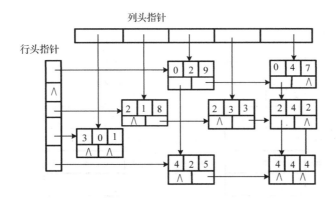

图 5-20 矩阵 M 的十字链表

5.3.3 稀疏矩阵的运算

稀疏矩阵的压缩存储节约了存储空间，但也带来了运算上的时间或算法自身的复杂性。本节将介绍稀疏矩阵的转置、加法和乘法等算法，希望学习者能从中仔细体会到这一点。

1. 稀疏矩阵转置

对于一个 $m×n$ 的矩阵 A，它的转置矩阵 B 是一个 $n×m$ 的矩阵，且 $B[i][j]=A[j][i]$（$0≤i<n$，$0≤j<m$）。如图 5-21 中，A、B 互为转置矩阵。

$$A = \begin{bmatrix} 0 & 0 & 11 & 0 & 12 & 0 \\ 0 & 0 & 0 & 22 & 0 & 0 \\ 0 & 31 & 0 & 32 & 0 & 0 \\ 41 & 0 & 0 & 0 & 0 & 0 \end{bmatrix}_{4×6} \qquad B = \begin{bmatrix} 0 & 0 & 0 & 41 \\ 0 & 0 & 31 & 0 \\ 11 & 0 & 0 & 0 \\ 0 & 22 & 32 & 0 \\ 12 & 0 & 0 & 0 \\ 0 & 0 & 0 & 0 \end{bmatrix}_{6×4}$$

图 5-21 互为转置的 A、B 矩阵

如果不进行压缩存储，矩阵转置的算法思想为：依次扫描 A 阵的各列，按行号从小到大，将元素的行、列号交换后放到 B 阵中即可。算法中的主要操作可描述如下。

```
for(col=0; col<nu; ++col)          //mu、nu 分别表示行和列数
    for(row=0; row<mu; ++row)      //col、row 分别表示列、行扫描指针
        B[col][row]=A[row][col]
```

上述算法的时间复杂度为 $O(\text{mu}×\text{nu})$。

采用压缩存储后，因为只存储了非零元，所以上述算法此时不可用。

矩阵 A 及矩阵 A 的转置矩阵 B 的三元组顺序压缩存储分别如图 5-22(a) 和 5-22(b) 所示，如何由 A 的压缩存储获得 B 的压缩存储呢？

data[]	i	j	v
0	0	2	11
1	0	4	12
2	1	3	22
3	2	1	31
4	2	3	32
5	3	0	41
mu	4		
nu	6		
tu	6		

data[]	i	j	v
0	0	3	41
1	1	2	31
2	2	0	11
3	3	1	22
4	3	2	32
5	4	0	12
mu	6		
nu	4		
tu	6		

(a)矩阵 *A* 的顺序压缩存储　　　　　　　　(b)矩阵 *A* 的转置矩阵 *B* 的顺序压缩存储

图 5-22　矩阵 *A*、*B* 的顺序压缩存储

方法一：直接取，顺序存。

该方法的基本思想是：按照转置后元素在压缩存储中位置的先后，从 *A* 中以列为顺序取元素，存入 *B* 的压缩存储中。

算法 5.1　稀疏矩阵转置算法 1。

操作步骤：

步骤 1：设置转置矩阵 *B* 的行数、列数、非零元个数。

步骤 2：在 *A* 的三元组表中，依次查找第 0 列、第 1 列、…，直至最后一列的非零元，对找到的非零元的三元组交换其行号、列号后顺序并存入 *B* 的三元组表中。

类 C++语言描述：

```
void MatrixTrans_I(TSMatrix A, TSMatrix &B)
{//采用三元组顺序存储，求稀疏矩阵 A 的转置矩阵 B
    B.mu=A.nu;B.nu=A.mu;B.tu=A.tu;
    //B 的行数、列数、非零元个数分别等于 A 的列数、行数、非零元个数
    if (B.tu)                          //非零元个数不为零，实施转置
      {q=0 ;                           //转置矩阵 B 的初始存储位置
          for(col=0;col<A.nu;++col)
            for(p=0;p<A.tu; ++p)
              if(A.data[p].j==col)
                {B.data[q].i=A.data[p].j;B.data[q].j=A.data[p].i;
                  B.data[q].e=A.data[p].e;++q;
                }
      }
}//MatrixTrans
```

算法分析：

该算法的时间主要耗费在嵌套的 for 循环上，时间复杂度为 $O(nu×tu)$，这里 nu 表示矩阵的列数，tu 表示矩阵的非零元个数。如果非零元个数与矩阵元素个数同数量级，则算法的

时间复杂度为 $O(mu \times nu^2)$，mu 表示矩阵的行数。显然，压缩存储后，节约了存储空间，但增加了算法的时间复杂度。

压缩存储后算法效率低的原因是：从 A 的三元组表中寻找第 0 列、第 1 列、…，直至最后一列，要反复搜索 A 表，共进行了 nu 次。若能直接确定 A 中每一三元组在 B 中的位置，则对 A 的三元组扫描一次即可。下一方法的主要思路则基于此。

方法二：顺序取，直接存。

该算法的基本思想是：先根据 A 中非零元的分布确定每列首个非零元在 B 中的位置；然后扫描 A，依次取三元组，交换其行号、列号后放到 B 中合适的位置，并调整相应列的下一个元素存储地址，直至取完 A 的三元组表中最后一个元素。

为了求得每列首个非零元在 B 中的位置，引入下列两个辅助一维数组。

num[col]：存放 A 矩阵第 col 列的非零元个数。

cpot[col]：指示 A 矩阵第 col 列首个非零元在 B 的三元组中的下标。

显然，B 的三元组中首个元素应是 A 中第 0 列的首个非零元，即 cpot[0]=0。

若 A 的第 0 列有 num[0]个非零元，则 A 的第 1 列的首个非零元在 B 的三元组的下标为

$$\text{cpot}[1] = \text{cpot}[0] + \text{num}[0]$$

依次类推，可以得到下列递推关系：

$$\begin{cases} \text{cpot}[0] = 0 \\ \text{cpot}[\text{col}] = \text{cpot}[\text{col}-1] + \text{num}[\text{col}-1] \end{cases}$$

对于图 5-21 矩阵 A 的 num、cpot 值如图 5-23 所示。

在求出 cpot[col]后只需扫描一遍 A，当扫描到一个 col 列的元素时，直接将其存放在 B 下标为 cpot[col]的位置上，然后将 cpot[col]加 1，即 cpot[col]中始终是下一个 col 列元素(如果有)在 B 中的位置。

col	0	1	2	3	4	5
num[col]	1	1	1	2	1	0
cpot[col]	0	1	2	3	5	6

图 5-23 稀疏矩阵 A 的 num 和 cpot 值

算法 5.2 稀疏矩阵转置算法 2。

操作步骤：

步骤 1：设置转置矩阵 B 的行数、列数、非零元个数。

步骤 2：计算 num[col]。

步骤 3：由 num[col]计算 cpot[col]。

步骤 4：扫描 A 的三元组表，对每个元素，执行下列操作。

(1)交换行号、列号放入 B 的三元组中，下标为 cpot[col]。

(2)预设该元素下一个元素存储位置。

类 C++语言描述：

```cpp
void MatrixTrans(SMatrix A,SMatrix &B)
{//采用三元组顺序存储，求稀疏矩阵A的转置矩阵B
    B.mu=A.nu;B.nu=A.mu; B.tu=A.tu;
//B的行数、列数、非零元个数分别等于A的列数、行数、非零元个数
    int col,k,p,q;
    int *num,*cpot;
    num=new int[B.nu];
    cpot=new int[B.nu];
```

```
    if(B.tu)                        //非零元个数不为零，实施转置
    {
        for(col=0;col<A.tu ;++col)  //A 中每一列非零元个数初始化为 0
            num[col]=0;
        for(k=0;k<A.tu ;++k)        //求矩阵 A 中每一列非零元个数
            ++num[A.data[k].j];
        cpot[0]=0;                  //A 中第 0 列首个非零元在 B 中的下标
        for(col=1;col<A.nu ;++col)  //求 A 中每一列首个非零元在 B 中的下标
            cpot[col]=cpot[col-1]+num[col-1];
        for(p=0;p<A.tu ;++p)        //扫描 A 的三元组表
        {
            col=A.data[p].j ;       //当前三元组列号
            q=cpot[col];            //当前三元组在 B 中的下标
            B.data[q].i=A.data[p].j;
            B.data[q].j=A.data[p].i;
            B.data[q].e=A.data[p].e;
            ++cpot[col];            //预置同一列下一个三元组在 B 中的下标
        }//for
    }//if
}// MatrixTrans
```

算法分析：

这个算法中有 4 个循环，分别执行 nu 次、tu 次、nu–1 次、tu 次，因此时间复杂度是 $O(nu+tu)$。与方法一相比，它在时间性能上有所改进，也称为快速转置算法，但同时增加了两个辅助向量，算法本身也复杂了一些。

2. **稀疏矩阵加法**

对于两个 $m×n$ 矩阵 A 和 B，它们的和 $C(C=A+B)$ 也是一个 $m×n$ 的矩阵，且 $C[i][j]=A[i][j]+B[i][j]$ $(0≤i<m，0≤j<n)$。例如，图 5-24 是两个矩阵及它们的和 $C=A+B$。

图 5-24　矩阵加法示意图 $C=A+B$

两个矩阵 A 和 B 相加是矩阵对应位置上的元素相加，和矩阵 C 中非零元不仅与矩阵 A、矩阵 B 中的非零元分布有关，还与对应元素相加的结果有关。所以，一般情况下很难预先确定和矩阵 C 中非零元个数，因此对稀疏矩阵的存储采用链表形式更为合适。本例采用带行指针向量的链式存储方式来实现 $C=A+B$。

算法 5.3　稀疏矩阵加法（带行指针向量的链式存储）。

操作步骤：

步骤 1：判断 A、B 行列数是否分别相同，如果 A、B 的行列数不一样，则不能进行加法；否则，执行步骤 2。

步骤 2：设置工作指针 pa、pb 分别指向 **A**、**B** 首行链表首元素结点。

步骤 3：初始化和矩阵 **C**，各行向量指针为空。行号 i 为 0～n−1，扫描 **A**、**B** 各行链表，执行下列操作。

（1）pc 定位在和矩阵 **C** 第 i 行向量处。

（2）判断指针 pa、pb 是否为空，如果 pa、pb 指针不空，执行下列操作：

①如果 pa 所指三元组列号小于 pb 所指三元组列号，则复制 pa 结点并链接到 pc 后，pa、pc 后移。

②如果 pa 所指三元组列号大于 pb 所指三元组列号，则复制 pb 结点并链接到 pc 后，pb、pc 后移。

③如果 pa 所指三元组列号等于 pb 所指三元组列号，则求两结点值域的和 sum：

● 如果 sum==0，pa、pb 后移。

● 如果 sum≠0，pc 链新增一个结点，值域为 sum，行号为 i，列号为当前列号，pa、pb、pc 后移。

（3）如果 pa 空但 pb 不空，把 pb 所指及其后的结点复制到 pc 链链尾处。

（4）如果 pb 空但 pa 不空，把 pa 所指及其后的结点复制到 pc 链链尾处。

矩阵 **A**、**B** 和 **C**=**A**+**B** 的带行指针向量的链式存储如图 5-25 所示。

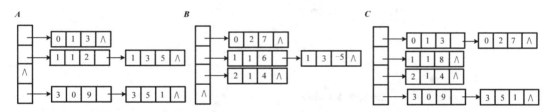

图 5-25　稀疏矩阵 **A**、**B**、**C**=**A**+**B** 带行指针向量的链式存储示意图

类 C++语言描述：

```
LMatrix MAdd(LMatrix ma,LMatrix mb)
{
    LMatrix mc;
    MNode *pa,*pb,*pc;                //分别指向被加数、加数和矩阵行向量首元素结点
    MNode *s;
    m=ma.mu;                         //行数
    n=ma.nu;                         //列数
    mc.mu=m;mc.nu=n;mc.tu=0;mc.rops=NULL;
    if(mc.rops) delete[] mc.rops;
    mc.rops=new MLink[m];
    for(i=0;i<m;i++)
        mc.rops[i]=NULL;             //行指针向量初始化
    for(i=0;i<m;i++)
    {
        pa=ma.rops[i];
        pb=mb.rops[i];
        pc=mc.rops[i];
```

```
    while(pa && pb)                         //被加矩阵、加矩阵行链不空
    {
        flag=1;
        switch(cmp(pa->j,pb->j))            //列数比较
            {
            case -1:
                s=new MNode;
                NodeCopy(s,pa);             //复制pa所指结点
                s->next=NULL;
                pa=pa->next;
                break;
            case 0:
                sum=pa->e+pb->e;
                if(sum==0)
                    flag=0;
                else
                {
                    s=new MNode;
                    NodeCopy(s,pa);
                    s->e=sum;
                    s->next=NULL;
                }
                pa=pa->next;pb=pb->next;    //pa,pb后移
                break;
            case 1:
                s=new MNode;
                NodeCopy(s,pb);             //复制pb所指结点
                pb=pb->next;                //pb后移
                s->next=NULL;
                break;
            }//switch
            if(flag)                        //有新结点生成
            {
                mc.tu++;                    //非零元个数增1
                AddNode(mc.rops [i],pc,s);  //在pc链中添加结点
            }
    }//while
    if(pa)                                  //pa不空，复制pa剩余链到和矩阵中
    {
        while(pa)
        {
            NodeCopy(s,pa);pa=pa->next;
            AddNode(mc.rops [i],pc,s);
        }//while
    }//if(pa)
    if(pb)                                  //pb不空，复制pb剩余链到和矩阵中
    {
```

```
            while(pb)
            {
                NodeCopy(s,pb);pb=pb->next ;
                AddNode(mc.rops [i],pc,s);
            }//while
        }//if(pb)
    }//for
    return mc;
}//MAdd
```

算法分析：

算法的时间复杂度为 $O(A.\text{tu}+B.\text{tu})$。

3. 稀疏矩阵乘法

对于一个 $m \times p$ 的矩阵 A 和一个 $p \times n$ 的矩阵 B，它们的积（矩阵 C）是一个 $m \times n$ 的矩阵，且有

$$C[i][j] = \sum_{k=0}^{p-1} A[i][k] \times B[k][j] \tag{5-18}$$

例如，矩阵 A、B、$C=A\times B$ 如图 5-26 所示。

$$A = \begin{bmatrix} 3 & 0 & 0 & 7 \\ 0 & 0 & 0 & -1 \\ 0 & 2 & 0 & 0 \end{bmatrix}_{3\times4} \quad B = \begin{bmatrix} 0 & 1 \\ 2 & 0 \\ 3 & 4 \\ 0 & 0 \end{bmatrix}_{4\times2} \quad C = A\times B = \begin{bmatrix} 0 & 3 \\ 0 & 0 \\ 4 & 0 \end{bmatrix}_{3\times2}$$

图 5-26　矩阵 A、B 及 $C=A\times B$

非压缩矩阵乘法的主要操作为：

```
for(i=0;i<m;++i)
   for(j=0;j<n;++j)
     {
        C[i][j]=0;
        for(k=0;k<p;++k)
        C[i][j]+=A[i][k]*B[k][j];
     }
```

算法的时间复杂度为 $O(m\times n\times p)$。

当采用三元组顺序存储时，矩阵 A、B 及 $C=A\times B$ 的存储如图 5-27 所示。此时，显然不能套用上述算法。如何求稀疏矩阵的积呢？下面从稀疏矩阵特点和矩阵乘法特点两方面着手，求稀疏矩阵的积。

首先，在经典算法中，无论 $A[i][k]$、$B[k][j]$ 是否为零，都要进行一次乘法运算，而实际上，这两者中只要有一个为零时，其积就为零。因此，在对稀疏矩阵进行运算时，应考虑免去这种无效的操作。

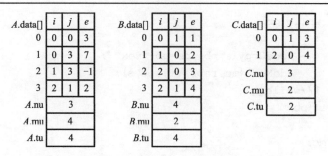

图 5-27 矩阵 A、B 及 $C=A×B$ 三元组顺序存储

其次，在经典算法中，A 的第 0 行与 B 的第 0 列对应相乘累加得到 $C[0][0]$，A 的第 0 行与 B 的第 1 列对应相乘累加得到 $C[0][1]$，依次类推。但在压缩存储中，三元组顺序表是以行序为主序存储的，同一列非零元的三元组并未相邻存放，因此每求的一个积中的元素 $C[i][j]$ 需搜索整个 B.data[] 以找某一列的元素，这将是很费时间的。

其实，就积矩阵某一行的两个元素看，以第 0 行为例：

$$C[0][0]=A[0][0]×B[0][0] + A[0][1]×B[1][0] + A[0][2]×B[2][0] + A[0][3]×B[3][0]$$

$$C[0][1]=A[0][0]×B[0][1] + A[0][1]×B[1][1] + A[0][2]×B[2][1] + A[0][3]×B[3][1]$$

如果把上述两个元素一起求，先求得各个 $C[0][j]$ 中的部分积，最后分别累加，则只需对 B 的每一行扫描一次，$C[0][0]$、$C[0][1]$ 的计算过程如表 5-1 所示。

表 5-1 $C[0][0]$ 和 $C[0][1]$ 的分步求解

$C[0][0]=$	$C[0][1]=$	说明
$A[0][0]×B[0][0] +$	$A[0][0]×B[0][1] +$	$A[0][0]$ 只与 B 的第 0 行元素相乘
$A[0][1]×B[1][0] +$	$A[0][1]×B[1][1] +$	$A[0][1]$ 只与 B 的第 1 行元素相乘
$A[0][2]×B[2][0] +$	$A[0][2]×B[2][1]+$	$A[0][2]$ 只与 B 的第 2 行元素相乘
$A[0][3]×B[3][0]$	$A[0][3]×B[3][1]$	$A[0][3]$ 只与 B 的第 3 行元素相乘

另外，为了运算方便，需设置以下几个向量：

(1)一个累加器 ctemp[] 存放当前行中 C_{ij} 的值，待当前行中所有元素全部算出之后，对于非零元，再存放到 C.data[] 中。

(2)为了便于在 B 的三元组表中找到各行的首个非零元，与快速矩阵转置算法类似，引入 num[row] 和 rpot[row] 两个向量，num[row] 指示第 row 行的非零元个数，rpot[row] 指示第 row 行首个非零元的位置。于是有

$$\begin{cases} \text{rpot}[0]=0 \\ \text{rpot}[row]=\text{rpot}[row-1]+\text{num}[row-1] \end{cases}$$

例如，图 5-26 中矩阵 B 的 num[] 和 rpot[] 的值如图 5-28 所示。

row	0	1	2	3
num[row]	1	1	2	0
rpot[row]	0	1	2	4

图 5-28 矩阵 B 的 num[] 和 rpot[] 的值

算法 5.4 稀疏矩阵乘法(三元组存储)。

操作步骤：

步骤 1：判断 A 的列数和 B 的行数是否相同，如果 A 的列数与 B 的行数不一样，则不能进行乘法；否则，执行步骤 2。

步骤 2：申请 *C* 的存储空间，且 *C* 的行数等于 *A* 的行数，*C* 的列数等于 *B* 的列数。

步骤 3：判断 *A*、*B* 非零元个数，如果 *A* 的非零元个数为 0 或 *B* 的非零元个数为 0，则 *C* 为零阵，算法结束；否则，执行步骤 4。

步骤 4：求 *B* 的 num[row]、rpot[row]。

步骤 5：按 *A* 的行号从小到大，执行下列操作。

(1)对每行的非零元执行下列操作：

①累加器 ctemp[*B*.nu]清零。

②元素 $A[i][k]$ 与 $B[k][j]$ $(0 \leqslant k < B.nu)$ 相乘，累加到 ctemp[*j*]。

(2)如果 ctemp[*j*]非零，则产生一个 $C[i][j]$，即在 *C*.data[]中生成一个三元组，*C* 的非零元个数增 1。

类 C++语言描述：

```
SMatrix MMul(SMatrix ma,SMatrix mb)
{
    SMatrix mc;
    if(ma.nu!=mb.mu)
    {
        cout<<"A 的行数不等于 B 的列数，两个矩阵不能相乘!"<<endl;
        exit(1);
    }
    m1=ma.mu;n1=ma.nu;k1=ma.tu;
    m2=mb.mu;n2=mb.nu;k2=mb.tu;
    mc.mu=m1;mc.nu=n2;
    r=m1*n2;
    mc.data=new MNode[r];
    num=new int[m2];
    for(i=0;i<m2;i++) num[i]=0;          //各行非零元个数计数器初始化
    rpot=new int[m2+1];
    rpot[0]=0;
    for(i=0;i<k2;i++)                     //计算 B 阵各行非零元个数
    {
        k=mb.data[i].i;
        num[k]++;
    }
    for(i=1;i<=m2;i++)                    //计算 B 阵各行首个非零元在三元组表中的位置
        rpot[i]=rpot[i-1]+num[i-1];
    ctemp=new int[n2];
    r=0;                                 //C 的非零元个数
    p=0;                                 //A 的三元组位置指针
    for(i=0;i<m1;i++)
    {
        for(j=0;j<n2;j++) ctemp[j]=0;    //Cij 累加器初始化
        while(ma.data[p].i==i)
        {
            k=ma.data[p].j;
            if(k<m2)
```

```
            t=rpot[k+1];      //确定 B 中第 k 行的非零元在 B 的三元组表中的位置
            else
                t=mb.tu +1;
            for(q=rpot[k];q<t;q++)
            {
                j=mb.data [q].j;
                ctemp[j]+=ma.data [p].e *mb.data [q].e;
            }//for
            p++;
        }//while
        for(j=0;j<n2;j++)
        {
            if(ctemp[j]!=0)
            {
                r++;
                mc.data[r-1].i=i;
                mc.data[r-1].j=j;
                mc.data[r-1].e=ctemp[j];
            }//if
        }//for
    }
    mc.tu=r;
    return mc;
}//MMul
```

算法分析：

算法时间复杂度由 5 个部分组成。

(1)求 num，其时间复杂度为 $O(B.\text{nu}+B.\text{tu})$。

(2)求 rpot，其时间复杂度为 $O(B.\text{mu})$。

(3)求 ctemp，其时间复杂度为 $O(A.\text{mu}\times B.\text{nu})$。

(4)求所有非零元，其时间复杂度为 $O(A.\text{tu}\times B.\text{tu}/B.\text{mu})$。

(5)压缩存储，时间复杂度为 $O(A.\text{mu}\times B.\text{nu})$。

所以总的时间复杂度为 $O(A.\text{mu}\times B.\text{nu}+ A.\text{tu}\times B.\text{tu}/B.\text{mu})$。

5.4 广 义 表

数组扩展了线性表，使得线性表中每个元素具有结构，但在数组中元素只能具有相同的结构。有时，同一线性表的元素可能具有不同结构。例如，表示参加某体育项目国际邀请赛的参赛队清单可采用如下的表示形式：

(俄罗斯队，巴西队，(国家队，四川队，福建队)，古巴队，美国队，( )，日本队)

在这个线性表中，韩国队应排在美国队之后，但由于某种原因未参加比赛，成为空表。国家队、四川队、福建队均作为东道主的参赛队参加比赛，构成一个小的线性表，成为原线性表中的一个数据元素。这种拓宽了的、允许元素可以具有不同结构的线性表就称为广义表。

5.4.1 广义表的逻辑结构

广义表又称列表，是 $n(n \geqslant 0)$ 个数据元素 $a_1, a_2, \cdots, a_i, \cdots, a_n$ 的有限序列，一般记为

$$GL=(a_1, a_2, \cdots, a_i, \cdots, a_n) \tag{5-19}$$

式中，GL 是广义表的名称；n 是 GL 的长度；a_i 是广义表 GL 的成员，它可以是单个元素，也可以是一个广义表，分别称为 GL 的单元素(也称为原子)和子表。

显然广义表的定义是递归的，因为在描述广义表时又用到了广义表的概念。通常用大写字母表示广义表，数据元素是原子时用小写字母，数据元素是子表时，用圆括号"（ ）"括起，括号内的数据元素用逗号分隔开。广义表中括号的最大嵌套层数称为 GL 的深度。

当 n 为 0 时，广义表为空表。当广义表非空时，把第一个元素 a_1 称为广义表的表头(Head)；除去表头后其余元素组成的广义表称为广义表的表尾(Tail)。表 5-2 是一些广义表的例子。

表 5-2 广义表的几个例子

广义表	深度	长度	表头	表尾	元素个数
$A=(\ )$	1	0	无	无	空表，无元素
$B=(e)$	1	1	head$(B)=e$	tail$(B)=(\ )$	只有一个单元素 e
$C=(a,(b,\ c,d))$	2	2	head$(C)=a$	tail$(C)=((b,c,d))$	两个元素：一个为单元素，另一个为子表
$D=(A,B,C)$	3	3	head$(D)=A$	tail$(D)=(B,\ C)$	有 3 个子表，将子表代入后：$D=((\ ),(e),$ $(a,(b,c,d)))$
$E=(a,E)$	∞	2	head$(E)=a$	tail$(E)=(E)$	递归表：展开后 $E=(a,(a,(a,\cdots)))$
$F=((\ ))$	2	1	head$(F)=(\ )$	tail$(F)=(\ )$	有一个元素为一个空表

从上述广义表的定义和例子中，可以得知广义表具有以下的特性。

(1)广义线性：对于任意广义表，若不考虑其数据元素的内部结构，则它是一个线性表，它的直接元素之间是线性关系。

(2)元素复合性：广义表的元素可以是原子，也可以是一个子表，而子表又可以由原子、子表等元素组成。

(3)元素共享性：广义表可以为其他广义表所共享。例如，上述例子中，广义表 A、B、C 为 D 的子表。

(4)元素递归性：广义表可以是自身的一个子表。

5.4.2 广义表的问题案例

广义表的结构相当灵活，它可以兼容线性表、数组、树和有向图。

案例 5.3 (1)当限定广义表的每一项只能是原子而非子表时，广义表就退化为线性表。

(2)当数组的每行(或每列)作为子表处理时，数组即为一个广义表。

(3)如果限制广义表中元素的共享和递归，广义表和树对应(第 6 章)。图 5-29 所示的一棵树可用一个广义表 L 来表示：

$$L=(a,(b,c,d),(e),(f,g))$$

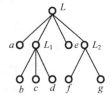

图 5-29 一棵树

(4)如果限制广义表的递归并允许元素共享，则广义表和图对应(第 7 章)。

由于广义表不仅集中了线性表、数组、树和有向图等常见数据结构的特点，而且可以有效地利用存储空间，因此在计算机的许多应用领域都有成功使用广义表的实例。

案例 5.4 在文本处理中，可以把句子划分成有一定语法含义的子句或更小的语法单位。例如，The small dog with black spots bites。按主语、谓语和定语划分三个子名，于是该句子可以表示成：((The small dog)，(with black spots)，(bites))。如果将每个字符串看成一个元素，那么括号括起的内容就是一个线性表，上面的句子就是由线性表组成的广义表。

案例 5.5 在研究人工智能的语言 LISP 中，使用函数嵌套的形式来构造程序。例如，(op (op A B)(op C D))，这种情况下，程序本身就是一个广义表。

5.4.3 广义表的抽象数据类型

广义表的抽象数据类型定义如下：

ADT Lists {

Data: $D=\{e_i|i=1,2,\cdots,n;n\geqslant0;\ e_i\in$ AtomSet 或 $e_i\in$ Glist, AtomSet 为某一数据对象 $\}$

Relation: $R1=\{<e_{i-1},e_i>|e_{i-1},e_i\in D,2\leqslant i\leqslant n\}$

Operation:

    InitLists（&GBL）

        前置条件：广义表不存在

            输入：无

            功能：初始化广义表

            输出：无

        后置条件：构造一个空广义表

    DestroyLists（&GL）

        前置条件：广义表已存在

            输入：无

            功能：销毁广义表

            输出：无

        后置条件：释放广义表占用的存储空间

    Length（GL）

        前置条件：广义表已存在

            输入：无

            功能：求广义表长度

            输出：广义表含有的直接元素的个数

        后置条件：广义表不变

    Depth（GL）

        前置条件：广义表已存在

            输入：无

            功能：求广义表的深度

            输出：广义表括号嵌套的最大层数

后置条件：广义表不变
Head（GL）
前置条件：广义表已存在
输入：无
功能：求广义表的表头
输出：广义表中第一个元素
后置条件：广义表不变
Tail（GL）
前置条件：广义表已存在
输入：无
功能：求广义表的表尾
输出：广义表的表尾
后置条件：广义表不变
}

取表头、表尾是广义表的两个重要的基本操作。通过取表头、表尾操作，可以按递归方法处理广义表，也可实现一般的访问。著名的人工智能语言 LISP 和 Prolog，就是以广义表为数据结构，通过求表头和表尾实现对象操作的。此外，在广义表上还可以定义与线性表类似的一些操作，如插入、删除、遍历等。

5.4.4 广义表的存储

由于广义表中的数据元素可以具有不同的结构，因此难以用顺序结构表示，所以通常采用链式存储结构来存储广义表。在链式存储结构中，每个数据元素用一个结点表示，按结点形式的不同，广义表的链式存储方法分为两种：头尾表示法和孩子兄弟表示法。

1. 头尾表示法

若广义表不空，则可分解成表头和表尾；反之，一对确定的表头和表尾可唯一地确定广义表。头尾表示法正是根据这一性质设计而成的一种存储方法。广义表中的数据元素既可能是单元素，也可能是子表。相应地在头尾表示法中有两种结点：一种是表结点，用来表示子表；另一种是元素结点，用来表示单元素。两种结点的结构如图 5-30 所示。

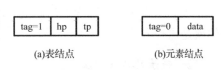

(a)表结点　　　　　　(b)元素结点

图 5-30　头尾表示法的结点结构

在表结点中包括一个指向表头的指针(hp)和一个指向表尾的指针(tp)；而在元素结点中有表示原子值的值域(data)。为了区分两种结点，设置一标志域(tag)，tag=1 表示表结点；tag=0 表示元素结点。结点的形式定义说明如下：

```
enum Elemtag{Atom,List};          //Atom=0 为单元素；List=1 为子表
template <class T>
struct GLNode
{
```

```
    ElemTag tag;                        //标志域，用以区分元素结点和表结点
    union
    {   T data;                         //元素结点数据域
        struct
        {GLNode *hp, *tp; } ptr;        //子表结点指针域
    };
};
```

5.4.1 节所定义的广义表 A、B、C、D、E、F，若采用头尾表示法的存储方式，其存储结构图如图 5-31 所示。

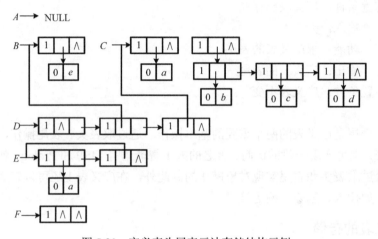

图 5-31　广义表头尾表示法存储结构示例

从示例可见，头尾表示法具有下列特点：

（1）容易分清广义表中单元素或子表所在的层次。例如，在广义表 D 中，单元素 a 和 e 在同一层上，而单元素 b、c、d 在同一层且比 a 和 e 低一层，子表 B 和 C 在同一层。

（2）最高层结点的个数即广义表的长度。例如，广义表 D 的最高层有三个表结点，其长度为 3。

以上特点在某种程度上为广义表的操作带来方便，如 LISP 语言中对广义表的存储采用的就是这种方法。

2. 孩子兄弟表示法

对于一个家庭，不论其成员多么复杂，只要能找到最早祖先的儿子（长子），则一定能找到该家庭中的所有成员。孩子兄弟表示法就是根据这种思想方法设计的。在孩子兄弟表示法中也有两种结点形式：一种是有孩子结点，用来表示列表；另一种是无孩子结点，用来表示单元素。与头尾表示法类似，通过在结点中设置标志域来标识两种结点：tag=1 表示有孩子结点；tag=0 表示无孩子结点。另外，在有孩子结点中，设有两个指针域，一个指向长子，另一个指向长子的兄弟；而在无孩子结点中设有一个数据域和一个指针域：数据域存放原子的值，指针域存放指向其兄弟的指针。两种结点的结构如图 5-32 所示。

tag = 1	hp	tp

tag = 0	data	tp

(a) 有孩子结点　　　　　(b) 无孩子结点

图 5-32　孩子兄弟表示法结点结构

结点的形式定义说明如下：

```
enum Elemtag{Atom,List};          //Atom=0 为单元素；List=1 为子表
template <class T>
struct GLNode
{
    ElemTag tag;                  //标志域，用以区分元素结点和表结点
    union
    { T data;                     //无孩子结点数据域
      struct GLNode *hp;}         //有孩子结点的长子指针域
      struct GLNode *tp;          //有孩子结点的长子兄弟指针域
} ptr;
```

5.4.1 节所定义的广义表 *A*、*B*、*C*、*D*、*E*、*F*，若采用孩子兄弟表示法的存储方式，则其存储结构图如图 5-33 所示。

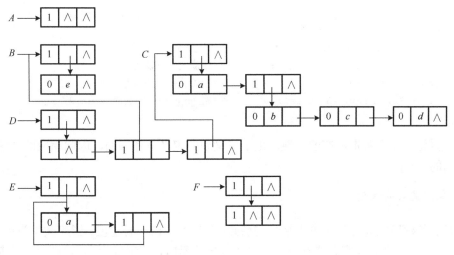

图 5-33　广义表孩子兄弟表示法存储结构示例

5.4.5　广义表的实现

采用头尾表示法时，广义表类的 C++定义如下：

```
template <class T>
template <class T>
struct  GLNode
{
    int  tag;                     //标志域，用于区分元素结点和表结点
    T data;                       //data 是元素结点的数据域
    struct atom
    {
        GLNode *hp, *tp;          //hp 和 tp 分别指向表头和表尾
    } ptr;
};
template <class T>
```

```
class GLists
{
public:
    GLists(){ls=NULL;}                   //无参数构造函数，初始化为空的广义表
    GLists(string st);   //有参数构造函数，按广义表的书面格式建立广义表的存储结构
    GLists(GLists ls1, GLists ls2);//有参构造函数，用表头ls1和表尾ls2构造广义表
    ~GLists(){delete [] ls;}             //析构函数，释放广义表中各结点的存储空间
    int DepthGList();                    //求广义表的深度
    int Length();                        //求广义表的长度
    GLists<T> *Head();                   //求广义表的表头
    GLists<T> *Tail();                   //求广义表的表尾
    void Prnt();                         //将广义表显示出来
private:
    GLNode<T>* ls;                       //ls是指向广义表的头指针
    GLNode<T>* Crtlists(string st);
                             //把广义表的书面格式st转化为广义表的头尾存储结构
    void Server(string &st,string &hst);
            //从st中取出第一成员存入hst，其余的成员留在st中
    int Depth(GLNode<T>* ls);            //求广义表的深度
    void  Setinfo();                     //初始化广义表的信息
    void Prt(GLNode<T>* ls);             //将ls所指的广义表显示出来
}
```

　　下面讨论广义表基本操作的实现。由于广义表的定义是递归的，因此相应的算法一般也都是递归的。

1. 求广义表的深度

　　广义表的深度定义为广义表中括号的层数，是广义表的一种量度。当广义表为单元素时，其深度为 0；当广义表为空表或其所有成员均为单元素时，其深度为 1；否则，广义表的深度与其成员的深度有关，总是比成员中最大的深度大 1。因此，可以采用如下递归的形式来定义广义表 GL 的深度 depth：

　　对于广义表 $GL=(a_1, a_2,\cdots, a_i,\cdots, a_n)$ 有

$$depth(GL)=\begin{cases} 0, & \text{当 GL 为原子} \\ 1, & \text{当 GL 为空表} \\ \max_{1\leqslant i\leqslant n}\{depth(a_i)\}+1, & \text{其他} \end{cases}$$

算法 5.5　求广义表的深度。
类 C++语言描述：

```
int GLists::depth(GLNode *ls)
{                                        //求广义表深度
    int h,t;
    if(ls==NULL) return 1;               //空表深度为1
    else if (ls->tag==0) return 0;       //原子深度为0
    else{
        h=depth(ls->hp);
```

```
                t=depth(ls->tp);
                if(h<t) return t;
                else return h+1;
        }
}//depth
```

2. 求广义表的长度

广义表的长度定义为广义表元素或子表的个数，是广义表的另一种量度。在广义表中，同一层次的每个结点通过 tp 指针链接起来，所以可以把它看作由 tp 链接起来的单链表。这样求广义表的长度，即同求单链表的长度一样，通过遍历求得。

算法 5.6　求广义表的深度。

操作步骤：

步骤 1：如果表空，则表长为 0；否则，转步骤 2。

步骤 2：计数器初值为 1，工作指针 p 指向表头结点。

步骤 3：只要 p 有所指，则执行以下步骤。

(1)计数器增 1。

(2)$p = p$->ptr.tp 后移。

类 C++语言描述：

```
int GLists<T>::Length()
{
    if(ls==NULL) return 0;              //空表长度为 0
    int max=1;
    *p=ls->ptr.tp;
    while (p)
    {
        max++;
        p=p->ptr.tp;                    //准备求表尾的长度
    }
    return max;
}
```

3. 广义表的创建

采用头尾表示法表示广义表的存储结构，当广义表为空时，头指针赋值为 NULL；当广义表为单元素时，只要为它生成一个元素结点并填入相应的元素值即可。其他情况下，每个最高层结点中的头指针依次指向广义表的一个成员，广义表的成员个数与最高层的结点个数应该是相等的。

算法 5.7　建立广义表。

假设把广义表 ls 的书写形式看成一个字符串 S。

操作步骤：

步骤 1：判断 S 是否为空。当 S 为空串时，ls=NULL；否则，执行步骤 2。

步骤 2：判断 S 是否为单元素。当广义表为单元素时，生成一个元素结点，填入相应的元素值，并把结点的指针赋予 ls。否则，执行步骤 3。

步骤 3：重复下列操作直到 ls 为空。

(1)从 S 中依次取一个成员。

(2)生成一个表结点作为当前结点，并将结点的指针赋予 ls(对第一个结点)或前一个结点的尾指针域 tp(对非第一个结点)。

(3)递归调用本函数，对该成员建立存储结构，并将结点指针赋予当前结点中的头指针域 hp。

步骤 4：在最后一个结点的尾指针上填入 NULL。

类 C++语言描述：

```cpp
template <class T>
GLNode<T>* GLists<T>::Crtlists(string st)
{
    if(st=="()")                            //当广义表 st 为空时，则 ls=NULL
        ls=NULL;
    else
    if (st.length()==1)
//当广义表 st 为单元素时，生成一个元素结点，填入值，并把结点赋予 ls
    {
        ls=new GLNode<T>;
        ls->tag=0;
        ls->data=st[0];
    }
    else                                    //当广义表 st 为非空时，进行如下的处理
    {
        ls=new GLNode<T>;
        ls->tag=1;                          //给出一个表结点作为当前结点
        p=ls;
        sub=st.substr(1,st.length()-2);     //去掉字符串两头的 "()"
        do                                  //反复执行这个过程，直到 st 中成员全处理完毕
        {
            Server (sub,hsub );             //从 st 中取第一成员
            p->ptr.hp=Crtlists (hsub );
            q=p;
            if (sub!="" )
            {
                p=new GLNode<T>;
                p->tag=1;
                q->ptr.tp=p;
            }
        }while(sub!="");
        q->ptr.tp=NULL;
    }
    return(ls);
}
```

算法中调用了 sever(sub,hsub)，其功能是从 sub 中取出第一个成员存入 hsub，其余的留在 sub 中。sub、hsub 均为广义表书写形式的字符串，但 sub 是无外层括号的。建表开始时，sub 等于去了外层括号的 S。

5.5　本　章　小　结

(1)递归是程序设计中最为重要的方法之一，递归程序结构清晰，形式简洁。递归可以通过栈的形式进行实现，但递归程序在执行时需要系统提供隐式的工作栈来保存调用过程中的参数、局部变量和返回地址，因此递归程序占用内存空间较多，运行效率较低。

(2)多维数组可以看成线性表的推广，其特点是结构中的元素本身可以是具有某种结构的数据，但属于同一数据类型。一个 n 维数组实质上是 n 个线性表的组合，其每一维都是一个线性表。数组一般采用顺序存储结构，故存储多维数组时，应先将其确定转换为一维结构，有按行转换和按列转换两种。科学与工程计算中的矩阵通常用二维数组来表示，为了节省存储空间，对于几种常见形式的特殊矩阵，如对称阵、三角阵和对角阵，在存储时可进行压缩存储，即为多个值相同的元素只分配一个存储空间，对零元素不分配空间。

(3)广义表是另一种线性表的推广形式，表中的元素可以是称为原子的单元素，也可以是一个子表，所以线性表可以看成广义表的特例。广义表的结构相当灵活，在某种前提下，它可以兼容线性表、数组、树和有向图等各种常用的数据结构。广义表的常用操作有取表头和取表尾。广义表通常采用链式存储结构：头尾链表的存储结构和扩展线性链表的存储结构。

习　　题

一、选择题

1. 一个递归算法必须包括(　　)。

　　A. 递归部分　　　　　　　　　　B. 终止条件和递归部分

　　C. 迭代部分　　　　　　　　　　D. 终止条件和迭代部分

2. 假设以行序为主序存储二维数组 A=array[1..100,1..100]，设每个数据元素占 2 个存储单元，基地址为 10，则 LOC[5,5]=(　　)。

　　A. 808　　　　　　B. 818　　　　　　C. 1010　　　　　　D. 1020

3. 设有数组 $A[i, j]$，数组的每个元素长度为 3 字节，i 的值为 1~8，j 的值为 1~10，数组从内存首地址 BA 开始顺序存放，当以列为主存放时，元素 $A[5,8]$ 的存储首地址为(　　)。

　　A. BA+141　　　　B. BA+180　　　　　C. BA+222　　　　　D. BA+225

4. 设有一个 10 阶的对称阵 A，采用压缩存储方式，以行序为主存储，a_{11} 为第一元素，其存储地址为 1，每个元素占一个地址空间，则 a_{85} 的地址为(　　)。

　　A. 13　　　　　　B. 32　　　　　　C. 33　　　　　　D. 40

5. 若对 n 阶对称阵 A 以行序为主序方式将其下三角形的元素(包括主对角线上所有元素)依次存放于一维数组 $B[1..(n(n+1))/2]$ 中，则在 B 中确定 a_{ij} $(i<j)$ 的位置 k 的关系为(　　)。

　　A. $i \times (i-1)/2+j$　　B. $j \times (j-1)/2 +i$　　C. $i \times (i+1)/2 +j$　　D. $j \times (j+1)/2+i$

6．二维数组 A 的每个元素是由 10 个字符组成的串，其行下标 $i=0,1,\cdots,8$，列下标 $j=1,2,\cdots,10$。若 A 按行先存储，元素 $A[8,5]$ 的起始地址与当 A 按列先存储时的元素（　　）的起始地址相同。设每个字符占 1 字节。

    A．$A[8,5]$　　 B．$A[3,10]$　　 C．$A[5,8]$　　 D．$A[0,9]$

7．广义表 $A=(a,b,(c,d)(e,(f,g)))$，则 $Head(Tail(Head(Tail(Tail(A)))) 裪)$ 的值为（　　）。

    A．(g)　　 B．(d)　　 C．c　　 D．d

8．广义表 $((a,b,c,d))$ 的表头是（　　），表尾是（　　）。

    A．a　　 B．$(\ )$　　 C．(a,b,c,d)　　 D．(b,c,d)

9．设广义表 $L=((a,b,c))$，则 L 的长度和深度分别为（　　）。

    A．1 和 1　　 B．1 和 3　　 C．1 和 2　　 D．2 和 3

二、应用题

1．已知 f 为单链表的表头指针，链表中存储的都是整型数据，试写出实现下列运算的递归算法：

(1)求链表中的最大整数。

(2)求链表的结点个数。

(3)求所有整数的平均值。

2．数组 A 中，每个元素 $A[i, j]$ 的长度均为 32 个二进制位，行下标为 $-1\sim9$，列下标为 $1\sim11$，从首地址 S 开始连续存放在主存储器中，主存储器字长为 16 位。求：

(1)存放该数组所需多少单元？

(2)存放数组第 4 列所有元素至少需多少单元？

(3)数组按行存放时，元素 $A[7,4]$ 的起始地址是多少？

(4)数组按列存放时，元素 $A[4,7]$ 的起始地址是多少？

3．已知 b 对角阵 $(a_{ij})_{n\times n}$，以行主序将 b 条对角线上的非零元存储在一维数组中，每个数据元素占 L 个存储单元，存储基地址为 S，请用 i、j 表示出 a_{ij} 的存储位置。

4．数组 $A[0..8, 1..10]$ 的元素是 6 个字符组成的串，则存放 A 至少需要多少个字节？A 的第 8 列和第 5 行共占多少个字节？若 A 按行优先方式存储，元素 $A[8,5]$ 的起始地址与当 A 按列优先方式存储时的哪个元素的起始地址一致？

5．若按照压缩存储的思想将 $n\times n$ 阶的对称阵 A 的下三角部分（包括主对角线元素）以行序为主序方式存放于一维数组 $B[1..n(n+1)/2]$ 中，那么 A 中任一个下三角元素 a_{ij} $(i\geqslant j)$ 在数组 B 中的下标位置 k 是什么？

6．请将香蕉 banana 用工具 $H(\ )$—$Head(\ )$、$T(\ )$—$Tail(\ )$ 从 L 中取出。

$L=(apple, (orange, (strawberry, (banana)), peach), pear)$

第6章 二叉树和树

本章简介：树结构是一类重要的非线性数据结构。直观来看，树结构是以分支关系定义的层次结构。树结构在客观世界中广泛存在，如人类社会的族谱和各种社会组织机构都可用树结构来形象表示。树结构在计算机领域中得到广泛应用，尤以二叉树最为常用。树在海量数据的快速检索、数据压缩、内部排序、人工智能等领域的算法研究和程序设计中具有重要应用。本章重点讨论二叉树的存储结构及其各种操作，并研究树和森林与二叉树的转换关系，给出二叉树在解决编码、查找等问题中的应用。

学习目标：掌握树结构的基本概念、常用的基本术语、二叉树的定义、性质和存储结构；掌握各种遍历策略的递归算法，了解其非递归算法；理解二叉树线索化的实质是建立结点与其在相应序列中的前驱或后继之间的直接联系；熟悉树的各种存储结构及其特点，掌握树和森林与二叉树之间的相互转换方法；了解哈夫曼树的特性，掌握建立哈夫曼树和哈夫曼编码的算法；掌握二叉树在查找中的相关算法及其应用。

6.1 树的定义和基本术语

6.1.1 树的定义

树(Tree)是 $n(n \geq 0)$ 个有限数据元素的集合。当 $n=0$ 时，称这棵树为空树。在一棵非空树 T 中：

(1)有且只有一个特殊的数据元素称为树的根结点，根结点在所在树中没有前驱结点。

(2)若 $n>1$，除根结点之外的其余数据元素被分成 $m(m>0)$ 个互不相交的集合 $T_1,T_2,\cdots,T_m$，其中每一个集合 $T_i(1 \leq i \leq m)$ 本身又是一棵树。树 $T_1,T_2,\cdots,T_m$ 称为这个根结点的子树。

树的定义还可形式化的描述为二元组的形式：

$$T=(D,R) \tag{6-1}$$

式中，D 为树 T 中结点的集合；R 为树中结点之间关系的集合。

当树为空树时，记 $D=\Phi$；当树 T 不为空树时，有

$$D=\{\text{Root}\} \cup D_F \tag{6-2}$$

式中，Root 为树 T 的根结点；D_F 为树 T 的根 Root 的子树集合。D_F 可由式(6-3)表示：

$$D_F=D_1 \cup D_2 \cup \cdots \cup D_m, \ \text{且} \ D_i \cap D_j=\Phi, \ i \neq j; \ 1 \leq i \leq m; \ 1 \leq j \leq m \tag{6-3}$$

当树 T 中结点个数 $n \leq 1$ 时，$R=\Phi$；当树 T 中结点个数 $n>1$ 时有

$$R=\{<\text{Root},r_i>, \ i=1,2,\cdots,m\} \tag{6-4}$$

式中，Root 为树 T 的根结点；r_i 是树 T 根结点 Root 的子树 T_i 的根结点。

图 6-1 是一棵具有 13 个结点的树，即 $T=\{A,B,C,\cdots,L,M\}$，结点 A 为树 T 的根结点，除根结点 A 之外的其余结点分为三个不相交的集合：$T_1=\{B,E,F,I\}$、$T_2=\{C,G\}$ 和 $T_3=\{D,H,I,J,M\}$，T_1、T_2 和 T_3 构成了结点 A 的三棵子树，T_1、T_2 和 T_3 本身也分别是一棵树。

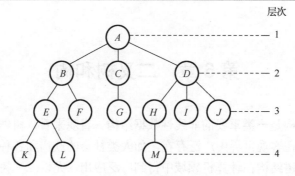

图 6-1 树的示例

树的结构定义是一个递归形式的定义，即在树的定义中又用到树的定义，它反映了树的固有特性。树还可有其他的表示方法，图 6-2 为图 6-1 所示树的另外三种表示方法。其中，图(a)是以嵌套集合(即一些集合的集体，对于其中任何两个集合，或者不相交，或者一个包含另一个)的形式表示的；图(b)是以广义表的形式表示的，根作为由子树森林组成的表的名字写在表的左边；图(c)用的是凹入表示法(类似书的编目)。表示方法的多样化，正说明了树结构在日常生活中及计算机程序设计中的重要性。一般来说，分等级的分类方案都可用层次结构来表示，也就是说，都可由一个树结构来表示。

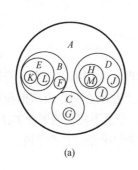

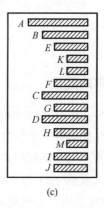

(A(B(E(K, L), F), C(G), D(H(M), I, J)))

(a)   (b)   (c)

图 6-2 树的其他三种表示方法

6.1.2 树的基本术语

(1)结点：树中的一个独立单元，包含一个数据元素及若干指向其子树的分支，如图 6-1 中的 A、B、C、D 等(下面术语中均以图 6-1 为例来说明)。

(2)结点的度：结点拥有的子树数称为结点的度。例如，A 的度为 3，C 的度为 1，F 的度为 0。

(3)树的度：树内各结点度的最大值。图 6-1 所示的树的度为 3。

(4)叶子结点：度为 0 的结点称为叶子结点或终端结点，简称为叶子。结点 K、L、F、G、M、I、J 都是树的叶子。

(5)非终端结点：度不为 0 的结点称为非终端结点或分支结点。除根结点之外，非终端结点也称为内部结点。

(6)双亲和孩子：结点的子树的根结点称为该结点的孩子结点，简称为孩子。相应地，该结点称为孩子的双亲结点，简称为双亲。例如，B 的双亲为 A，B 的孩子有 E 和 F。

（7）兄弟：同一个双亲的孩子之间互称兄弟结点，简称为兄弟。例如，H、I 和 J 互为兄弟。

（8）祖先：从根结点到某一结点所经分支上的所有结点（不包含该结点）称为该结点的祖先结点，简称为该结点的祖先。例如，图 6-1 中 M 的祖先为 A、D 和 H。

（9）子孙：以某结点为根的子树中的任一结点都称为该结点的子孙结点，简称为子孙，如 B 的子孙为 E、K、L 和 F。

（10）层次：结点的层次从根开始定义，根为第一层，根的孩子为第二层。树中任一结点的层次等于其双亲结点的层次加 1。

（11）堂兄弟：双亲在同一层的结点互为堂兄弟结点，简称为堂兄弟。例如，结点 G 与 E、F、H、I、J 互为堂兄弟。

（12）树的深度：树中结点的最大层次称为树的深度或高度。图 6-1 所示的树的深度为 4。

（13）有序树和无序树：如果将树中结点的各子树看成从左至右是有次序的（即不能互换），则称该树为有序树；否则称为无序树。在有序树中最左边的子树的根称为第一个孩子，最右边的称为最后一个孩子。

（14）森林：$m(m \geq 0)$ 棵互不相交的树的集合。对树中的每个结点而言，其子树的集合即森林。由此，也可以用森林和树相互递归的定义来描述树。

就逻辑结构而言，任何一棵树都是一个二元组 Tree=(Root,F)，式中 Root 是数据元素，称为树的根结点；F 是 $m(m \geq 0)$ 棵树的森林，$F=(T_1,T_2,\cdots,T_m)$，其中 $T_i=(r_i,F_i)$ 称为根 Root 的第 i 棵子树。当 $m \neq 0$ 时，在树根和其子树森林之间存在下列关系：

$$RF=\{<Root,r_i>|i=1,2,\cdots,m，m>0\}$$

这个定义将有助于得到森林和树与二叉树之间转换的递归定义。

6.2　二叉树的相关定义

6.2.1　二叉树的概念和性质

1. 二叉树的基本概念

二叉树是一个有限元素的集合，该集合或者为空，或者由一个称为根的元素及两个不相交的、分别称为左子树和右子树的二叉树组成。当集合为空时，称该二叉树为空二叉树。在二叉树中，一个元素也称为一个结点。

二叉树是有序的，即若将其左、右子树颠倒，就成为另一棵不同的二叉树。即使树中结点只有一棵子树，也要区分它是左子树还是右子树。因此二叉树具有五种基本形态，如图 6-3 所示。

2. 二叉树的主要性质

性质 1　一棵非空二叉树的第 k 层上最多有 2^{k-1} 个结点（$k \geq 1$）。

该性质可由数学归纳法证明。证明略。

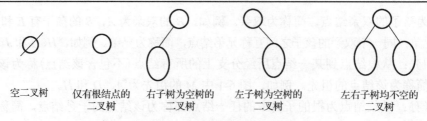

空二叉树　　　仅有根结点的　　右子树为空树的　　左子树为空树的　　左右子树均不空的
　　　　　　　　二叉树　　　　二叉树　　　　　二叉树　　　　　二叉树

图 6-3　二叉树的五种基本形态

性质 2　一棵深度为 k 的二叉树中，最多具有 2^k-1 个结点 $(k \geq 1)$。

证明　设第 i 层的结点数为 $x_i (1 \leq i \leq k)$，深度为 k 的二叉树的结点数为 M，x_i 最多为 2^{i-1}，则有

$$M = \sum_{i=0}^{k} x_i \leq \sum_{i=0}^{k} 2^{i-1} = 2^{k-1} \tag{6-5}$$

性质 3　对于一棵非空的二叉树，如果叶子结点数为 n_0，度数为 2 的结点数为 n_2，则有

$$n_0 = n_2 + 1 \tag{6-6}$$

证明　设 n 为二叉树的结点总数，n_1 为二叉树中度为 1 的结点数，则有

$$n = n_0 + n_1 + n_2 \tag{6-7}$$

在二叉树中，除根结点外，其余结点都有唯一的进入分支。设 B 为二叉树中的分支数，那么有

$$B = n - 1 \tag{6-8}$$

这些分支是由度为 1 和度为 2 的结点分出的，一个度为 1 的结点分出一个分支，一个度为 2 的结点分出两个分支，所以有

$$B = n_1 + 2n_2 \tag{6-9}$$

综合式 (6-6)～式 (6-8) 可以得到

$$n_0 = n_2 + 1$$

性质 4　具有 $n(n > 0)$ 个结点的完全二叉树的深度 k 为 $\lfloor \log_2 n \rfloor + 1$。

证明　根据完全二叉树的定义和性质 2 可知，当一棵完全二叉树的深度为 k、结点个数为 n 时，有

$$2^{k-1} - 1 < n \leq 2^k - 1$$

即

$$2^k \leq n < 2^{k+1} \tag{6-10}$$

对不等式取对数，有

$$k \leq \log_2 n < k+1 \tag{6-11}$$

由于 k 是整数，所以有

$$k = \lfloor \log_2 n \rfloor + 1 \tag{6-12}$$

性质 5　对于具有 n 个结点的完全二叉树，如果按照自上而下和从左到右的顺序对二叉树中的所有结点从 1 开始顺序编号，则对于任意的序号为 i 的结点，有：

（1）如果 $i>1$，则序号为 i 的结点的双亲结点的序号为 $i/2$（"/"表示整除）；如果 $i=1$，则序号为 i 的结点是根结点，无双亲结点。

（2）如果 $2i\leqslant n$，则序号为 i 的结点的左孩子结点的序号为 $2i$；如果 $2i>n$，则序号为 i 的结点无左孩子。

（3）如果 $2i+1\leqslant n$，则序号为 i 的结点的右孩子结点的序号为 $2i+1$；如果 $2i+1>n$，则序号为 i 的结点无右孩子。

此外，若对二叉树的根结点从 0 开始编号，则相应的 i 号结点的双亲结点的编号为 $(i-1)/2$，左孩子的编号为 $2i+1$，右孩子的编号为 $2i+2$。

此性质可采用数学归纳法证明。证明略。

6.2.2　二叉树的问题案例

案例 6.1　决策树（Decision Tree，也称为判定树）是在已知各种情况发生概率的基础上，通过构成决策树来求取净现值的期望值大于等于零的概率，评价项目风险，判断其可行性的决策分析方法，是直观运用概率分析的一种图解法。由于这种决策分支画成的图形形成一棵树的枝干，故称决策树。请课外阅读有关决策树应用的相关内容。

案例 6.2　二分查找过程可用二叉树来描述，可以有效提高有序线性表的查找效率。二分查找把当前查找区间的中间位置上的结点作为根，左子表和右子表中的结点分别作为根的左子树和右子树。由此得到的二叉树称为描述二分查找的判定树或比较树（Comparison Tree）。

案例 6.3　在数据通信中，经常需要将传送的文字转换成由二进制字符 0、1 组成的二进制串，称其为编码。例如，假设要传送的电文为 ABACCDA，电文中只含有 A、B、C、D 四种字符，若这四种字符的编码分别为 000、010、100 和 111，则电文的代码为 000010000100100111000，长度为 21。在传送电文时，我们总是希望传送时间尽可能短，这就需要给出一种既能表达电文的含义，又要使编码长度尽可能短的方案。如何给出一种编码最短的解决方案？

6.2.3　二叉树的抽象数据类型和特殊的二叉树

1.　二叉树的抽象数据类型

二叉树的抽象数据类型定义如下：

ADT　CBinaryTree{
　　Data：D 是具有相同特性的数据元素的集合
　　Relation：若 D 为空集，则称 CBinaryTree 为空二叉树；否则，关系 $R=\{H\}$
}

（1）在 D 中存在唯一的称为根的数据元素 BT，它在关系 H 下无前驱。

（2）D 中其余元素必可分为两个互不相交的子集 L 和 R，每一个子集都是一棵符合本定义的二叉树，并分别为 BT 的左子树和右子树。如果左子树 L 不空，则必存在一个根结点 XL，它是 BT 的"左后继"（<BT,XL>$\in H$）；如果右子树 R 不空；则必存在一个根结点 XR 为 BT 的"右后继"（<BT,XR>$\in H$）。

　　Operation：
　　　　CBinaryTree()；

前置条件：二叉树不存在

　　输入：无

　　功能：创建一棵空的二叉树

　　输出：无

后置条件：建立一棵二叉树，根结点为空

~CBinaryTree ()；

前置条件：二叉树存在

　　输入：无

　　功能：销毁二叉树

　　输出：无

后置条件：调用 Clear () 函数将二叉树销毁

ClearBiTree ()；

前置条件：二叉树存在

　　输入：无

　　功能：清空一棵二叉树

　　输出：无

后置条件：将二叉树清空为空树

CreateBiTree (Tend)；

前置条件：二叉树存在，且为空树

　　输入：空指针域标志 end

　　功能：创建一棵二叉树

　　输出：输出二叉树格式提示

后置条件：建成一棵二叉树

IsEmpty ()；

前置条件：二叉树存在

　　输入：无

　　功能：判断二叉树是否为空

　　输出：无

后置条件：若二叉树为空，则返回 true；否则返回 false

BiTreeDepth ()；

前置条件：二叉树存在

　　输入：无

　　功能：计算二叉树的深度

　　输出：无

后置条件：若二叉树不为空，则返回树的深度；否则返回–1

RootValue($T \& e$);

前置条件：二叉树存在

　　输入：无

　　功能：用 e 返回根结点的值

　　输出：无

后置条件：若二叉树不为空，则将根结点保存到 e 中，函数返回 true；否则返回 false

BiTreeNode();

前置条件：二叉树存在

　　输入：无

　　功能：获取根结点指针

　　输出：无

后置条件：若叉树不为空，则返回根结点的指针；否则返回 NULL

Assign(T e,TElemType value);

前置条件：二叉树存在，e 是二叉树中的某个结点

　　输入：二叉树的某个结点 e、改之后的值 value

　　功能：修改结点的值

　　输出：无

后置条件：若二叉树不为空，且 e 是二叉树中的某个结点值；则将其修改成 value

GetParent($T e$);

前置条件：二叉树存在，e 是二叉树中的某个结点

　　输入：二叉树中某结点值 e

　　功能：求双亲结点值

　　输出：无

后置条件：若二叉树不为空，且 e 是非根结点，则返回其双亲结点值；否则返回 "空"

GetLeftChild($T e$);

前置条件：二叉树存在，e 是二叉树中的某个结点

　　输入：二叉树中某结点值 e

　　功能：获取左孩子结点值

　　输出：无

后置条件：返回 e 的左孩子结点值，若 e 无左孩子，则返回 "空"

GetRightChild($T e$);

前置条件：二叉树存在，e 是二叉树中的某个结点

　　输入：二叉树中某结点值 e

功能：获取右孩子结点值

输出：无

后置条件：返回 e 的右孩子结点值，若 e 无右孩子，则返回"空"

GetLeftSibling$(T\,e)$；

前置条件：二叉树存在，e 是二叉树中的某个结点

输入：二叉树中某结点值 e

功能：获取左兄弟的结点值

输出：无

后置条件：返回 e 的左兄弟结点值，若左兄弟不存在，则返回"空"

GetRightSibling$(T\,e)$；

前置条件：二叉树存在，e 是二叉树中的某个结点

输入：二叉树中某结点值 e

功能：获取右兄弟的结点值

输出：无

后置条件：返回 e 的右兄弟结点值，若右兄弟不存在，则返回"空"

InsertChild$($BTNode$<T>H*\,p,$BTNode$<T>H*\,c,$int RL$)$；

前置条件：二叉树存在，p 指向二叉树某个结点，非空二叉树 c 与 BT 不相交

输入：p、c、R、L

功能：插入子树

输出：无

后置条件：根据 RL 为 0 或 1，插入 c 为 p 指向结点的左子树或右子树，p 指向的原有左子树为空

DeleteChild$($BTNode$<T>H*\,p,$int RL$)$；

前置条件：二叉树存在，p 指向二叉树某个结点，RL 为 0 或 1

输入：p、要删除左子树或右子树的标志 RL

功能：删除孩子结点

输出：无

后置条件：根据 RL 为 0 或 1，删除 p 所指向的左子树或右子树

PreTraBiTree$()$；

前置条件：二叉树存在

输入：无

功能：先序递归遍历二叉树

输出：按照先序遍历的顺序输出二叉树每个结点的值

后置条件：先序遍历二叉树

InTraBiTree();
前置条件：二叉树存在
　　输入：无
　　功能：中序递归遍历二叉树
　　输出：按照中序遍历的顺序输出二叉树每个结点的值
后置条件：中序遍历二叉树

PostTraBiTree();
前置条件：二叉树存在
　　输入：无
　　功能：后序递归遍历二叉树
　　输出：按照后序遍历的顺序输出二叉树每个结点的值
后置条件：后序遍历二叉树

NRPreTraBiTree();
前置条件：二叉树存在
　　输入：无
　　功能：先序非递归遍历二叉树
　　输出：按照先序遍历的顺序输出二叉树每个结点的值
后置条件：先序遍历二叉树

NRInTraBiTree();
前置条件：二叉树存在
　　输入：无
　　功能：中序非递归遍历二叉树
　　输出：按照中序遍历的顺序输出二叉树每个结点的值
后置条件：中序遍历二叉树

NRPostTraBiTree();
前置条件：二叉树存在
　　输入：无
　　功能：后序非递归遍历二叉树
　　输出：按照后序遍历的顺序输出二叉树每个结点的值
后置条件：后序遍历二叉树

LevelTraBiTree();
前置条件：二叉树存在
　　输入：无

功能：层次遍历二叉树

输出：按照层次遍历的顺序输出二叉树每个结点的值

后置条件：层次遍历二叉树

LeafCount( );

前置条件：二叉树存在

　　输入：无

　　功能：计算叶子结点的个数

　　输出：无

后置条件：若二叉树不为空，则返回叶子结点的个数；否则返回 0

SearchNode* SearchNode($T\,e$);

前置条件：二叉树存在，e 是二叉树中的某个结点

　　输入：二叉树中的某个结点 e

　　功能：寻找值为 e 的结点指针

　　输出：无

后置条件：若二叉树不为空且 e 是二叉树中的某个结点，则返回指向该结点的指针；

　　　　　　否则返回"空"

　　}

在二叉树的任一层次 i，二叉树可能包含 $1\sim 2^{i-1}$ 个结点，每一层的结点数决定了树的密度。直观上说，密度是相对于树的深度而言对树的大小（结点数）的一种度量。图 6-4(b) 中的二叉树包含了深度为 4 的 7 个结点。

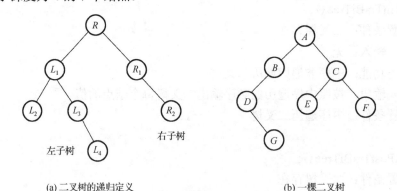

(a) 二叉树的递归定义　　　　　　　　　　　(b) 一棵二叉树

图 6-4　二叉树的递归定义和示例

树中结点的度、叶子结点、祖先、子孙、分支结点、结点的层数、树的深度、树的度等概念都适合二叉树。二叉树中双亲的孩子有左孩子、右孩子之分。

2. 特殊的二叉树

(1) 满二叉树。在一棵二叉树中，如果所有分支结点都存在左子树和右子树，并且所有叶子结点都在同一层上，则这样的一棵二叉树称为满二叉树。如图 6-5 所示，图(a) 就是一棵

满二叉树，图(b)则不是满二叉树，因为虽然其所有结点要么是含有左右子树的分支结点，要么是叶子结点，但由于其叶子未在同一层上，故不是满二叉树。

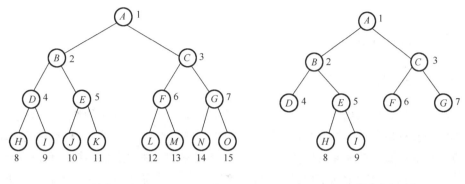

(a) 一棵满二叉树　　　　　　　　　　　　　　　(b) 一棵非满二叉树

图 6-5　满二叉树和非满二叉树示意图

(2)完全二叉树。一棵深度为 k 的有 n 个结点的二叉树，对树中的结点按从上至下、从左到右的顺序进行编号，如果编号为 $i(1 \leqslant i \leqslant n)$ 的结点与满二叉树中编号为 i 的结点在二叉树中的位置相同，则这棵二叉树称为完全二叉树。完全二叉树的特点是：叶子结点只能出现在最下层和次下层，且最下层的叶子结点集中在树的左部。显然，一棵满二叉树必定是一棵完全二叉树，而完全二叉树未必是满二叉树。如图 6-6 所示，图(a)为一棵完全二叉树，图(b)则不是完全二叉树。

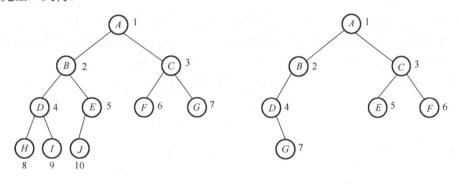

(a) 一棵完全二叉树　　　　　　　　　　　　　　(b) 一棵非完全二叉树

图 6-6　完全二叉树和非完全二叉树示意图

(3)斜二叉树。在一棵二叉树中，如果所有结点均只有左子树而没有右子树，则称这样的二叉树为左斜二叉树(图 6-7(a))；如果所有结点均只有右子树而没有左子树，则称这样的二叉树为右斜二叉树(图 6-7(b))。左斜二叉树和右斜二叉树统称为斜二叉树。显然，在斜二叉树中，每一层只有一个结点，结点的个数等于斜二叉树的深度。

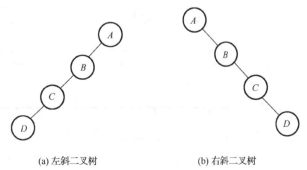

(a) 左斜二叉树　　　　　　　(b) 右斜二叉树

图 6-7　斜二叉树示意图

6.3　二叉树的存储结构与实现

6.3.1　二叉树的存储结构

1. 顺序存储结构

二叉树的顺序存储结构就是用一组连续的存储单元存放二叉树中的结点。这就需要将二叉树中的结点排列成某种线性序列。一般是按照二叉树结点从上到下、从左到右的顺序存储。这样结点在存储位置上的前驱后继关系并不一定就是它们在逻辑上的邻接关系，只有通过一些方法确定某结点在逻辑上的前驱结点和后继结点，这种存储才有意义。因此，依据二叉树的性质，完全二叉树和满二叉树采用顺序存储比较合适，树中结点的序号可以唯一地反映结点之间的逻辑关系，这样既能够最大可能地节省存储空间，又可以利用数组元素的下标值确定结点在二叉树中的位置，以及结点之间的关系。图 6-8 给出了如图 6-6(a) 所示的完全二叉树的顺序存储表示。

数组下标 0　　1　　2　　3　　4　　5　　6　　7　　8　　9

图 6-8　完全二叉树的顺序存储示意图

对于一般的二叉树，如果仍按从上到下和从左到右的顺序将树中的结点顺序存储在一维数组中，则数组元素下标之间的关系不能够反映二叉树中结点之间的逻辑关系，只有增添一些并不存在的空结点，使之成为一棵完全二叉树，然后用一维数组顺序存储。图 6-9 给出了一棵一般二叉树改造后的完全二叉树形态和其顺序存储状态示意图。显然，这种存储需要增加许多空结点才能将一棵一般二叉树改造成为一棵完全二叉树后再存储，这样必然会造成空间的大量浪费。因此，对于一般二叉树来说，不宜采用顺序存储结构。最坏的情况是斜二叉树，如图 6-10 所示，一棵深度为 k 的右斜二叉树，只有 k 个结点，却需分配 2^k-1 个存储单元。

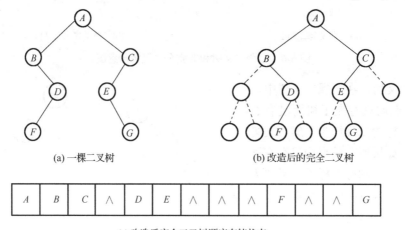

(a) 一棵二叉树　　　　　　　　　　(b) 改造后的完全二叉树

A	B	C	∧	D	E	∧	∧	∧	F	∧	∧	G

(c) 改造后完全二叉树顺序存储状态

图 6-9　一般二叉树及其顺序存储示意图

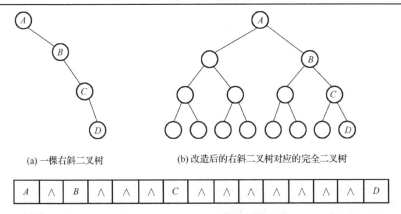

(a) 一棵右斜二叉树　　　　(b) 改造后的右斜二叉树对应的完全二叉树

A	∧	B	∧	∧	∧	C	∧	∧	∧	∧	∧	∧	∧	D

(c) 右斜二叉树改造后完全二叉树的顺序存储状态

图 6-10　右斜二叉树及其顺序存储示意图

二叉树的顺序存储表示可描述为:

```
#define MAXNODE                          //二叉树的最大结点数
typedef elemtype SqBiTree[MAXNODE]       //0 号单元存放根结点
SqBiTree bt;
```

即将 bt 定义为含有 MAXNODE 个 elemtype 类型元素的一维数组。

2. 链式存储结构

二叉树的链式存储结构是指用链表来表示一棵二叉树,即用指针来指示元素的逻辑关系。链式存储结构通常有下面两种形式。

(1)二叉链表存储结构。链表中每个结点由三个域组成,除了数据域外,还有两个指针域,分别用来给出该结点左孩子和右孩子所在的链结点的存储地址。图 6-11(a)结点的二叉链表存储结构如图 6-11(b)所示;图 6-11(c)的二叉树实例的二叉链表如图 6-11(d)所示。

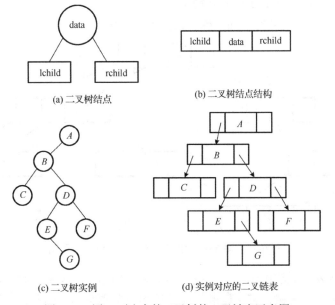

(a) 二叉树结点　　　　　　(b) 二叉树结点结构

(c) 二叉树实例　　　　　　(d) 实例对应的二叉链表

图 6-11　图 6-4(b)中的二叉树的二叉链表示意图

其中，data 域存放某结点的数据信息；lchild 与 rchild 分别存放指向左孩子和右孩子的指针，当左孩子或右孩子不存在时，相应指针域的值为空(用符号"∧"或 NULL 表示)。

图 6-12(a)给出了图 6-4(b)所示的一棵二叉树的二叉链表。二叉链表也可用带头结点的方式存放，如图 6-12(b)所示。

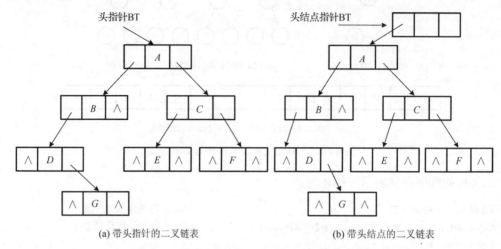

(a) 带头指针的二叉链表   (b) 带头结点的二叉链表

图 6-12   图 6-4(b)中的二叉树的二叉链表示意图

可以用数学归纳法证明，在 n 个结点的二叉树二叉链表中，有 $n+1$ 个指针域存储的是空指针。

(2)三叉链表存储结构。每个结点由四个域组成，具体结构为

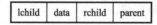

其中，data、lchild 以及 rchild 三个域的意义同二叉链表存储结构；parent 域为指向该结点双亲结点的指针。这种存储结构既便于查找孩子结点，又便于查找双亲结点；但是，相对于二叉链表存储结构而言，它增加了空间开销。

图 6-13 给出了图 6-4(b)所示的一棵二叉树的三叉链表。

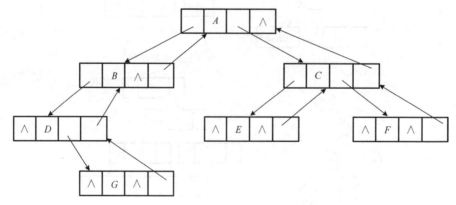

图 6-13   图 6-4(b)中二叉树的三叉链表示意图

尽管在二叉链表中无法由结点直接找到其双亲，但由于二叉链表存储结构灵活、操作方便，对于一般情况的二叉树，甚至比顺序存储结构还节省空间。因此，二叉链表是最常用的

二叉树存储方式。后面所涉及的二叉树的链式存储结构若不加特别说明，则都是指二叉链表存储结构。

6.3.2　二叉树的基本操作及实现

1. 设计结点 BTNode

定义二叉树的结点类型 BTNode，其中包含数据域、指向左子树的指针和指向右子树的指针。

```
template <class T>
struct BTNode
{
    T data;                 //数据域
    BTNode * lchild;        //指向左子树的指针
    BTNode * rchild;        //指向右子树的指针
};
```

2. 设计类 CBinaryTree

```
template <class T>
class CBinaryTree
{
    BTNode<T>* BT;
    public:
        CBinaryTree(){BT=NULL;}      //构造函数,将根结点置空
        ~CBinaryTree(){clear(BT);}   //调用 Clear()函数将二叉树销毁
        void ClearBiTree(){clear(BT);BT=NULL;};        //销毁一棵二叉树
        void CreateBiTree(T end);    //创建一棵二叉树, end 为空指针域标志
        bool IsEmpty();              //判断二叉树是否为空
        int BiTreeDepth();           //计算二叉树的深度
        bool RootValue(T &e);        //若二叉树不为空，则用 e 返回根结点的值
        BTNode<T>*GetRoot();         //若二叉树不为空，则获取根结点指针;否则返回NULL
        bool Assign(T e,T value);    //找到二叉树中值为e的结点，并将其值修改为value
        T GetParent(T e);//若二叉树不为空且e是二叉树中的一个结点，那么返回其双亲结点值
        T GetLeftChild(T e);         //获取左孩子结点值
        T GetRightChild(T e);        //获取右孩子结点值
        T GetLeftSibling(T e);       //获取左兄弟的结点值
        T GetRightSibling(T e);      //获取右兄弟的结点值
        bool InsertChild(BTNode<T>* p,BTNode<T>* c,int RL);      //插入操作
        bool DeleteChild(BTNode<T>* p,int RL);                   //删除操作
        void PreTraBiTree();         //递归算法：先序遍历二叉树
        void InTraBiTree();          //递归算法：中序遍历二叉树
        void PostTraBiTree();        //递归算法：后序遍历二叉树
        void NRPreTraBiTree();       //非递归算法：先序遍历二叉树
        void NRInTraBiTree();        //非递归算法：中序遍历二叉树
        void NRPostTraBiTree();      //非递归算法：后序遍历二叉树
        void LevelTraBiTree();       //利用队列层次遍历二叉树
```

```
int  LeafCount();                //计算叶子结点的个数
BTNode<T>* SearchNode(T e);  //寻找到结点值为 e 的结点，返回指向结点的指针
};
```

3. 算法的具体实现

算法 6.1 求二叉树根结点的值。

若二叉树不为空，即根结点 BT!=NULL，则可以很容易通过根结点的指针获得根结点的值，并将其保存在 *e* 中返回。

类 C++语言描述：

```
template <class T>
bool CBinaryTree<T>::RootValue(T &e)
{//若二叉树不空，则用 e 返回根结点的值，函数返回 true；否则函数返回 false
    if(BT!=NULL)        //判断二叉树是否为空
    {
        e=BT->data;        //若二叉树不为空，将根结点的数据赋值给 e
        return true;        //操作成功，返回 true
    }
    return false;        //二叉树为空，返回 false
}
```

算法 6.2 在二叉树中查找给定的数据元素。

在二叉树中查找数据元素 *e*。查找成功时返回该结点的指针；查找失败时返回空指针。
操作步骤：

步骤 1：判断二叉树是否为空。

(1)若为空，则执行步骤 4。

(2)若不为空，则判断根结点数据元素的值是否为要寻找的数据。

①若是，则返回结点的指针。

②若不是，则执行步骤 2。

步骤 2：调用 search 在左子树中寻找给定的数据元素，并判断是否找到。

(1)找到，返回结点指针值。

(2)没有找到，执行步骤 3。

步骤 3：调用 search 在右子树中寻找，并判断是否找到。

(1)找到，返回结点指针值。

(2)没有找到，执行步骤 4。

步骤 4：返回没有找到的标志。

类 C++语言描述：

```
template <class T>
BTNode<T>* CBinaryTree<T>::SearchNode(T e)
{    BTNode<T>*t;
    if(BT)//二叉树不为空
    {
```

```
            if(BT->data==e) return BT;          //找到给定的结点值，返回结点指针
            t=search(BT->lchild,e);             //在左子树中查找数据元素的值为 e 的结点
            if(t)return t;
            t=search(BT->rchild,e);             //在右子树中查找数据元素的值为 e 的结点
            if(t)return t;
        }
        return NULL;                            //二叉树为空，返回"空"
}
template <class T>
static BTNode<T>* search(BTNode<T>*bn,T e)
{                                               //静态辅助函数
    BTNode<T>*t;
    if(bn)                                      //结点不为空
    {
        if(bn->data==e) {return bn;}            //找到给定的结点值，返回结点指针
        t=search(bn->lchild,e);                 //递归查找左子树
        if(t)return t;                          //查找成功，返回结点指针
        t=search(bn->rchild,e);                 //递归查找右子树
        if(t)return t;                          //查找成功，返回结点指针
    }
    return NULL;
}
```

算法 6.3　修改二叉树结点的值。

当需要修改二叉树中某个结点值时，首先找到指向该结点的指针，这里通过调用算法 6.2 SearchNode()函数获得指向该结点的指针，然后即可以修改其值。若发现所给的结点不在二叉树中，则不可以修改其值。所以修改结点值之前应判断 SearchNode()的返回值是否为空。

类 C++语言描述：

```
template <class T>
bool CBinaryTree<T>::Assign(T e,T value)
{
    if(SearchNode(e)!=NULL)                     //判断要修改的结点是否存在
    {
        (SearchNode(e))->data=value;            //修改结点的值
        return true;
    }
    return false;
}
```

算法 6.4　求双亲结点值。

由于在二叉链表的存储结构中，结点未设置指向其双亲的指针，所以在求双亲结点值中，需要借助于队列来实现存放根结点的值。队列通过一个一维数组 Queue[]实现，变量 front 和 rear 分别表示当前队首元素和队尾元素在数组中的位置。要找到结点值为 e 的双亲结点，只需要从根结点开始遍历，找到其左孩子或右孩子结点值恰好为 e 的结点，即为 e 的双亲结点值。

操作步骤:

步骤 1: 初始化队列数组及变量 front 和 rear 的值。

步骤 2: 判断二叉树是否为空。

(1)若为空,则执行步骤 4。

(2)若不为空,则将根结点的值首先保存到队列中,当队列不空执行以下操作。

①取队首元素,判断其非空左孩子或右孩子的结点值是否为 e。

②若是,执行步骤 3。

③若不是,其非空左孩子和非空右孩子进入队列,执行步骤①。

步骤 3: 找到,返回取出的队首结点的值。

步骤 4: 返回没有找到的标志。

类 C++语言描述:

```cpp
template <class T>
T CBinaryTree<T>::GetParent(T e)
{
    BTNode<T>*Queue[200],*p;            //队列数组
    int rear,front;                    //队列的头和尾
    rear=front=0;                      //初始化
    if(BT)
    {
        Queue[rear++]=BT;              //将根结点的值首先保存到队列中
        while(rear!=front)            //队列不为空
        {
            p=Queue[front++];          //取出队首元素
            if(p->lchild&&p->lchild->data==e||p->rchild&&p->rchild->data==e)
                return p->data;        //判断 e 是否为 p 结点的孩子
            else
            {
                if(p->lchild)Queue[rear++]=p->lchild;   //左孩子进入队列
                if(p->rchild)Queue[rear++]=p->rchild;   //右孩子进入队列
            }
        }
    }
    return NULL;
}
```

算法 6.5 求二叉树左孩子结点的值。

可以简单利用算法 6.2 SearchNode()函数先找到值为 e 的结点,然后利用该结点的指针直接获得其左孩子结点的值。

类 C++语言描述:

```cpp
template <class T>
T CBinaryTree<T>::GetLeftChild(T e)
{
    //如果二叉树存在,e 是二叉树中的一个结点,左子树存在,那么返回左子树结点的值
    //否则返回 0 并提示左子树为空
```

```
BTNode<T>*p=SearchNode(e);
if(p->lchild)return p->lchild->data;//左子树不为空,返回左子树根结点的值
cout<<"结点"<<e<<"的左子树为空"<<endl;
return 0;
}
```

算法 6.6　求二叉树中左兄弟结点值。

若二叉树中某一结点 e 存在左兄弟结点，那么它们具有相同的双亲结点。所以可从根结点出发，沿左右子树依次访问树中的每个结点，如果找到某个结点的右孩子结点值恰好是 e，并且其左孩子存在，那么其值即为 e 的左兄弟结点值。

操作步骤：

步骤 1：判断二叉树是否为空。

(1)若为空，则执行步骤 4。

(2)若不为空，则执行步骤 2。

步骤 2：在左子树查找是否有值等于 e 的结点。

(1)找到，执行步骤 3。

(2)没有找到，在其右子树上进行查找。

步骤 3：判断结点是否存在左兄弟。

(1)存在，返回其左兄弟的值。

(2)不存在，执行步骤 4。

步骤 4：返回没有找到的标志。

类 C++语言描述：

```
template <class T>
T leftsibling(BTNode<T>*p,T e)
{
    T q=0;
    if(p==NULL)return 0;              //根结点为空,即树为空
    else
    {
        if(p->rchild)                //判断右孩子结点是否为空
        {
            if(p->rchild->data==e)
            {                        //e 恰好是 p 的右孩子结点值
                if(p->lchild)return p->lchild->data;//左孩子不为空,返回其值查找成功
                else
                return NULL;         //该结点不存在左孩子
            }
        }
        q=leftsibling(p->lchild,e); //继续在左子树中查找值为 e 的结点的左兄弟
        if(q)return q;
        q=leftsibling(p->rchild,e); //继续在右子树中查找值为 e 的结点的左兄弟
        if(q)return q;
    }
    return 0;
}
```

算法 6.7　在二叉树的指定位置插入结点。

如果二叉树非空，p 指针指向二叉树中的某个结点，RL 的值为 0 或 1。根据 RL 为 0 或 1，将指针 c 指向结点插入原二叉树中，作为指针 p 指向的结点的左孩子或右孩子。p 指针所指结点的原左子树或右子树调整成为 c 的右子树。

操作步骤：

步骤 1：判断结点 p 是否为空。

(1)若为空，则返回失败标志。

(2)若不为空，则执行步骤 2。

步骤 2：若 RL 的值为 0，则执行以下操作。

(1)将 p 的左子树接到 c 的右子树上。

(2)将 c 接到 p 的左子树上。

(3)执行步骤 4。

步骤 3：若 RL 的值为 1，则执行以下操作。

(1)将 p 的右子树接到 c 的右子树上。

(2)将 c 接到 p 的右子树上。

(3)执行步骤 4。

步骤 4：返回成功标志。

类 C++语言描述：

```cpp
template <class T>
bool CBinaryTree<T>::InsertChild(BTNode<T>* p,BTNode<T>* c,int RL)
{
    if(p)                            //结点不空
    {
        if(RL==0)                    //插入的位置为左子树
        {
            c->rchild=p->lchild;     //将 p 的左子树接到 c 的右子树
            p->lchild=c;             //将 c 插入 p 的左子树
        }
        else                         //插入的位置为右子树
        {
            c->rchild=p->rchild;     //将 p 的右子树接到 c 的右子树
            p->rchild=c;             //将 c 插入 p 右子树
        }
        return true;                 //插入的操作成功
    }
    return false;                    //p 为空
}
```

算法 6.8　删除二叉树的某一子树。

如果二叉树非空，p 为指向二叉树中某一结点的指针，RL 的值为 1 或 0。根据 RL 为 0 或 1，删除指针 p 所指向结点的左子树或右子树。

操作步骤：

步骤 1：判断指针 p 是否为空。

(1)若为空，则返回失败标志。

(2)若不为空，执行步骤 2。

步骤 2：若 RL 的值为 0，则执行以下操作。

(1)调用 ClearBiTree 函数释放指针 p 所指向结点的左子树空间。

(2)指针 p 所指向结点的左子树指针值为空。

(3)执行步骤 4。

步骤 3：若 RL 的值为 1，则执行以下操作。

(1)调用 ClearBiTree 函数释放指针 p 所指向结点的右子树空间。

(2)指针 p 所指向结点的右子树指针值为空。

(3)执行步骤 4。

步骤 4：返回成功标志。

类 C++语言描述：

```
template <class T>
bool CBinaryTree<T>::DeleteChild(BTNode<T>* p,int RL)
{
    if(p)
    {
        if(RL==0)                          //删除指针 p 指向的左子树
        {//调用 ClearBiTree 函数释放 p 左子树的所有结点空间
            ClearBiTree(p->lchild);
            p->lchild=NULL;                //此时左子树为空
        }
        else
        {//调用 ClearBiTree 函数释放 p 右子树的所有结点空间
            ClearBiTree(p->rchild);
            p->rchild=NULL;                //此时右子树为空
        }
        return true;                       //删除操作成功
    }
    return false;                          //p 为空
}
```

6.4　二叉树的遍历

6.4.1　二叉树的遍历方法及递归实现

二叉树的遍历是指按照某种顺序访问二叉树中的每个结点，使每个结点被访问一次且仅被访问一次。

遍历是二叉树中经常要用到的一种操作。因为在实际应用问题中，常常需要按一定顺序对二叉树中的每个结点逐个进行访问，查找满足某种条件的结点，然后对这些满足条件的结点进行处理。

由二叉树的定义可知，一棵二叉树由根结点、根结点的左子树和根结点的右子树三部分组成。因此，只要依次遍历这三部分，就可以遍历整个二叉树。若以 D、L、R 分别表示遍历根结点、遍历根结点的左子树、遍历根结点的右子树，则二叉树的遍历方式有六种：DLR（先序遍历）、LDR（中序遍历）、LRD（后序遍历）、DRL、RDL 和 RLD。如果限定子树的遍历为先左后右，则只有前三种方式，即 DLR、LDR 和 LRD。

1. 先序遍历

算法 6.9 先序递归遍历二叉树，即操作：void PreTraBiTree()。

先序遍历的递归过程为：若二叉树为空，则遍历结束；否则，执行以下步骤。

(1)访问根结点。

(2)先序遍历根结点的左子树。

(3)先序遍历根结点的右子树。

根据遍历过程的递归性，可以很容易写出先序遍历操作的递归实现。

操作步骤：

步骤 1：判断指针 p 是否为空。

(1)若为空，返回结束标志。

(2)若不为空，执行步骤 2。

步骤 2：访问指针 p 所指向的结点，输出 p 指向结点的值。

步骤 3：递归调用 PreTraverser 遍历 p 的左子树，即执行步骤 1。

步骤 4：递归调用 PreTraverser 遍历 p 的右子树，即执行步骤 1。

类 C++语言描述：

```cpp
template <class T>
void CBinaryTree<T>::PreTraBiTree()
{                             //先序遍历二叉树
    BTNode<T>*p;
    p=BT;                     //根结点
    PreTraverse(p);           //从根结点开始先序遍历二叉树
    cout<<endl;
}
template <class T>
static int PreTraverse(BTNode<T>*p)
{
    if(p!=NULL)
    {
        cout<<p->data<<' ';     //输出结点上的数据
        PreTraverse(p->lchild); //递归调用先序遍历左子树
        PreTraverse(p->rchild); //递归调用先序遍历右子树
    }
    return 0;
}
```

对于图 6-4(b)的二叉树，按先序遍历所得到的结点序列为

A B D G C E F

2. 中序遍历

算法 6.10　中序递归遍历二叉树，即操作：void InTraBiTree()。

中序遍历的递归过程为：若二叉树为空，则遍历结束；否则，执行以下操作。

(1)中序遍历根结点的左子树。

(2)访问根结点。

(3)中序遍历根结点的右子树。

根据遍历过程的递归性，类似于先序遍历操作写出中序遍历操作的递归实现如下：

类 C++语言描述：

```cpp
template <class T>
void CBinaryTree<T>::InTraBiTree()
{                                    //中序遍历二叉树
    BTNode<T>*p;
    p=BT;//根结点
    InTraverse(p);                   //从根结点开始中序遍历二叉树
    cout<<endl;
}
template <class T>
static int InTraverse(BTNode<T>*p)
{
    if(p!=NULL)
    {
        InTraverse(p->lchild);   //中序递归的调用遍历左子树
        cout<<p->data<<' ';      //输出结点上的数据
        InTraverse(p->rchild);   //中序递归的调用遍历右子树
    }
    return 0;
}
```

对于图 6-4(b)的二叉树，按中序遍历所得到的结点序列为

$$D\ G\ B\ A\ E\ C\ F$$

3. 后序遍历

算法 6.11　后序递归遍历二叉树，即操作：void PostTraBiTree()。

后序遍历的递归过程为：若二叉树为空，则遍历结束；否则，执行以下操作。

(1)后序遍历根结点的左子树。

(2)后序遍历根结点的右子树。

(3)访问根结点。

同样根据遍历过程的递归性，给出后序遍历的实现。

C++语言描述：

```cpp
template <class T>
void CBinaryTree<T>::PostTraBiTree()
```

```
{                                    //后序遍历二叉树
    cout<<"后序遍历二叉树:";
    BTNode<T>*p;
    p=BT;//根结点
    PostTraverse(p);                 //从根结点开始遍历二叉树
    cout<<endl;
}
template <class T>
static int PostTraverse(BTNode<T>*p)
{
    if(p!=NULL)
    {
        PostTraverse(p->lchild);     //递归调用后序遍历左子树
        PostTraverse(p->rchild);     //递归调用后序遍历右子树
        cout<<p->data<<' ';          //输出结点上的数据
    }
    return 0;
}
```

对于图 6-4(b)的二叉树，按后序遍历所得到的结点序列为

$$GDBEFCA$$

4. 层次遍历

二叉树的层次遍历是指从二叉树的第一层(根结点)开始，从上至下逐层遍历，在同一层中，则按从左到右的顺序对结点逐个访问。

算法 6.12 层次遍历二叉树。

由层次遍历的定义可以推知，在进行层次遍历时，对一层结点访问完后，再按照它们的访问次序对各个结点的左孩子和右孩子顺序访问。这样一层一层进行，先遇到的结点先访问，这与队列的操作原则比较吻合。因此，在进行层次遍历时，需要设置一个辅助队列。

操作步骤：

步骤 1：初始化队列数组及变量 front 和 rear 的值。

步骤 2：判断二叉树是否为空。

(1)若为空，则遍历结束。

(2)若不为空，执行步骤 3。

步骤 3：将二叉树的根结点插到队列中，判断队列是否为空。

(1)若为空，则遍历结束。

(2)若不为空，执行步骤 4。

步骤 4：队首元素出队列，并对其指向的结点进行访问，这里输出该结点的值。

步骤 5：将队首元素指向的结点的非空左子树和右子树插入队列。

步骤 6：执行步骤 3。

对于图 6-4(b)所示的二叉树，按层次遍历所得到的结果序列为

$$ABCDEFG$$

　　在下面的层次遍历算法中，二叉树同样采用二叉链表存放，一维数组 Queue[ ]用以实现队列，变量 front 和 rear 分别表示当前队首元素和队尾元素在数组中的位置。

　　类 C++语言描述：

```
template <class T>
void CBinaryTree<T>::LevelTraBiTree()
{                                          //利用队列 Queue 层次遍历二叉树
    BTNode<T> *Queue[100];                 //一维数组作为队列，存放结点的指针
    BTNode<T> *b;
    int front, rear;                       //指向队列的头和尾下标
    front=rear=0;                          //队列初始为空
    if(BT)                                 //判断二叉树是否为空
    {
        Queue[rear++]=BT;                  //二叉树的根结点指针进队列
        while(front!=rear)                 //队列不为空时循环
        {
            b=Queue[front++];              //队首的元素出队列
            if(b)cout<<b->data<<' ';       //输出结点的值
            if(b->lchild)Queue[rear++]=b->lchild;   //如果左子树不为空，则进队
            if(b->rchild)Queue[rear++]=b->rchild;   //如果右子树不为空，则进队
        }//while
    }//if
}
```

例 6.1 统计二叉树中叶子结点的个数。

　　实现这个操作只要对二叉树遍历一遍，并在遍历过程中对叶子结点计数即可。显然这个遍历的次序可以随意，即先序、中序或后序均可，只是为了在遍历的同时进行计数，需要在算法的参数中设一个计数器。

　　类 C++语言描述：

```
template <class T>
void CBinaryTree <T>:: LeafCount()
{
    BTNode<T>*p;
    int count;
    p=BT;                          //根结点
    CountL(p, count);              //从根结点开始中序遍历二叉树
    cout<<count;
}
template <class T>
void CountL(BiTree T, int& count)
  {
  //先序遍历二叉树，以 count 返回二叉树中叶子结点的数目
    if(T){
      if((!T->Lchild)&&(!T->rchild))
        count++;                   //对叶子结点计数
        CountL(T->lchild, count);
```

```
        CountL( T->rchild, count);
    } //if
}
```

例 6.2　计算二叉树的深度。

二叉树的深度的定义和树的深度的定义相同，在 6.1 节中曾定义树的深度为树中叶子结点所在层次的最大值。而结点的层次需从根结点起递推，根结点为第 0 层的结点，第 k 层结点的子树根位于第 $k+1$ 层。由此通过遍历二叉树求出每个结点的层次数，结点的最大层次数即二叉树的深度。

类 C++ 语言描述：

```
template <class T>
int CBinaryTree<T>::BiTreeDepth( )
{//利用递归算法计算树的深度
    BTNode<T>*bt=BT;                    //树根结点
    int depth=-1;                       //开始的时候树的深度初始化为 0
    if(bt)                              //判断树是否为空
        Depth(bt,0,depth);
    return depth;
}
template <class T>
static int Depth(BTNode<T>* p,int level,int &depth)
{//由 BiTreeDepth( )函数调用，完成树深度的计算
    //其中 p 是根结点，Level 是层，depth 用来返回树的深度
    if(level>depth)depth=level;
    if(p->lchild)Depth(p->lchild,level+1,depth);
                                //递归遍历左子树，并且层数加 1
    if(p->rchild)Depth(p->rchild,level+1,depth);
                                //递归遍历右子树，并且层数加 1

    return 0;
}
```

6.4.2　二叉树遍历的非递归实现

前面给出的二叉树先序、中序和后序三种遍历算法都是递归算法。当给出二叉树的链式存储结构以后，用具有递归功能的程序设计语言很方便就能实现上述算法。然而，并非所有程序设计语言都允许递归；另外，递归程序虽然简洁，但可读性一般不好，执行效率也不高。因此，就存在如何把一个递归算法转化为非递归算法的问题。解决这个问题的方法可以通过对三种遍历算法的实质过程的分析得到。

如图 6-4(b) 所示的二叉树，对其进行先序、中序和后序遍历都是从根结点 A 开始的，且在遍历过程中经过结点的路线是一样的，只是访问的时机不同而已。图 6-14 中的从根结点左外侧开始，由根结点右外侧结束的曲线，为遍历图 6-4(b) 所示二叉树的路线。沿着该路线按"△"标记的结点读得的序列为先序序列，按"*"标记读得的序列为中序序列，按"⊕"标记读得的序列为后序序列。

然而，这一路线正是从根结点开始沿左子树深入下去，当深入最左端，无法再深入下去

时，则返回；再逐一进入刚才深入时遇到结点的右子树，然后进行如此的深入和返回，直到最后从根结点的右子树返回根结点为止。先序遍历是在深入时遇到结点就访问，中序遍历是在从左子树返回时遇到结点就访问，后序遍历是在从右子树返回时遇到结点就访问。

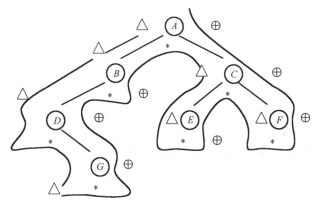

图 6-14　遍历图 6-4(b)二叉树的路线示意图

在这一过程中，返回结点的顺序与深入结点的顺序相反，即后深入先返回，正好符合栈结构后进先出的特点。因此，可以用栈来帮助实现这一遍历路线。其过程如下：

在沿左子树深入时，深入一个结点入栈一个结点，若为先序遍历，则在入栈之前访问该结点；当沿左子树深入不下去时，则返回，即从栈中弹出前面压入的结点，若为中序遍历，则此时访问该结点，然后从该结点的右子树继续深入；若为后序遍历，则将此结点再次入栈，然后从该结点的右子树继续深入，与前面类同，仍为深入一个结点入栈一个结点，深入不下去再返回，直到第二次从栈里弹出该结点时才访问它。

算法 6.13　先序遍历的非递归实现。

依据前面的分析，为了实现非递归的先序遍历，需要用栈作为辅助工具，我们使用一维数组 Stack[MAXNODE]来实现栈，用变量 top 来表示当前栈顶的位置。

操作步骤：

步骤 1：初始化栈数组及变量 top 的值。

步骤 2：判断二叉树是否为空。

(1)若为空，遍历结束。

(2)不为空，根结点的指针赋给工作指针 p，执行步骤 3。

步骤 3：判断指针 p 和栈是否同时为空。

(1)指针 p 不为空，访问它所指向的结点，并将其左孩子入栈，执行步骤 3。

(2)栈不为空，栈顶元素赋给指针 p，执行步骤 3。

(3)同时为空，遍历结束。

类 C++语言描述：

```cpp
template <class T>
void CBinaryTree<T>::NRPreTraBiTree( )
{
    cout<<"先序(非递归)遍历二叉树得: ";
    BTNode<T> *Stack[MAXNODE];              //利用指针数组作为栈
```

```
    int top=0;
    BTNode<T>*p=BT;                        //将根结点的指针赋值给 p

    while(p!=NULL||top!=0)
    {
        while(p!=NULL)
        {
            cout<<p->data<<" ";
            Stack[top++]=p->Rchild;        //右孩子指针入栈
            p=p->lchild;
        }
        if(top!=0)
        {//栈不空,从栈中取出一个结点指针

            p=Stack[--top];
            p=p->rchild;
        }
    }//while(p!=NULL||top!=0)
}
```

　　对于如图 6-4(b)所示的二叉树,用该算法进行遍历过程中,栈 Stack 和当前指针 p 的变化情况以及树中各结点的访问次序如表 6-1 所示。

表 6-1　二叉树先序非递归遍历过程

步骤	指针 p	栈 Stack 内容	访问结点值
初态	A	空	
1	A	C	A
2	B	$C, \wedge$	B
3	D	$C, \wedge, G$	D
4	$\wedge$	$C, \wedge, G$	
5	G	$C, \wedge$	G
6	$\wedge$	$C, \wedge, \wedge$	
7	$\wedge$	$C, \wedge$	
8	$\wedge$	C	
9	C	F	C
10	$\wedge, E$	$F, \wedge$	E
11	$\wedge$	$F, \wedge$	
12	$\wedge$	F	
13	F	$\wedge$	F
14	$\wedge$	空	

算法分析:

　　中序遍历的非递归算法的实现,只需将先序遍历的非递归算法中对结点的访问操作移到 p=Stack[top]和 p=p->lchild 之间即可。

算法 6.14　后序遍历的非递归实现。

由前面的讨论可知，后序遍历与先序遍历和中序遍历不同，在后序遍历过程中，结点在第一次出栈后，还需再次入栈，也就是说，结点要入两次栈，出两次栈，而访问结点是在第二次出栈时访问。因此，为了区别同一个结点的两次出栈，设置一标志 flag，令

$$\text{flag} = \begin{cases} 1, & \text{第一次出栈，结点不能访问} \\ 0, & \text{第二次出栈，结点可以访问} \end{cases} \tag{6-13}$$

当结点指针进、出栈时，其标志 flag 也同时进、出栈。因此，可将栈中元素的数据类型定义为指针和标志 flag 合并的结构体类型。定义如下：

```
struct stacktype {
    BTNode<T>*  link;
    int  flag;
};
```

在算法中，设立一维数组 Stack[MAXNODE]用于实现栈的结构，指针 p 指向当前要处理的结点，整型变量 top 用来表示当前栈顶的位置，整型变量 sign 为结点 p 的标志量。

类 C++语言描述：

```
void CBinaryTree<T>:: NRPostTraBiTree()
{//非递归后序遍历二叉树
    stacktype Stack[MAXNODE];
    BTNode<T>* p;
    int top,sign;
    if(BT==NULL)return;
    top=-1                          //栈顶位置初始化
    p=BT;
    while(!(p==NULL && top==-1))
    {
        if(p!=NULL)                 //结点第一次进栈
        {
            top++;
            Stack[top].link=p;
            Stack[top].flag=1;
            p=p->lchild;            //找该结点的左孩子
        }
        else
        {
            p=Stack[top].link;
            sign=Stack[top].flag;
            top--;
            if(sign==1)             //结点第二次进栈
            {
                top++;
                Stack[top].link=p;
                Stack[top].flag=2;  //标记第二次出栈
                p=p->rchild;
            }
```

```
        else {
            cout<<p->data<<' ';            //访问该结点数据域值
            p=NULL;
        }//else
    }else
}//while
}
```

6.4.3　由遍历序列恢复二叉树

从前面讨论的二叉树的遍历可知，任意一棵二叉树结点的先序序列和中序序列都是唯一的。反过来，若已知结点的先序序列和中序序列，能否确定这棵二叉树呢？这样确定的二叉树是否是唯一的呢？回答是肯定的。

根据定义，二叉树的先序遍历是先访问根结点，再按先序遍历方式遍历根结点的左子树，最后按先序遍历方式遍历根结点的右子树。这就是说，在先序序列中，第一个结点一定是二叉树的根结点。另外，中序遍历是先遍历左子树，然后访问根结点，最后遍历右子树。这样，根结点在中序序列中必然将中序序列分割成两个子序列，前一个子序列是根结点的左子树的中序序列，而后一个子序列是根结点的右子树的中序序列。根据这两个子序列，在先序序列中找到对应的左子序列和右子序列。在先序序列中，左子序列的第一个结点是左子树的根结点，右子序列的第一个结点是右子树的根结点。这样，就确定了二叉树的三个结点。同时，左子树和右子树的根结点又可以分别把左子序列和右子序列划分成两个子序列，如此递归下去，当取尽先序序列中的结点时，便可以得到一棵二叉树。

同样的道理，由二叉树的后序序列和中序序列也可唯一地确定二叉树。因为，依据后序遍历和中序遍历的定义，后序序列的最后一个结点就如同先序序列的第一个结点一样，可将中序序列分成两个子序列，分别为这个结点的左子树的中序序列和右子树的中序序列，再拿出后序序列的倒数第二个结点，并继续分割中序序列，如此递归下去，当倒着取尽后序序列中的结点时，便可以得到一棵二叉树。

仅由二叉树的先序序列和后序序列则不能唯一地确定二叉树。如图 6-7 所示的两棵斜二叉树，它们的先序遍历和后序的序列相同，但是两棵不同的二叉树。

算法 6.15　由二叉树的先序序列和中序序列构造一棵二叉树。

已知一棵二叉树的先序序列与中序序列分别为

$$A B C D E F G H I$$

$$B C A E D G H F I$$

试恢复该二叉树。

首先，由先序序列可知，结点 A 是二叉树的根结点。其次，根据中序序列，在 A 之前的所有结点都是根结点左子树的结点，在 A 之后的所有结点都是根结点右子树的结点，由此得到如图 6-15(a)所示的状态。然后，对左子树进行分解，得知 B 是左子树的根结点，又从中序序列知道，B 的左子树为空，B 的右子树只有一个结点 C。接着对 A 的右子树进行分解，得知 A 的右子树的根结点为 D；而结点 D 把其余结点分成两部分，即左子树为 E，右子树为 F、G、H、I，如图 6-15(b)所示。接下去的工作就是按上述原则对 D 的右子树继续分解下去，最后得到如图 6-15(c)所示的整棵二叉树。

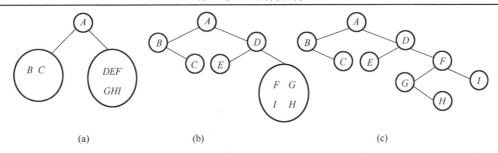

图 6-15 一棵二叉树的恢复过程示意

上述过程是一个递归过程。

操作步骤：

步骤 1：根据先序序列的第一个元素建立根结点。

步骤 2：在中序序列中找到该元素，确定根结点的左、右子树的中序序列。

步骤 3：在先序序列中确定左、右子树的先序序列。

步骤 4：由左子树的先序序列与中序序列建立左子树，由右子树的先序序列与中序序列建立右子树。

假设二叉树的先序序列和中序序列分别存放在一维数组 preod[ ] 与 inod[ ] 中，并假设二叉树各结点的数据值均不相同。

类 C++语言描述：

```
void ReBiTree(char preod[ ],char inod[ ],int n,BTNode * root)
//n 为二叉树的结点个数，root 为二叉树根结点的存储地址
{   if(n≤0) root=NULL;              //二叉树为空
    else PreInOd(preod,inod,1,n,1,n,&root);
}
void PreInOd(char preod[ ],char inod[ ],int i,j,k,h,BTNode* *t)
{
    *t=new BTNode;
    *t->data=preod[i];
    m=k;
    while(inod[m]!=preod[i]) m++;
    if(m==k)*t->lchild=NULL
    else PreInOd(preod,inod,i+1,i+m-k,k,m-1,&t->lchild);
                               //递归调用，传入右孩子指针的指针
    if(m==h)*t->rchild=NULL
    else PreInOd(preod,inod,i+m-k+1,j,m+1,h,&t->rchild);
}
```

需要说明的是，数组 preod 和 inod 的元素类型可根据实际需要来设定，这里设为字符型。

6.4.4 不用栈的二叉树遍历的非递归方法

前面介绍的二叉树的遍历算法可分为两类：一类是依据二叉树结构的递归性，采用递归调用的方式来实现；另一类则是通过堆栈或队列来辅助实现。采用这两类方法对二叉树进行遍历时，递归调用和栈的使用都需要增加额外空间，递归调用的深度和栈的大小是动态变化

的，都与二叉树的高度有关。因此，在最坏的情况下，即二叉树退化为单支树的情况下，递归的深度或栈需要的存储空间等于二叉树中的结点数。

还有一类二叉树的遍历算法，就是不用栈也不用递归来实现。常用的不用栈的二叉树遍历非递归方法有以下三种：

(1)对二叉树采用三叉链表存放，即在二叉树的每个结点中增加一个双亲域 parent，这样，在遍历深入到不能再深入时，可沿着走过的路径回退到任何一棵子树的根结点，并再向另一方向走。由于这一方法的实现是在每个结点的存储上又增加一个双亲域，故其存储空间开销就会增加。

(2)采用逆转链的方法，即在遍历深入时，每深入一层，就将其再深入的孩子结点的地址取出，并将其双亲结点的地址存入，当深入不下去需返回时，可逐级取出双亲结点的地址，沿原路返回。虽然此种方法是在二叉链表上实现的，没有增加过多的存储空间，但在执行遍历的过程中改变孩子指针的值，这即以时间换取空间，并且当有几个用户同时使用这个算法时将会发生问题。

(3)在线索二叉树上的遍历，即先将含有 n 个结点的二叉链表中的 $n+1$ 个空指针域利用起来，用于存放在某种遍历操作下得到的前驱与后继的信息，称为线索。然后在这种具有线索的二叉树上进行遍历时就可以不需要借助栈，也不需要递归了。有关线索二叉树的详细内容，将在 6.5 节中讨论。

6.5 线索二叉树

6.5.1 线索二叉树的定义及其结构

1. 线索二叉树的定义

按照某种遍历方式对二叉树进行遍历，可以把二叉树中的所有结点排列为一个线性序列。在该序列中，除第一个结点外，每个结点有且仅有一个直接前驱结点；除最后一个结点外，每个结点有且仅有一个直接后继结点。但是，二叉树中每个结点在这个序列中的直接前驱结点和直接后继结点是什么，二叉树的存储结构中并没有反映出来，只能在对二叉树遍历的动态过程中得到这些信息。

为了保存结点在某种遍历序列中直接前驱和直接后继的位置信息，可以利用二叉树的二叉链表存储结构中的空指针域来指示。这些指向直接前驱结点和直接后继结点的指针称为线索，加了线索的二叉树称为线索二叉树。

2. 线索二叉树的结构

一个具有 n 个结点的二叉树若采用二叉链表存储结构，在 $2n$ 个指针域中只有 $n-1$ 个指针域用来存储结点孩子的地址，而另外 $n+1$ 个指针域存放的都是 NULL。因此，可以利用某结点空的左指针域(lchild)指出该结点在某种遍历序列中的直接前驱结点的存储地址，利用结点空的右指针域(rchild)指出该结点在某种遍历序列中的直接后继结点的存储地址；对于非空的指针域，则仍然存放指向该结点左、右孩子的指针。这样，就得到了一棵线索二叉树。

由于二叉树遍历的序列可由不同的遍历方法得到，因此，线索二叉树分为先序线索二叉树、中序线索二叉树和后序线索二叉树三种。把二叉树改造成线索二叉树的过程称为线索化。

对如图 6-4(b) 所示的二叉树进行线索化，得到的先序线索二叉树、中序线索二叉树和后序线索二叉树分别如图 6-16(a)、(b)、(c) 所示。图中实线表示指针，虚线表示线索。

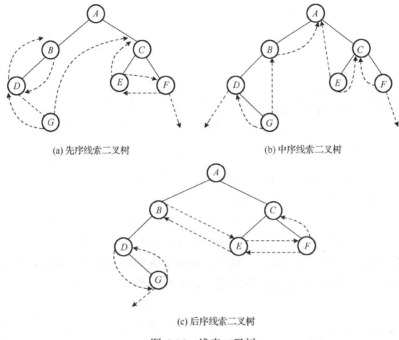

(a) 先序线索二叉树　　　　　　　　　　　(b) 中序线索二叉树

(c) 后序线索二叉树

图 6-16　线索二叉树

那么，为了在存储中区别某结点的指针域内存放的是指针还是线索，通常可以采用下面两种方法来实现。

(1) 为每个结点增设两个标志位域 lflag 和 rflag，令

$$\text{lflag} = \begin{cases} 0, & \text{lchild 指向结点的左孩子} \\ 1, & \text{lchild 指向结点的前驱结点} \end{cases} \tag{6-14}$$

$$\text{rflag} = \begin{cases} 0, & \text{rchild 指向结点的右孩子} \\ 1, & \text{rchild 指向结点的后继结点} \end{cases} \tag{6-15}$$

每个标志位令其只占 1bit，这样就只需增加很少的存储空间。其结点的结构为

lflag	lchild	data	rchild	rflag

(2) 不改变结点结构，仅在作为线索的地址前加一个负号，即负的地址表示线索，正的地址表示指针。

这里我们按第一种方法来介绍线索二叉树的存储。为了将二叉树中所有空指针域都利用上，以及操作便利的需要，在存储线索二叉树时往往增设一头结点，其结构与其他线索二叉树的结点结构一样，只是其数据域不存放信息，其左指针域指向二叉树的根结点，右指针域指向自己，而原二叉树在某序遍历下的第一个结点的前驱线索和最后一个结点的后继线索都指向该头结点。

6.5.2 线索二叉树的基本操作及实现

在线索二叉树中，结点的结构可以定义为如下形式：

```
template <class T>
struct BiThrNode
{
    T    data;              //数据域
    int  lflag;             //左标志域
    int  rflag;             //右标志域
    BiThrNode<T> *lchild;   //左指针域
    BiThrNode<T> *rchild;   //右指针域
};
```

下面以中序线索二叉树为例，讨论线索二叉树的建立、线索二叉树的遍历以及在线索二叉树上查找前驱结点、查找后继结点、插入结点和删除结点等操作的实现算法。

算法 6.16 建立一棵中序线索二叉树。

建立线索二叉树，或者说对二叉树线索化，实质上就是遍历一棵二叉树。在遍历过程中，访问结点的操作是检查当前结点的左、右指针域是否为空，如果为空，则将它们改为指向前驱结点或后继结点的线索。为实现这一过程，设指针 h 始终指向刚刚访问过的结点，即若指针 p 指向当前结点，则 h 指向它的前驱结点，以便增设线索。

类 C++语言描述：

```
template <class T>
void CThrBiTree<T>::In_ThreadBiTree()
{//生成中序线索二叉树的二叉链表
    BiThrNode<T>*p,*q=NULL;
    p=BT;
    In_Thread(p,&q);
}
template <class T>
void CThrBiTree<T>::In_Thread(BiThrNode<T>*p,BiThrNode<T>**h)
{
    if(p)                           //判断p指向的结点是否为空
    {
        In_Thread(p->lchild,h);     //访问左子树
//若上次访问的结点的右指针为空，则将当前访问到的结点指针赋予其右指针，并置右标志域为1
        if((*h!=NULL)&&((*h)->rchild==NULL))
        {
            (*h)->rchild=p; //h是刚被访问过的结点指针，p是当前被访问的结点指针
            (*h)->rflag=1;
        }
//若当前访问的结点的左指针为空，则将上次访问的指针赋予当前结点的左指针域，并置左标志位为1
        if(p->lchild==NULL)
        {
            p->lchild=(*h);
            p->lflag=1;
```

```
    }
    *h=p;                           //保存当前被访问的结点指针
    In_Thread(p->rchild,h);         //访问右子树
    }
}
```

算法 6.17　在中序线索二叉树上查找任意结点的中序前驱结点。

操作步骤：

步骤 1：对于中序线索二叉树上的任一结点，寻找其中序序列中的前驱结点。

步骤 2：判断前驱结点左标志值。

(1)如果该结点的左标志域值为 1，那么其左指针域所指向的结点便是它的前驱结点。

(2)如果该结点的左标志域值为 0，表明该结点有左孩子。沿着其左子树的右指针链向下查找，当某结点的右标志域值为 1 时，它就是所要找的前驱结点。

在步骤 2 的(2)中，根据中序遍历的定义，它的前驱结点是以该结点的左孩子为根结点的子树的最右结点。

类 C++语言描述：

```
BiThrNode<T>* InPreNode(BiThrNode<T>*p)
{//在中序线索二叉树上寻找结点 p 的中序前驱结点
    BiThrNode<T>* pre;
    pre=p->lchild;
    if(p->lflag!=1)
    while(pre->rflag==0)pre=pre->rchild;
    return  pre ;
}
```

算法 6.18　在中序线索二叉树上查找任意结点的中序后继结点。

对于中序线索二叉树上的任一结点，寻找其中序的后继结点，有以下两种情况。

(1)如果该结点的右标志域值为 1，那么其右指针域所指向的结点便是它的后继结点。

(2)如果该结点的右标志域值为 0，表明该结点有右孩子，根据中序遍历的定义，它的后继结点是以该结点的右孩子为根结点的子树的最左结点，即沿着其右子树的左指针链向下查找，当某结点的左标志域值为 1 时，它就是所要找的后继结点。

类 C++语言描述：

```
BiThrNode<T>*InPostNode(BiThrNode<T>*p)
{//在中序线索二叉树上寻找结点 p 的中序后继结点
    BiThrNode<T>*post;
    post=p->rchild;
    if(p->rflag!=1)
    while(post->lflag==0)post=post->lchild;
    return  post ;
}
```

以上给出的仅是在中序线索二叉树中寻找某结点的前驱结点和后继结点的算法。在先序线索二叉树中寻找结点的后继结点以及在后序线索二叉树中寻找结点的前驱结点可以采用类似的方法分析和实现，在此就不再讨论了。

算法 6.19　在中序线索二叉树上查找任意结点在先序下的后继结点。

这一操作的实现依据是：若一个结点是某子树在中序下的最后一个结点，则它必是该子树在先序下的最后一个结点。该结论可以用反证法证明。

下面就依据这一结论，给出在中序线索二叉树上查找某结点在先序下的后继结点的情况。

操作步骤：

步骤 1：设开始时，指向此某结点的指针为 p。

步骤 2：判断待确定先序后继的结点为分支结点还是叶子结点。

步骤 3：如果待确定先序后继的结点为分支结点，则执行以下步骤。

(1) 当 p->lflag=0 时，p->lchild 为 p 在先序下的后继结点。

(2) 当 p->lflag=1 时，p->rchild 为 p 在先序下的后继结点。

步骤 4：如果待确定先序后继的结点为叶子结点，则执行以下步骤。

(1) 若 p->rchild 是头结点，则遍历结束。

(2) 若 p->rchild 不是头结点，则 p 结点一定是以 p->rchild 结点为根的左子树中在中序遍历下的最后一个结点，因此 p 结点也是在该子树中按先序遍历的最后一个结点。

① 若 p->rchild 结点有右子树，则所找结点在先序下的后继结点的地址为 p->rchild->rchild。

② 若 p->rchild 为线索，则让 p=p->rchild，重复执行步骤 4。

类 C++语言描述：

```
BiThrNode<T>*IPrePostNode(BiThrNode<T>*head, BiThrNode<T>*p)
{//在中序线索二叉树上寻找结点 p 先序下的后继结点，head 为线索树的头结点
    BiThrNode<T>*post;
    if(p->lflag==0)post=p->lchild;
    else {
            post=p;
            while(post->rflag==1&&post->rchild!=head)post=post->rchild;
                    //沿右子树寻找结点 p 的后继
            post=post->rchild;
        }
    return post ;
}
```

用类似的方法可以给出中序线索二叉树上查找任意结点在后序下的前驱算法，请读者自行给出。

算法 6.20　在中序线索二叉树上查找数据元素的值为 x 的结点。

利用在中序线索二叉树上寻找后继结点和前驱结点的算法，就可以遍历到二叉树的所有结点。例如，先找到按某序遍历的第一个结点，然后依次查询其后继结点；或先找到按某序遍历的最后一个结点，然后依次查询其前驱结点。这样，既不用栈也不用递归就可以访问到二叉树的所有结点。

在中序线索二叉树上查找值为 x 的结点，实质上就是在线索二叉树上进行遍历，将访问结点的操作具体写为该结点的值与 x 比较的语句。

类 C++语言描述：

```
BiThrNode<T>*Search(BiThrNode<T>*head,T x)
{//在以 head 为头结点的中序线索二叉树中查找值为 x 的结点
    BiThrNode<T>*p;
    p=head->lchild;
    while(p->lflag==0&&p!=head)p=p->lchild;
    while(p!=head && p->data!=x)p=InPostNode(p);
    if(p==head)//最后 p 指向头结点，没有找到值为 x 的结点
    {
        cout<< "没有找到值为 x 的结点!"<<endl;
        return 0;
    }
    else  return  p ;
}
```

算法 6.21 更新中序线索二叉树。

线索二叉树的更新是指在线索二叉树中插入一个结点或者删除一个结点。一般情况下，这些操作有可能破坏原来已有的线索，因此，在修改指针时，还需要对线索做相应的修改。一般来说，这个过程的代价几乎与重新进行线索化相同。这里仅讨论一种比较简单的情况，即在中序线索二叉树中插入一个结点 p，使它成为结点 s 的右孩子。

下面分两种情况来分析：

(1)若 s 的右子树为空，如图 6-17(a)所示，则插入结点 p 之后成为如图 6-17(b)所示的情形。在这种情况中，s 的后继结点将成为 p 的中序后继结点，s 成为 p 的中序前驱结点，而 p 成为 s 的右孩子。二叉树中其他部分的指针和线索不发生变化。

(2)若 s 的右子树非空，如图 6-18(a)所示，插入结点 p 之后如图 6-18(b)所示。s 原来的右子树变成 p 的右子树，由于 p 没有左子树，故 s 成为 p 的中序前驱结点，p 成为 s 的右孩子；又由于 s 原来的后继结点成为 p 的后继结点，因此还要将 s 原来的本来指向 s 的后继结点的左线索，改为指向 p。

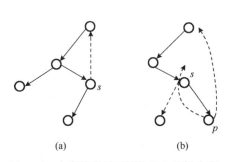

图 6-17 中序线索树更新位置右子树为空

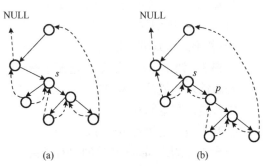

图 6-18 中序线索树更新位置右子树不为空

类 C++语言描述：

```
void InsertThrRight(BiThrNode<T>*s, BiThrNode<T>*p)
{//在中序线索二叉树中插入结点 p 使其成为结点 s 的右孩子
    BiThrNode<T>*w;
```

```
    p->rchild=s->rchild;
    p->rflag=s->rflag;
    p->lchild=s;
    p->lflag=1;        //将 s 变为 p 的中序前驱
    s->rchild=p;
    s->rflag=0;        //p 成为 s 的右孩子
    if(p->rflag==0)   //当 s 原来右子树不为空时,找到 s 的后继 w,变 w 为 p 的后继,p 为 w 的前驱
    {
        w=InPostNode(p);
        w->lchild=p;
    }
}
```

6.6　二叉树的应用

6.6.1　二叉树遍历的应用

在以上讨论的遍历算法中,我们对树中的结点进行访问操作时,都简化为输出结点的数据域信息,而实际应用中,访问操作即操作具有更一般的意义,需根据具体问题,对数据进行不同的操作。下面介绍几个遍历操作的典型应用。

算法 6.22　创建二叉树的二叉链表存储。

假定创建时,按照二叉树带空指针的先序次序输入结点值,结点值类型为字符型,以二叉链表为存储结构建立一棵二叉树,设建立时令 end 对应到下面的符号"#",则输入序列为

$$AB\ D\ \#G\#\ \#\#CE\#\#F\#\#$$

要求建立如图 6-3(b)所示二叉树的二叉链表存储结构。

操作步骤:

步骤 1:按先序序列的顺序输入二叉树所有的结点值。

步骤 2:判断输入的第一个数据是否为空指针标志。

(1)若是,则创建一棵空树,并返回。

(2)若不是,则创建根结点。

步骤 3:调用 create 函数创建左子树。

判断输入的值是否为空指针标志。

①若是,则返回 0。

②若不是,则执行步骤 3。

步骤 4:调用 create 函数创建右子树。

(1)判断输入的值是否为空指针标志。

①若是,返回 0。

②若不是,执行步骤 3。

(2)返回 0,算法结束。

类 C++描述:

```
template <class T>
void CBinaryTree<T>::CreateBiTree(T end)
{//创建一棵二叉树：先序序列的顺序输入数据，end 为空指针域的标志
    cout<<"请按先序序列的顺序输入二叉树"<<end<<"为空指针域标志: "<<endl;
    BTNode<T>*p;T x;
    cin>>x;                          //输入根结点的数据
    if(x==end)return ;               //end 表示指针为空，说明树为空
    p=new BTNode<T>;                 //申请内存
    p->data=x;p->lchild=NULL;p->rchild=NULL;
    BT=p;                            //根结点
    create(p,1,end);                 //创建根结点左子树，1 为标志，表示左子树
    create(p,2,end);                 //创建根结点右子树，2 为标志，表示右子树
    }
template <class T>
static int create(BTNode<T>*p,int k,T end)
{//静态函数，创建二叉树，k 为创建左子树还是右子树的标志，end 为空指针域的标志
    BTNode<T>*q;T x;
    cin>>x;
    if(x!=end)
    {                                //先序顺序输入数据
        q=new BTNode<T>;
        q->data=x;q->lchild=NULL;q->rchild=NULL;
        if(k==1)p->lchild=q;         //q 为左子树
        if(k==2)p->rchild=q;         //p 为右子树
        create(q,1,end);             //递归创建左子树
        create(q,2,end);             //递归创建右子树
    }
    return 0;
}
```

6.6.2　最优二叉树——哈夫曼树

1. 哈夫曼树的基本概念

最优二叉树，也称哈夫曼树，是指对于一组带有确定权值的叶子结点，构造的具有最小带权路径长度的二叉树。

那么什么是二叉树的带权路径长度呢？

在前面我们介绍过路径和结点的路径长度的概念，而二叉树的路径长度则是指由根结点到所有叶子结点的路径长度之和。如果二叉树中的叶子结点都具有一定的权值，则可将这一概念加以推广。设二叉树具有 n 个带权值的叶子结点，那么从根结点到各个叶子结点的路径长度与相应结点权值的乘积之和称为二叉树的带权路径长度，记为

$$\text{WPL} = \sum_{k=1}^{n} W_k \cdot L_k \tag{6-16}$$

式中，W_k 为第 k 个叶子结点的权值；L_k 为第 k 个叶子结点的路径长度（WPL 是 Weighted Path Length 的缩写）。如图 6-19 所示的二叉树，它的带权路径长度 WPL=2×2+4×2+5×2+3×2=28。

给定一组具有确定权值的叶子结点，可以构造出不同的带权二叉树。例如，给出 4 个叶子结点，设其权值分别为 1、3、5、7，我们可以构造出形状不同的多个二叉树。这些形状不同的二叉树的带权路径长度往往各不相同。图 6-20 给出了其中 5 个不同形状的二叉树。

这五棵树的带权路径长度分别如下。

图 6-20 (a) WPL=1×2+3×2+5×2+7×2=32。

图 6-20 (b) WPL=1×3+3×3+5×2+7×1=29。

图 6-20 (c) WPL=1×2+3×3+5×3+7×1=33。

图 6-20 (d) WPL=7×3+5×3+3×2+1×1=43。

图 6-20 (e) WPL=7×1+5×2+3×3+1×3=29。

图 6-19   一个带权二叉树

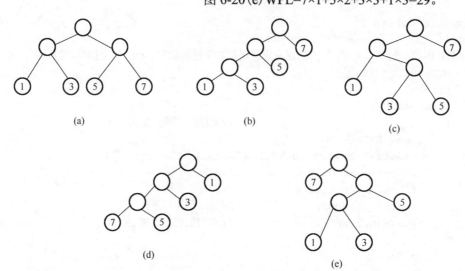

图 6-20   具有相同叶子结点和不同带权路径长度的二叉树

由此可见，由相同权值的一组叶子结点所构成的二叉树有不同的形态和不同的带权路径长度，那么如何找到带权路径长度最小的二叉树(即哈夫曼树)呢？根据哈夫曼树的定义，一棵二叉树要使其 WPL 最小，必须使权值越大的叶子结点越靠近根结点，而权值越小的叶子结点越远离根结点。哈夫曼依据这一特点提出了一种构造方法(哈夫曼方法)，这种方法的基本思想是：

(1) 由给定的 n 个权值 $\{W_1, W_2, \cdots, W_n\}$ 构造 n 棵只有一个叶子结点的二叉树，从而得到一个二叉树的集合 $F=\{T_1, T_2, \cdots, T_n\}$。

(2) 在 F 中选取根结点的权值最小和次小的两棵二叉树作为左、右子树构造一棵新的二叉树，这棵新的二叉树根结点的权值为其左、右子树根结点权值之和。

(3) 在集合 F 中删除作为左、右子树的两棵二叉树，并将新建立的二叉树加入集合 F 中。

(4) 重复(2)、(3)两步，当 F 中只剩下一棵二叉树时，这棵二叉树便是所要建立的哈夫曼树。

图 6-21 给出了前面提到的叶子结点权值集合为 $W=\{1,3,5,7\}$ 的哈夫曼树的构造过程。可以计算出其带权路径长度为 29，由此可见，对于同一组给定叶子结点所构造的哈夫曼树，树的形状可能不同，但带权路径长度是相同的，一定是最小的。

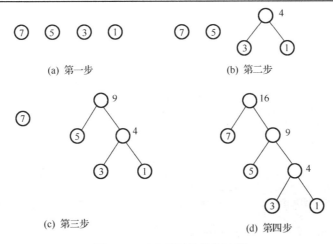

图 6-21　哈夫曼树的构造过程

2. 哈夫曼树的构造算法

在构造哈夫曼树时，可以设置一个结构数组 HuffNode[ ]保存哈夫曼树中各结点的信息，从哈夫曼树的构造过程中可以得知哈夫曼树中不存在度为 1 的结点，根据二叉树的性质可知，具有 n 个叶子结点的哈夫曼树共有 $2n-1$ 个结点，所以数组 HuffNode[ ]的大小设置为 $2n-1$，数组元素的结构形式如下：

weight	lchild	rchild	parent

其中，weight 域保存结点的权值；lchild 和 rchild 域分别保存该结点的左、右孩子结点在数组 HuffNode[ ]中的序号，从而建立起结点之间的关系。为了判定一个结点是否已加入要建立的哈夫曼树中，可通过 parent 域的值来确定。初始时 parent 的值为–1，当结点加入树中时，该结点 parent 域的值为其双亲结点在数组 HuffNode[ ]中的序号，就不会是–1 了。

构造哈夫曼树时，首先将由 n 个字符形成的 n 个叶子结点存放到数组 HuffNode[ ]的前 n 个分量中，然后根据前面介绍的哈夫曼方法的基本思想，不断将两个小子树合并为一个较大的子树，每次构成的新子树的根结点顺序放到数组 HuffNode[ ]中的前 n 个分量的后面。

算法 6.23　哈夫曼树的构造算法。

操作步骤：

步骤 1：输入叶子结点个数 n 的值。

步骤 2：创建长度为 $2n-1$ 的数组 HuffNode，并进行初始化。

步骤 3：顺序输入 n 个叶子结点的权值，分别赋予数组 HuffNode[ ]前 n 个元素的成员 weight。

步骤 4：执行下列步骤直到子树最终合并为一棵树。

(1)在 parent==–1 的元素中，寻找出权值最小的两棵子树。

(2)将找到的两棵子树进行合并，同时修改它们的 parent 域的值。

类 C++语言描述：

```
#define MAXVALUE 10000          //定义最大权值
#define MAXLEAF 30              //定义哈夫曼树中叶子结点个数
#define MAXNODE  MAXLEAF*2-1
```

```
struct  HNodeType {
    int weight;                    //权值
    int parent;                    //双亲结点序号
    int lchild;                    //左孩子结点序号
    int rchild;                    //右孩子结点序号
    };
  void  HaffmanTree(HNodeType HuffNode [ ])
{//哈夫曼树的构造算法
int i,j,m1,m2,x1,x2,n;
    cin>>n;                        //输入叶子结点个数
    for(i=0;i<2*n-1;i++)           //数组 HuffNode[ ]初始化
        { HuffNode[i].weight=0;
          HuffNode[i].parent=-1;
          HuffNode[i].lchild=-1;
          HuffNode[i].rchild=-1;
        }
    for(i=0;i<n;i++)
        cin>> HuffNode[i].weight;  //输入 n 个叶子结点的权值
    for(i=0;i<n-1;i++)             //构造哈夫曼树
        { m1=m2=MAXVALUE;
          x1=x2=0;
          for(j=0;j<n+i;j++)
          { if(HuffNode[j].weight<m1 && HuffNode[j].parent==-1)
              {   m2=m1;      x2=x1;
                  m1=HuffNode[j].weight;    x1=j;
              }
            else if(HuffNode[j].weight<m2 && HuffNode[j].parent==-1)
              {   m2=HuffNode[j].weight;
                  x2=j;
              }
          }//for
        //将找出的两棵子树合并为一棵子树
        HuffNode[x1].parent=n+i;  HuffNode[x2].parent=n+i;
        HuffNode[n+i].weight=HuffNode[x1].weight+HuffNode[x2].weight;
        HuffNode[n+i].lchild=x1;  HuffNode[n+i].rchild=x2;
    }//for
  }
```

例 6.3　哈夫曼树在编码问题中的应用。

在数据通信中，经常需要将传送的文字转换成由二进制字符 0、1 组成的二进制串，我们称之为编码。例如，假设要传送的电文为 ABACCDA，电文中只含有 A、B、C、D 四种字符，若这四种字符采用表 6-2(a) 所示的编码，则电文的代码为 000010000100100111000，长度为 21。在传送电文时，我们总是希望传送时间尽可能短，这就要求电文代码尽可能短，显然，这种编码方案产生的电文代码不够短。表 6-2(b) 所示为另一种编码方案，用此编码对上述电文进行编码所建立的代码为 00010010101100，长度为 14。在这种编码方案中，四种字符的编码均为两位，是一种等长编码。如果在编码时考虑字符出现的频率，让出现频率高的字符采用尽可能短的编码，出现频率低的字符采用稍长的编码，构造一种不等长编码，则电文的代码就可能更短。例如，当字符 A、B、C、D 采用表 6-2(c) 所示的编码时，上述电文的代码串为 0110010101110，长度仅为 13。

表 6-2　字符的四种不同的编码方案

字符	编码	字符	编码	字符	编码	字符	编码
A	000	A	00	A	0	A	01
B	010	B	01	B	110	B	010
C	100	C	10	C	10	C	001
D	111	D	11	D	111	D	10
(a)		(b)		(c)		(d)	

　　哈夫曼树可用于构造使电文的编码总长最短的编码方案。具体做法如下：设需要编码的字符集合为$\{d_1,d_2,\cdots,d_n\}$，它们在电文中出现的次数或频率集合为$\{w_1,w_2,\cdots,w_n\}$，以$d_1,d_2,\cdots,d_n$作为叶子结点，$w_1,w_2,\cdots,w_n$作为它们的权值，构造一棵哈夫曼树，规定哈夫曼树中的左分支代表 0，右分支代表 1，则从根结点到每个叶子结点所经过的路径分支组成的 0 和 1 的序列便为该结点对应字符的编码，称为哈夫曼编码。

　　在哈夫曼编码树中，树的带权路径长度的含义是各个字符的码长与其出现次数的乘积之和，也就是电文的代码总长，所以采用哈夫曼树构造的编码是一种能使电文代码总长最短的不等长编码。

　　在建立不等长编码时，必须使任何一个字符的编码都不是另一个字符编码的前缀，这样才能保证译码的唯一性。例如，表 6-2(d) 的编码方案，字符 A 的编码 01 是字符 B 的编码 010 的前缀，这样对于代码串 0101001，既是 AAC 的代码串，也是 ABA 和 BDA 的代码串，因此，这样的编码不能保证译码的唯一性，称为具有二义性的译码。

　　然而，采用哈夫曼树进行编码，则不会产生上述二义性问题。因为，在哈夫曼树中，每个字符结点都是叶子结点，它们不可能在根结点到其他字符结点的路径上，所以一个字符的哈夫曼编码不可能是另一个字符的哈夫曼编码的前缀，从而保证了译码的非二义性。

　　下面讨论实现哈夫曼编码的算法。实现哈夫曼编码的算法可分为两大部分：

　　(1)构造哈夫曼树。

　　(2)在哈夫曼树上求叶子结点的编码。

　　求哈夫曼编码，实质上就是在已建立的哈夫曼树中，从叶子结点开始，沿结点的双亲链域回退到根结点，每回退一步，就走过了哈夫曼树的一个分支，从而得到一位哈夫曼编码值，由于一个字符的哈夫曼编码是从根结点到相应叶子结点所经过的路径上各分支所组成的 0、1 序列，因此先得到的分支代码为所求编码的低位码，后得到的分支代码为所求编码的高位码。我们可以设置一结构数组 HuffCode 用来存放各字符的哈夫曼编码信息，数组元素的结构如下：

其中，分量 bit 为一维数组，用来保存字符的哈夫曼编码；start 表示该编码在数组 bit 中的开始位置。所以，对于第 i 个字符，它的哈夫曼编码存放在 HuffCode[i].bit 中的从 HuffCode[i].start 到 n 的分量上。

　　操作步骤：

　　步骤 1：建立哈夫曼树。

　　步骤 2：求每个叶子结点的哈夫曼编码。

(1)对于每个叶子结点，由叶子结点出发，依据 parent 域的值，一直找到树根。

(2)保存每个叶子结点的哈夫曼编码和编码的起始位置。

步骤 3：输出每个叶子结点的哈夫曼编码。

类 C++描述：

```cpp
#define MAXBIT 10                      //定义哈夫曼编码的最大长度
struct HCodeType {
     int bit[MAXBIT];
     int start;
     };
   void HaffmanCode( )
{//生成哈夫曼编码
    HNodeType HuffNode[MAXNODE];
    HCodeType HuffCode[MAXLEAF],cd;
    int i,j, c,p;
    HuffmanTree(HuffNode );                //建立哈夫曼树
    for(i=0;i<n;i++)                       //求每个叶子结点的哈夫曼编码
       {  cd.start=n-1;   c=i;
          p=HuffNode[c].parent;
          while(p!=0)                      //由叶子结点向上直到树根
          {   if(HuffNode[p].lchild==c)cd.bit[cd.start]=0;
              else  cd.bit[cd.start]=1;
              cd.start--;   c=p;
              p=HuffNode[c].parent;
          }
       for(j=cd.start+1;j<n;j++)//保存求出的每个叶子结点的哈夫曼编码和编码的起始位置
          HuffCode[i].bit[j]=cd.bit[j];
          HuffCode[i].start=cd.start;
       }
    for(i=0;i<n;i++)                       //输出每个叶子结点的哈夫曼编码
       {  for(j=HuffCode[i].start+1;j<n;j++)
             cout<< HuffCode[i].bit[j];
          cout<<endl;
       }
}
```

例 6.4　假设电文中只有 5 个字符，且在电文中出现的频率分别为 5/29、6/29、2/29、9/29、7/29，则所构造的最优前缀编码如图 6-22 所示。

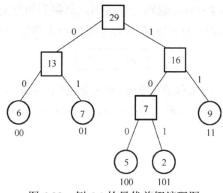

图 6-22　例 6.4 的最优前缀编码图

6.6.3　查找与二叉树

查找是一个计算机应用系统常用的操作。在对数据元素进行查找时，先把供查找的数据元素进行组织和存储，然后按照一定的算法进行查找。经典的查找算法有静态查找(查找表中的数据元素不变化或很少变化)、动态查找(也称为树表查找，在查找过程中数据元素发生增、删变化)和 Hash 查找。

1. 折半查找

折半查找也称二分查找，它是一种效率较高的静态查找。但是，折半查找要求查找表必须采用顺序存储结构，而且表中元素按关键字有序排列。在下面及后续的讨论中，均假设有序表是递增有序的。

折半查找的查找过程：从表的中间记录开始，如果给定值和中间记录的关键字相等，则查找成功；如果给定值大于或者小于中间记录的关键字，则在表中大于或小于中间记录的一半中查找，这样重复操作，直到查找成功，或者在某一步中查找区间为空，则代表查找失败。

折半查找每一次查找比较都使查找范围缩小一半，与顺序查找(从查找表某一端开始，依存储顺序查找)相比，折半查找会提高查找效率。

为了标记查找过程中每一次的查找区间，下面分别用 low 和 high 来表示当前查找区间的下界和上界，mid 为区间的中间位置。

算法 6.24　折半查找。

操作步骤：

步骤 1：置查找区间初值，low 为 1，high 为表长。

步骤 2：当 low 小于等于 high 时，循环执行以下操作。

(1)mid 取值为 low 和 high 的中间值。

(2)将给定值 key 与中间位置记录的关键字进行比较，若相等则查找成功，返回中间位置 mid；若不相等则利用中间位置记录将表对分成前、后两个子表。如果 key 比中间位置记录的关键字小，则 high 取为 mid-1，否则 low 取为 mid+1。重复步骤 2。

步骤 3：循环结束，说明查找区间为空，则查找失败，返回 0。

类 C++语言描述：

```
int search_Bin(sSTable sT, KeyType key)
    {//在有序表 sT 中折半查找其关键字等于 key 的数据元素。若找到，则函数值为该元素在表中
    //的位置，否则为 0
        low=1;high=ST.length;                    //置查找区间初值
        while(low<=high)
        {
            mid=(low+high)/2;
            if(key==ST.R[mid].key)return mid;    //找到待查元素
            else if(key<ST.R[mid] . key)high=mid-1;//继续在前一子表进行查找
            else low=mid+1;                       //继续在后一子表进行查找
        }//while
        return 0;                                 //表中不存在待查元素
    }
```

本算法很容易理解,唯一需要注意的是,循环执行的条件是 low≤high,而不是 low<high,因为 low=high 时,查找区间还有最后一个结点,还要进一步比较。

算法 6.24 很容易改写成递归程序,递归函数的参数除了 ST 和 key 之外,还需加上 low 和 high,请读者自行实现折半查找的递归算法。

2. 折半查找判定树

折半查找过程可用二叉树来描述。树中每一结点对应表中一个记录,但结点值不是记录的关键字,而是记录在表中的位置序号。把当前查找区间的中间位置作为根,左子表和右子表分别作为根的左子树和右子树,由此得到的二叉树称为折半查找判定树。

长度为 n 的折半查找判定树的构造方法是:

(1)当 n 为 0 时,折半查找判定树为空二叉树。

(2)当 $n>0$ 时,折半查找判定树的根结点是有序表中序号为 mid=$(n+1)/2$ 的记录,根结点的左子树是与 $L[1]$～$L[\text{mid}-1]$相对应的折半查找判定树,根结点的右子树是与 $L[\text{mid}+1]$～$L[n]$相对应的折半查找判定树。

从图 6-23 可以看出,在查找表中查找任一元素的过程,就是判定树中从根到该元素结点路径上各结点关键字进行比较的过程。其比较次数,即该元素结点在树中的层数。对于 n 个结点的判定树,树高为 k,则有 $2^{k-1}-1<n\leqslant2^k-1$,即 $k-1<\log_2(n+1)\leqslant k$,所以 $k=\lfloor\log_2(n+1)\rfloor+1$。因此,折半查找在查找成功时,所进行的关键字比较次数至多为 $\lfloor\log_2(n+1)\rfloor+1$。

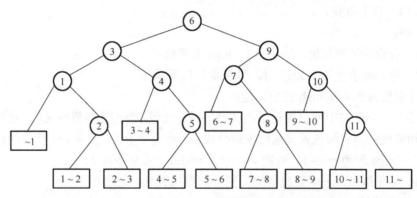

图 6-23　具有 11 个记录的折半查找判定树

那么在查找成功的情况下,折半查找的平均查找长度是多少呢? 为了方便讨论,我们以树高为 k 的满二叉树($n=2^k-1$)为例。假设表中每个元素的查找是等概率的,即 $P_i=\dfrac{1}{n}$,则树的第 i 层有 2^{i-1} 个结点,因此,折半查找的平均查找长度为

$$
\begin{aligned}
\text{ASL}_{\text{bs}} &= \sum_{i=1}^{n}P_i\cdot C_i \\
&= \frac{1}{n}[1\times2^0+2\times2^1+\cdots+k\times2^{k-1}] \\
&= \frac{n+1}{n}\log_2(n+1)-1\approx\log_2(n+1)-1
\end{aligned}
\tag{6-17}
$$

所以，折半查找的时间复杂度为 $O(\log_2 n)$。

对于查找不成功的情况，我们先引进两个概念：外部结点和内部结点。我们在判定树的所有结点的空链域加上一个指向方形结点的指针，称方形结点为外部结点，其中的信息代表的是，如果在此结点处有记录，它的关键字值所处的范围。称圆形结点为内部结点。这样，在查找不成功时，其过程正好是走了一条从根结点出发到其外部结点的路径，结点的值和给定值比较的次数正好等于该路径上内部结点的个数。因此，查找不成功时结点的值和给定值比较的次数最多也不超过树的深度。所以，折半查找不成功时的时间复杂度仍为 $O(\log_2 n)$。

例 6.5　有序表按关键字排列如下：7,14,18,21,23,29,31,35,38,42,46,49,52。在表中查找关键字为 14 和 22 的数据元素。

(1) 查找关键字为 14 的过程如下：

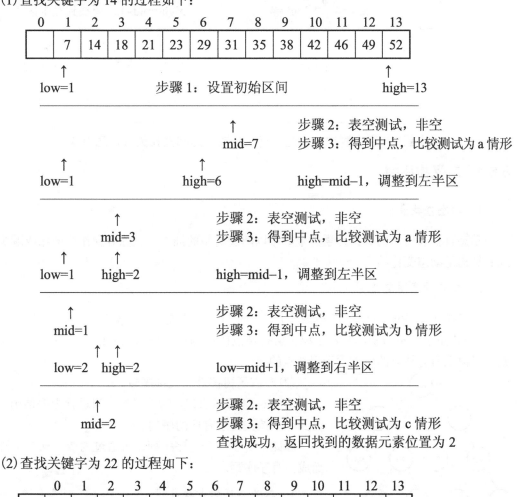

(2) 查找关键字为 22 的过程如下：

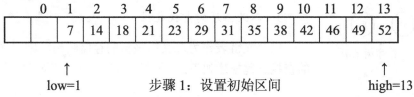

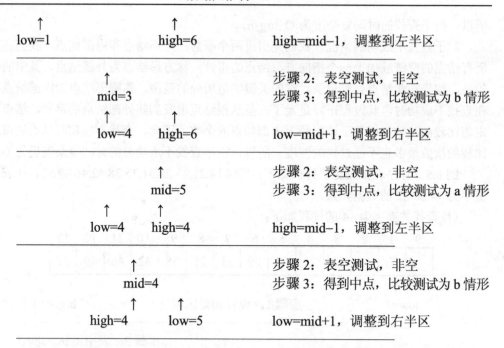

↑ low=1		↑ high=6	high=mid−1，调整到左半区
	↑ mid=3		步骤2：表空测试，非空 步骤3：得到中点，比较测试为 b 情形
	↑ low=4	↑ high=6	low=mid+1，调整到右半区
		↑ mid=5	步骤2：表空测试，非空 步骤3：得到中点，比较测试为 a 情形
	↑ low=4	↑ high=4	high=mid−1，调整到左半区
	↑ mid=4		步骤2：表空测试，非空 步骤3：得到中点，比较测试为 b 情形
↑ high=4		↑ low=5	low=mid+1，调整到右半区

步骤2：表空测试，为空；查找失败，返回查找失败信息为 0

6.6.4　二叉排序树

1. 动态查找表

动态查找表所含的数据元素的个数可以随着所做的插入、删除等操作而增加或减少，因此其结构是动态变化的。

2. 二叉排序树定义

二叉排序树(Binary Sort Tree)或者是一棵空树，或者是具有下列性质的二叉树：

(1)若左子树不为空，则左子树上所有结点的值均小于根结点的值；若右子树不为空，则右子树上所有结点的值均大于根结点的值。

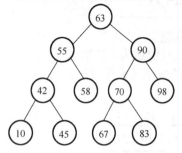

图6-24　一棵二叉排序树示例

(2)左右子树都是二叉排序树。

从图 6-24 可以看出，对二叉排序树进行中序遍历，便可得到一个按关键字有序的序列。

因此，对于一个无序序列，可通过构造一棵二叉排序树而成为有序序列。

3. 二叉排序树查找过程

以二叉链表作为二叉排序树的存储结构，则二叉排序树的查找过程描述如下。

结点结构：

```
template <class T>
struct Node
```

```
    {
        T key;
            ...                     //其他域，可以自己根据的需要添加
    };
```

二叉排序树的存储结构：

```
template <class T>
struct bitree
    {
        Node<T>  data;              //结点的值域，可用来保存查找表中的数据元素
        bitree<T> *lchild;          //左孩子指针
        bitree<T> *rchild;          //右孩子指针
    };


template <class T>
class BinTree
{
    public:
        bitree<T> *t;               //根指针
        bitree<T> *f;               //根指针的双亲指针
        bitree<T> *p;               //指向查找路径上最后访问的结点
        BinTree( )  { t=NULL;   }
        void Destroy();
        void SearchBST(bitree<T> *t,T key);         //二叉排序树的查找
        void InsertBST(bitree<T> *(&t),Node<T> e);  //二叉排序树的插入
        int DeleteBST(bitree<T> *(&t),T key);       //二叉排序树的删除
        int Delete(bitree<T> *(&p));
        void InDisplay(bitree<T> *t);
        void Display();
}
```

算法 6.25　二叉排序的查找算法。

操作步骤：

步骤 1：若查找树为空，查找失败。

步骤 2：查找树非空，将给定值 key 与查找树的根结点关键字比较。

步骤 3：若相等，查找成功，结束查找过程，否则，执行以下操作。

（1）当给定的值 key 小于根结点关键字，查找将在以左孩子为根的子树上继续进行，转步骤 1。

（2）当给定的值 key 大于根结点关键字，查找将在以右孩子为根的子树上继续进行，转步骤 1。

类 C++语言描述：

```
template <class T>
void BinTree<T>::SearchBST(bitree<T> *t,T key)
    {//在二叉排序树上查找关键字为 key 的数据元素
        if((!t)|| EQ(key,t->data.key)==1)
```

```
         {
             if(EQ(key,t->data.key)==1)    //结点的关键字与key相等
                 cout<<"找到数据元素为"<<key<<"的结点"<<endl;
             else
                 cout<<"不存在数据元素为"<<key<<"的结点"<<endl;
         }
     else if(key<t->data.key)
         {  SearchBST(t->lchild,key);   }
     else
         {  SearchBST(t->rchild,key);   }
}
```

算法分析：

二叉排序树的查找性能取决于二叉排序树的形状，而二叉排序树的形状不唯一，取决于二叉排序树建立时查找表中的记录先后次序。例如，对于查找表 L={45,24,12,37,53,93}，其建立的二叉排序树如图 6-25(a)所示，其平均查找长度为：$ASL(a)$=(1+2+2+3+3+3)/6=14/6；而对于同样的查找表 L，如果其元素的顺序为{12,24,37,45,53,93}(注意：查找表是一种集合结构，集合中的元素是没有位序关系的)时，其建立的二叉排序树如图 6-25(b)所示，其平均查找长度为：$ASL(b)$=(1+2+3+4+5+6)/6=21/6。

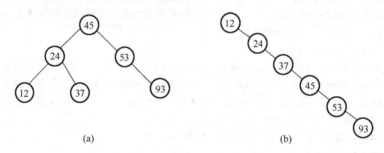

图 6-25　二叉排序树的形状示例

如果二叉排序树是平衡的，则有 n 个结点的二叉排序树的深度与完全二叉树相同：$\lfloor \log_2 n \rfloor +1$，其查找效率为 $O(\lfloor \log_2 n \rfloor)$，近似于折半查找。如果二叉排序树不平衡，最坏的情况下其为一棵斜树，其深度可以达到 n，此时查找效率为 $O(n)$，退化为顺序查找。

因此，二叉排序树的查找性能在 $O(\lfloor \log_2 n \rfloor)$ 和 $O(n)$ 之间，平均情况下为 $O(\lfloor \log_2 n \rfloor)$。

注意： $ASL=\sum_{i=1}^{n} p_i c_i$，式中，$p_i$ 为查找表中第 i 个元素的查找概率，$\sum_{i=1}^{n} p_i =1$；c_i 为查找表中第 i 个数据元素的关键字值等于给定值 key 时，在查找算法中和关键字的比较次数。

4. 二叉排序树插入操作和构造一棵二叉排序树

向二叉排序树中插入一个结点的过程：设待插入结点的关键字为 k，为将其插入，先要在二叉排序树中进行查找，若查找成功，则按二叉排序树定义，待插入结点已存在，不用插入；查找不成功时，则插入结点。因此，新插入的结点一定是作为叶子结点添加上去的。

构造一棵二叉排序树则是逐个插入结点的过程。

例 6.6　记录的关键字序列为：45,24,53,45,12,24,90，则构造一棵二叉排序树的过程如图 6-26 所示。

操作步骤：

步骤 1：构造一个空树（图 6-26(a)）。

步骤 2：将 45 插入树中，作为二叉排序树的根结点（图 6-26(b)）。

步骤 3：将 24 插入树中。由于 24＜45，所以其作为根结点的左子树插入（图 6-26(c)）。

步骤 4：将 53 插入树中。由于 53＞45，所以其作为根结点的右子树插入（图 6-26(d)）。

步骤 5：将 45 插入树中。由于二叉排序树上已经存在结点 45(根结点)，重复结点无须插入。

步骤 6：将 12 插入树中。由于 12＜45，12＜24，所以将 12 作为 24 的左子树插入（图 6-26(e)）。

步骤 7：将 24 插入树中。由于 24 在树中已经存在，无须插入。

步骤 8：将 90 插入树中。由于 90＞45，90＞53，所以将 90 作为 53 的右子树插入（图 6-26(f)）。

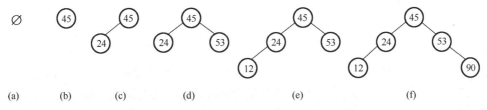

(a)　　(b)　　(c)　　　　(d)　　　　　(e)　　　　　　　(f)

图 6-26　从空树开始建立二叉排序树的过程

算法 6.26　在二叉排序树上插入一个结点。

操作步骤：

步骤 1：查找插入位置。

步骤 2：生成插入结点。

步骤 3：插入结点。

类 C++语言描述：

```
template <class T>
void BinTree<T>::InsertBST(bitree<T> *(&t),Node<T> e)
    {                                      //在二叉排序树中插入一个关键字值为 e 的结点
        p=t;                               //p 为辅助指针
        while(p)                           //在二叉排序树 t 上查找插入位置
        {
            if(p->data.key==e.key)         //要插入的结点已经存在
                {cout<<"二叉排序树中已经存在值为:"<<e.key<<"的结点\n";
                 exit(1); }
            f=p;                           //指针 f 指向插入位置的父结点
            if(LT(e.key,p->data.key))
                {p=p->lchild;}             //要插入的位置在当前结点的左子树上
            else
                p=p->rchild;               //要插入的位置在当前结点的右子树上
        }
        p=new bitree<T>;                   //生成要插入的结点
        p->data=e;                         //值域中存储 e
```

```
        p->lchild=p->rchild=NULL;          //插入结点的左右子树均为空树
        if(t==NULL)                        //如果 t 是空树的情况处理
            {   t=p; }
        else
            {
                if(LT(e.key,f->data.key))
                    f->lchild=p;           //结点作为 f 的左孩子插入
                else
                    f->rchild=p;           //结点作为 f 的右孩子插入
            }
    }
```

5. 二叉排序树删除操作

二叉排序树是查找集合的一种存储方式。在二叉排序树删除一个结点相当于在集合中删除一个记录。在二叉排序树删除一个记录的操作要保证以下两点：

第一，从二叉排序树删除一个结点之后，要使得删除结点之后二叉树还是一棵二叉排序树。

第二，从二叉排序树删除的一个结点，既可能是叶子结点也可能是分支结点。若是叶子结点，则处理比较方便；但若是分支结点，就破坏了原有的链接关系，此时需要重新修改指针，使得删除结点后的二叉树还是一棵二叉排序树。

设待删结点为 p（p 为指向待删结点的指针），其双亲结点为 f，以下分三种情况进行讨论。

(1)p 结点为叶子结点，由于删去叶子结点后不影响整棵树的特性，所以，只需将被删结点的双亲结点相应指针域改为空指针，如图 6-27 所示。

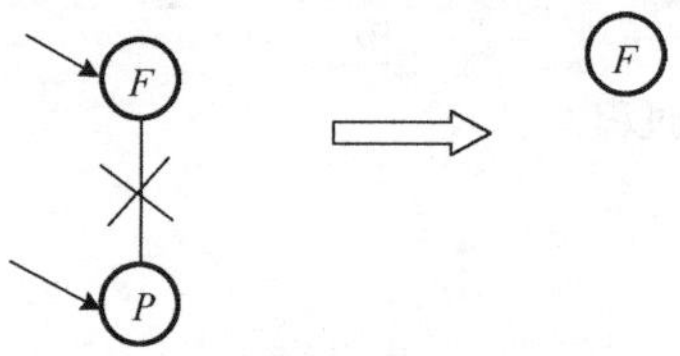

图 6-27　删除结点为叶子结点

(2)p 结点只有右子树 p_r 或只有左子树 p_L，此时，只需将 p_r 或 p_L 替换 f 结点的 p 子树即可，如图 6-28 所示。

(3)p 结点既有左子树 P_L 又有右子树 P_r，可按中序遍历保持有序进行调整。

设删除 p 结点前，中序遍历序列为：

(1)P 为 F 的左孩子时有：…，P_L 子树，P，P_r，S 子树，P_j，S_j 子树，…，P_2，S_2 子树，P_1，S_1 子树，F，…。

(2)P 为 F 的右孩子时有：…，F，P_L 子树，P，P_r，S 子树，P_j，S_j 子树，…，P_2，S_2 子树，P_1，S_1 子树，…。

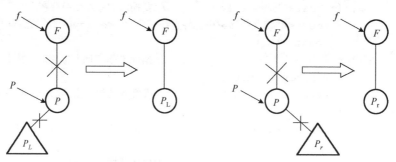

图 6-28　删除结点只有左子树或只有右子树

删除 p 结点后，中序序列应如下。

(1) P 为 F 的左孩子时有：$\cdots,P_L$ 子树,P_r,S 子树,P_j,S_j 子树,$\cdots,P_2,S_2$ 子树,P_1,S_1 子树,$F,\cdots$。

(2) P 为 F 的右孩子时有：$\cdots,F,P_L$ 子树,P_r,S 子树,P_j,S_j 子树,$\cdots,P_2,S_2$ 子树,P_1,S_1 子树,$\cdots$。

有两种调整方法。

方法一：直接令 P_L 为 f 相应的子树，以 P_R 为 P_L 中序遍历的最后一个结点 P_k 的右子树。

方法二：先令 P 结点的直接后继 P_r 或直接前驱（对 P_L 子树中序遍历的最后一个结点 P_k）替换 P 结点，再按被删除结点只有左子树或只有右子树的方法删去 P_r 或 P_k。图 6-29 就是以 P 结点的直接后继 P_r 替换 P。

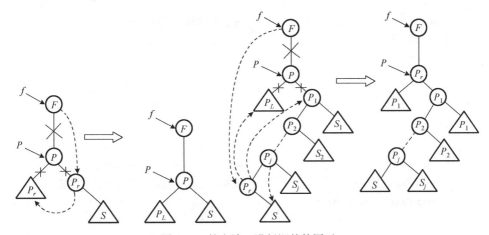

图 6-29 按方法二进行调整的图示

算法 6.27 在二叉排序树删除一个结点。

类 C++语言描述：

```cpp
template <class T>
int BinTree<T>::DeleteBST(bitree<T> *(&t),T key)
{    //在二叉排序树删除关键字值为 key 的结点
    if(!t)                                  //空二叉排序树
    {
        cout<<"二叉树为空,无法删除\n";
        return FALSE;
    }
    else
    {
        if(EQ(key,t->data.key))             //当前结点为删除结点
            return Delete(t);
        else if(LT(key,t->data.key))
            return DeleteBST(t->lchild,key);   //在左子树上删除结点
        else
            return DeleteBST(t->rchild,key);   //在右子树上删除结点
    }
}

template <class T>
```

```
int BinTree<T>::Delete(bitree<T> *(&p))
{                                      //删除一个结点
    bitree<T> *q,*s;
    if(!p->rchild)                     //被删除结点只有左子树
      {
          q=p;
          p=p->lchild;
          delete q;
          cout<<"成功删除"<<endl;
      }
    else if(!p->lchild)                //被删除结点只有右子树
      {
          q=p;
          p=p->rchild;
          delete q;
          cout<<"成功删除"<<endl;
      }
    else                               //被删除结点的左右子树均不为空
      { q=p;                           //辅助指针 q 指向当前结点 p
        s=p->lchild;                   //辅助指针 s 指向当前结点的左孩子
        while(s->rchild)
        {
            q=s;
            s=s->rchild;               //s=p
        }                              //把指针 s 指向 p 所指结点的右子树的最右下角的结点
        p->data=s->data;              //把删除结点 p 的值域替换为 s 所指结点的值域
        if(q!=p)
            q->rchild=s->lchild;       //把 q 结点的右孩子用 s 结点的左孩子替换
        else
            q->lchild=s->lchild;       //把 q 结点的左孩子用 s 结点的左孩子替换
        delete s;
        cout<<"成功删除"<<endl;
      }
    return TRUE;
}
```

对给定序列建立二叉排序树，若左右子树均匀分布，则其查找过程类似于有序表的折半查找；但若给定序列原本有序，则建立的二叉排序树变成斜二叉树，此时查找表就退化为单链表，其查找效率同顺序查找一样。因此，对均匀的二叉排序树进行插入或删除结点后，应对其调整，使之依然保持均匀。

6.6.5　平衡二叉树

平衡二叉树（AVL 树）或者是一棵空树，或者是具有下列性质的二叉排序树：它的左子树和右子树都是平衡二叉树，且左子树和右子树高度之差的绝对值不超过 1。

图 6-30 给出了两棵二叉排序树，每个结点旁边所注数字是以该结点为根的树中，左子树

与右子树高度之差，这个数字称为结点的平衡因子。由平衡二叉树定义可知，所有结点的平衡因子只能取-1、0、1三个值之一。若二叉排序树中存在这样的结点，其平衡因子的绝对值大于1，则这棵树就不是平衡二叉树，如图6-30(a)所示的二叉排序树。

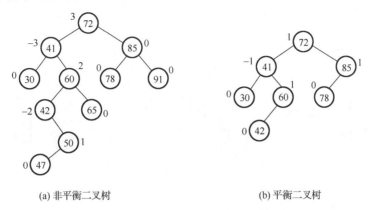

(a) 非平衡二叉树　　　　　　　　　　　　　(b) 平衡二叉树

图 6-30　非平衡二叉树和平衡二叉树示例

在平衡二叉树上插入或删除结点后，可能使树失去平衡，因此，需要对失去平衡的树进行平衡化调整。设 a 结点为失去平衡的最小子树根结点，对该子树进行平衡化调整归纳起来有以下四种情况。

1. 左单旋转

图 6-31(a) 为插入前的子树。其中，B 为结点 a 的左子树，D、E 分别为结点 c 的左、右子树，B、D、E 三棵子树的高均为 h。如图 6-31(a) 所示的子树是平衡二叉树。

在图 6-31(a) 的树上插入结点 x，如图 6-31(b) 所示。结点 x 插入在结点 c 的右子树 E 上，导致结点 a 的平衡因子绝对值大于1，以结点 a 为根的子树失去平衡。

调整策略：

调整后的子树除了各结点的平衡因子绝对值不超过1，还必须是二叉排序树。由于结点 c 的左子树 D 可作为结点 a 的右子树，将以结点 a 为根结点的子树调整为左子树是 B、右子树是 D，再将以结点 a 为根结点的子树调整为结点 c 的左子树，结点 c 为新的根结点，如图6-31(c) 所示。

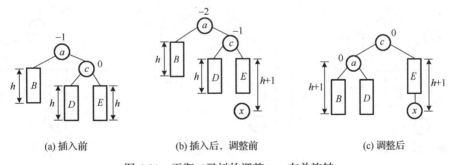

(a) 插入前　　　　　　　　(b) 插入后，调整前　　　　　　　(c) 调整后

图 6-31　平衡二叉树的调整——左单旋转

平衡化调整操作判定：

沿插入路径检查三个点 a、c、E，若它们处于"\"线上的同一个方向，则要做左单旋转，即以结点 c 为轴逆时针旋转。

2. 右单旋转

右单旋转与左单旋转类似，沿插入路径检查三个结点 a、c、E，若它们处于"/"线上的同一个方向，则要做右单旋转，即以结点 c 为轴顺时针旋转，如图 6-32 所示。

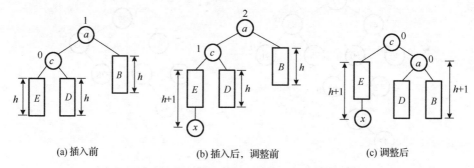

(a) 插入前　　　　　　　　(b) 插入后，调整前　　　　　　　(c) 调整后

图 6-32　平衡二叉树的调整——右单旋转

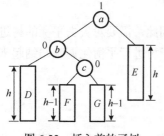

图 6-33　插入前的子树

3. 先左后右双向旋转

图 6-33 为插入前的子树，根结点 a 的左子树比右子树高度高 1，待插入结点 x 将插入结点 b 的右子树上，并使结点 b 的右子树高度增 1，从而使结点 a 的平衡因子的绝对值大于 1，导致以结点 a 为根结点的子树平衡被破坏，如图 6-34(a)、(b) 所示。

沿插入路径检查三个结点 a、b、c，若它们呈"<"字形，需要进行先左后右双向旋转：

(1) 对以结点 b 为根结点的子树，以结点 c 为轴，向左逆时针旋转，结点 c 成为该子树的新根结点，如图 6-34(b)、图 6-35(b) 所示。

(2) 由于旋转后，待插入结点 x 相当于插入以结点 b 为根结点的子树上，这样 a、c、b 三结点处于"/"线上的同一个方向，则要做右单旋转，即以结点 c 为轴顺时针旋转，如图 6-34(c)、图 6-35(c) 所示。

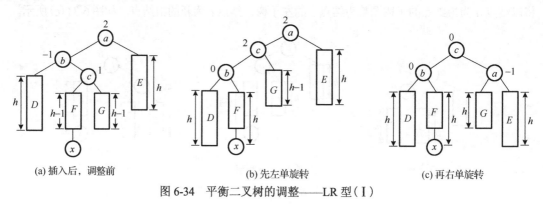

(a) 插入后，调整前　　　　　　　(b) 先左单旋转　　　　　　　(c) 再右单旋转

图 6-34　平衡二叉树的调整——LR 型(Ⅰ)

4. 先右后左双向旋转

先右后左双向旋转和先左后右双向旋转对称，请读者自行补充整理。

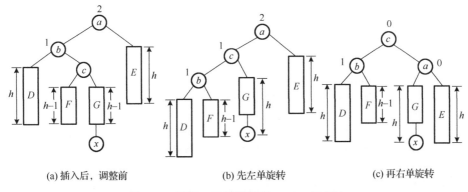

图 6-35　平衡二叉树的调整——LR 型（Ⅱ）

在平衡的二叉排序树 T 上插入一个关键字为 k 的新元素，递归算法可描述如下。

(1)若 T 为空树，则插入一个数据元素为 k 的新结点作为 T 的根结点，树的深度增 1。

(2)若 k 和 T 的根结点关键字相等，则不进行插入。

(3)若 k 小于 T 的根结点关键字，而且在 T 的左子树中不存在与 k 有相同关键字的结点，则将新元素插入在 T 的左子树上，并且当插入之后的左子树深度增加 1 时，分别就下列情况进行处理。

①若 T 的根结点平衡因子为-1(右子树的深度大于左子树的深度)，则将根结点的平衡因子更改为 0，T 的深度不变。

②若 T 的根结点平衡因子为 0(左、右子树的深度相等)，则将根结点的平衡因子更改为 1，T 的深度增加 1。

③T 的根结点平衡因子为 1(左子树的深度大于右子树的深度)，若 T 的左子树根结点的平衡因子为 1，则需进行右单旋转处理，并且在右单旋转处理之后，将根结点和其右子树根结点的平衡因子更改为 0，树的深度不变；若 T 的左子树根结点平衡因子为-1，则需进行先左后右双向旋转处理，并且在旋转处理之后，修改根结点和其左、右子树根结点的平衡因子，树的深度不变。

(4)若 k 大于 T 的根结点关键字，而且在 T 的右子树中不存在与 k 有相同关键字的结点，则将新元素插入在 T 的右子树上，并且当插入之后的右子树深度增加 1 时，分别就不同情况处理之。其处理操作和(3)中所述相对称，读者可自行补充整理。

算法 6.28　平衡二叉树的插入。

```
typedef struct NODE{
        ElemType  elem;                //数据元素
        int       bf;                  //平衡因子
        struct  NODE *lc,*rc;          //左右孩子指针
    }NodeType;                         //结点类型

void R_Rotate(NodeType **p)
{//对以*p 指向的结点为根结点的子树，做右单旋转处理
 //处理之后，*p 指向的结点为子树的新根结点
    lp=(*p)->lc;                       //lp 指向*p 左子树根结点
        (*p)->lc=lp->rc;              //lp 的右子树挂接*p 的左子树
```

```
            lp->rc=*p;  *p=lp;              //*p 指向新的根结点
}


void  L_Rotate(NodeType **p)
{//对以*p 指向的结点为根结点的子树，做左单旋转处理
 //处理之后，*p 指向的结点为子树的新根结点
    lp=(*p)->rc;                    //lp 指向*p 右子树根结点
    (*p)->rc=lp->lc;                //lp 的左子树挂接*p 的右子树
    lp->lc=*p;  *p=lp;              //*p 指向新的根结点
}


#define  LH  1                      //左高
#define  EH  0                      //等高
#define  RH  1                      //右高


void  LeftBalance((NodeType **p)
{//对以*p 指向的结点为根结点的子树，做左单旋转处理
 //处理之后，*p 指向的结点为子树的新根结点
    lp=(*p)->lc;                    //lp 指向*p 左子树根结点
    switch((*p)->bf)               //检查*p 平衡度，并做相应处理
        {case  LH:                  //新结点插在*p 左孩子的左子树上，需做右单旋转处理
           (*p)->bf=lp->bf=EH;R_Rotate(p);break;
         case  EH:                  //原本左、右子树等高，左子树增高使树增高
           (*p)->bf=LH;*paller=TRUE;break;
         case  RH:                  //新结点插在*p 左孩子的右子树上，需做先左后右双旋转处理
           rd=lp->rc;               //rd 指向*p 左孩子的右子树根结点
          switch(rd->bf)            //修正*p 及其左孩子的平衡因子
            {case    LH:(*p)->bf=RH;lp->bf=EH;break;
             case    EH:(*p)->bf=lp->bf=EH;break;
             case    RH:(*p)->bf=EH;lp->bf=LH;break;
            }//switch(rd->bf)
          R d->bf=EH;    L_Rotate(&((*p)->lc));    //对*p 的左子树做左单旋转处理
          R_Rotate(p);                             //对*t 做右单旋转处理
        }//switch((*p)->bf)
}//LeftBalance


int  InsertAVL(NodeType **t,ElemType e,Boolean *taller)
{//若在平衡的二叉排序树 t 中不存在和 e 有相同关键字的结点，则插入一个数
 //据元素为 e 的新结点，并返回 1；否则返回 0。若插入结点使二叉排序树失
 //去平衡，则做平衡旋转处理，布尔型变量 taller 反映 t 长高与否
    if(!(*t))          //插入新结点，树长高，置 taller 为 TURE
        {  *t=(NodeType *)malloc(sizeof(NodeType));(*T)->elem=e;
           (*t)->lc=(*t)->rc=NULL;(*t)->bf=EH;*taller=TRUE;
        }//if
    else
        {  if(e.key==(*t)->elem.key)//树中存在和 e 有相同关键字的结点，结点不插入
               {taller=FALSE; return 0;}
           if(e.key<(*t)->elem.key)
               {//应继续在*t 的左子树上进行结点插入
```

```
        if(!InsertAVL(&((*t)->lc)),e,&taller))  return 0;//未插入结点
            if(*taller)          //结点已插入*t 的左子树中，且左子树增高
            switch((*t)->bf)     //检查*t 平衡度
                {case LH:        //原本左子树高，需做左单旋转处理
                    LeftBalance(t); *taller=FALSE;break;
                 case EH:        //原本左、右子树等高，左子树增高使树增高
                    (*t)->bf=LH;*taller=TRUE;break;
                 case RH:        //原本右子树高，使左、右子树等高
                    (*t)->bf=EH;*taller=FALSE;break;
                }
        }//if
        else                     //应继续在*t 的右子树上进行结点插入
            {if(!InsertAVL(&((*t)->rc)),e,&taller))  return 0;//未插入结点
            if(*taller)          //结点已插入*t 的左子树中，且左子树增高
            switch((*t)->bf)     //检查*t 平衡度
                {case LH:        //原本左子树高，使左、右子树等高
                    (*t)->bf=EH;*taller=FALSE;break;
                 case EH:        //原本左、右子树等高，右子树增高使树增高
                    (*t)->bf=RH;*taller=TRUE;break;
                 case RH:        //原本右子树高，需做右单旋转处理
                    RightBalance(t);*taller=FALSE;break;
                }
        }//else
    }//else
    return 1;
}//InsertAVL
```

平衡树的查找分析：

在平衡树上进行查找的过程和二叉排序树相同，因此，在查找过程中和给定值进行比较的关键字个数不超过树的深度。那么，含有 n 个关键字的平衡树的最大深度是多少呢？为解答这个问题，我们先分析深度为 h 的平衡树所具有的最少结点数。

假设以 N_h 表示深度为 h 的平衡树中含有的最少结点数。显然，N_0=0，N_1=1，N_2=2，并且 $N_h=N_{h-1}+N_{h-2}+1$。这个关系和斐波那契序列极为相似。利用归纳法容易证明：当 $h \geqslant 0$ 时 $N_h = F_{h+2} - 1$，而 F_k 约等于 $\phi^h / \sqrt{5}$（其中，$\phi = \dfrac{1+\sqrt{5}}{2}$），则 N_h 约等于 $\phi^{h+2} / \sqrt{5} - 1$；反之，含有 n 个结点的平衡树的最大深度为 $\log_\phi(\sqrt{5}\,(n+1)) - 2$。因此，在平衡树上进行查找的复杂度为 $O(\log n)$。

上述对二叉排序树和平衡二叉树的查找性能的讨论都是在等概率的前提下进行的。

6.7　树的操作与存储

6.7.1　树的基本操作

树是另一种典型的树结构。树的基本操作通常有以下几种：

template <class T>

class CTree

```
{
    PTree<T> Tree;
public:
    CTree();
```
前置条件：树不存在
　　　　输入：无
　　　　功能：创建空树
　　　　输出：无
　　后置条件：生成一棵空树

```
    bool CreateTree(T end);
```
前置条件：树存在
　　　　输入：空指针标志 end
　　　　功能：创建一棵树
　　　　输出：输入树的格式提示
　　后置条件：生成一棵树，操作成功返回 true；否则返回 false

```
    void ClearTree();
```
前置条件：树存在
　　　　输入：无
　　　　功能：清空树
　　　　输出：无
　　后置条件：使得当前树成为一棵空树

```
    bool IsEmpty();
```
前置条件：树存在
　　　　输入：无
　　　　功能：判断树是否为空
　　　　输出：无
　　后置条件：树为空则返回 true；否则返回 false

```
    int TreeDepth();
```
前置条件：树存在
　　　　输入：无
　　　　功能：计算树的深度
　　　　输出：无
　　后置条件：树不为空，返回树的深度；否则返回 0

```
    T Root();
```

前置条件：树存在且树不为空

　　　输入：无

　　　功能：返回树根的元素值

　　　输出：无

后置条件：树不为空，返回树根结点值；否则返回 0

T Value(int i);

前置条件：树存在，i 是树中的结点序号

　　　输入：树中结点的序号

　　　功能：返回序号为 i 的结点值

　　　输出：无

后置条件：树不为空且 i 合法，则返回结点的值；否则返回"空"

bool Assign(T cur_e,T value);

前置条件：树存在，cur_e 是树中的一个结点值

　　　输入：要修改的结点值 cur_e 和修改以后的结点值 value

　　　功能：修改给定值的结点

　　　输出：无

后置条件：树不为空且 cur_e 是树中的结点值，则将结点值修改成 value 并返回 true；

　　　　　否则返回 false

T Parent(T cur_e);

前置条件：树存在，cur_e 是树中的某个结点值

　　　输入：树中的某个结点值 cur_e

　　　功能：寻找双亲结点值

　　　输出：无

后置条件：若 cur_e 是非根结点值，则返回它的双亲结点值；否则返回"空"

T LeftChild(T cur_e);

前置条件：树存在，cur_e 是树中的某个结点值

　　　输入：树中的某个结点值 cur_e

　　　功能：寻找最左孩子结点值

　　　输出：无

后置条件：若 cur_e 是非叶子结点值，则返回它的最左孩子结点值；否则返回"空"

T RightSibling(T cur_e);

前置条件：树存在，cur_e 是树中的某个结点值

　　　输入：树中的某个结点值 cur_e

　　　功能：寻找右兄弟的值

输出：无

后置条件：若 cur_e 有右兄弟，则返回其右兄弟的值；否则返回"空"

void Print();

前置条件：树存在

输入：无

功能：输出树

输出：树的信息

后置条件：按顺序输出结点值以及其双亲结点值

bool InsertChild(*T p*,int *i*,PTree<*T*> *c*);

前置条件：树存在，*p* 指向树中的某个结点，*p* 所指向的结点的度 *i* 加 1，非空树 *c*

与当前树不相交

输入：*p*、*i*、*c*

功能：插入树

输出：无

后置条件：插入 *c* 为树中结点 *p* 的第 *i* 棵子树

void DeleteChild(*T p*,int *i*);

前置条件：树存在，*p* 指向树中的某个结点，*p* 所指向的结点的度为 *i*

输入：*p*、*i*

功能：删除子树

输出：无

后置条件：删除结点 *p* 的第 *i* 棵子树

void TraverseTree();

前置条件：树存在

输入：无

功能：遍历树

输出：树的信息

后置条件：按层次遍历树

PTree<T> GetTree() {return Tree;}

前置条件：树存在

输入：无

功能：返回树的首地址

输出：无

后置条件：树不为空，则返回树的首地址；否则返回"空"

};

6.7.2　树的存储结构

在计算机中，树的存储有多种方式，既可以采用顺序存储结构，也可以采用链式存储结构，但无论采用何种存储方式，都要求存储结构不但能存储各结点本身的数据信息，还要能唯一地反映树中各结点之间的逻辑关系。下面介绍树的几种基本存储方法。

1. 双亲表示法

由树的定义可以知道，树中的每个结点都有唯一的双亲结点，根据这一特性，可用一组连续的存储空间(一维数组)存储树中的各个结点，数组中的一个元素表示树中的一个结点，数组元素为结构体类型，其中包括结点本身的信息以及结点的双亲结点在数组中的序号，树的这种存储方法称为双亲表示法。其存储表示可描述为：

```
#define MAXNODE//树中结点的最大个数
template <class T>
struct  NodeType
{
    T  data;
    int  parent;
};
NodeType  t[MAXNODE];
```

图 6-1 中的树的双亲表示法如图 6-36 所示。图中用 parent 域的值为−1 表示该结点无双亲结点，即该结点是一个根结点。

树的双亲表示法对于实现 Parent(T cur_e) 操作和 Root() 操作很方便，但若求某结点的孩子结点，即实现 LeftChild(T cur_e) 操作时，则需要查询整个数组。此外，这种存储方法不能反映各兄弟结点之间的关系，所以实现 RightSibling(x) 操作也比较困难。在实际中，如果需要实现这些操作，可在结点结构中增设存放第一个孩子的域和存放第一个右兄弟的域，就能较方便地实现上述操作了。

序号	data	parent
0	A	−1
1	B	0
2	C	0
3	D	0
4	E	1
5	F	1
6	G	2
7	H	3
8	I	3
9	J	3
10	K	4
11	L	4
12	M	7

图 6-36　图 6-1 中树的双亲表示法

2. 孩子表示法

1)多重链表表示法

由于树中每个结点都有零个或多个孩子结点，因此，可以令每个结点包括一个结点信息域和多个指针域,每个指针域指向该结点的一个孩子结点,通过各个指针域值反映树中各结点之间的逻辑关系。在这种表示法中，树中每个结点有多个指针域，形成了多条链表，所以这种方法又常称为多重链表法。

在一棵树中，每一个结点的度数未必相同，因此结点的指针域个数的设置有两种方法：

(1)每个结点指针域的个数等于该结点的度数。

(2)每个结点指针域的个数等于树的度数。

对于方法(1)，它虽然在一定程度上节约了存储空间，但由于树中各结点是不同构的，各种操作不容易实现，所以这种方法很少采用；方法(2)中各结点是同构的，各种操作相对容易实现，但为此付出的代价是存储空间的浪费。图 6-37 给出了图 6-1 中的树采用多重链表表示法的存储结构示意图。显然，方法(2)适用于各结点的度数相差不大的情况。

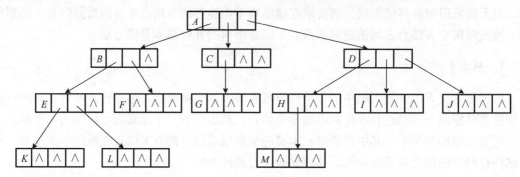

图 6-37   图 6-1 中树的多重链表表示法

若采用方法(2)对树进行存储，树中结点的存储表示可描述为：

```
#define MAXSON    <树的度数>
template <class T>
struct TreeNode
{
    T   data;                      //数据域
    TreeNode<T> *son[MAXSON];    //孩子结点指针数组
};
```

对于任意一棵树 t，可以定义：TreeNode *t，使变量 t 为指向树的根结点的指针。

2) 孩子链表表示法

孩子链表表示法是将树按如图 6-38 所示的形式存储。其主体是一个与结点个数一样大小的一维数组，数组的每一个元素由两个域组成，一个用来存放结点信息，另一个用来存放指针，该指针指向由该结点孩子组成的单链表的首位置。单链表的结构也由两个域组成，一个存放孩子结点在一维数组中的序号，另一个是指针域，指向下一个孩子。

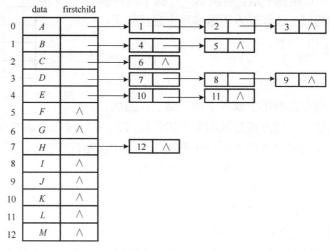

图 6-38   图 6-1 中树的孩子链表表示法

在孩子表示法中查找双亲比较困难，查找孩子却十分方便，故适用于对孩子操作多的应用。这种存储表示的类 C++描述为：

```
#define MAXNODE <树中结点的最大个数>
template <class T>
    struct ChildNode{
        int childcode;
        ChildNode<T> *nextchild;
    }
template <class T>
    struct NodeType{
        T data;
        ChildNode<T> *firstchild;
    };
NodeType t[MAXNODE];
```

3. 双亲孩子表示法

双亲孩子表示法是将双亲表示法和孩子表示法相结合的产物。其仍将各结点的孩子结点分别组成单链表，同时用一维数组顺序存储树中的各结点，数组元素除了包括结点本身的信息和该结点的孩子结点链表的头指针之外，还增设一个域，存储该结点的双亲结点在数组中的序号。图 6-39 给出了图 6-1 的树采用双亲孩子表示法的存储示意图。

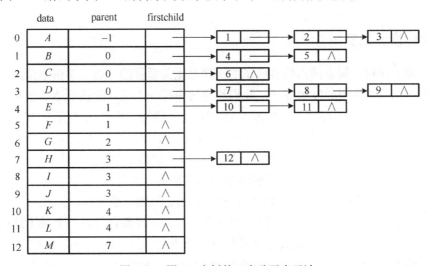

图 6-39　图 6-1 中树的双亲孩子表示法

4. 孩子兄弟表示法

孩子兄弟表示法是一种非常常用的树的存储方法。它是这样的：在树中，每个结点除其信息域外，再增加两个分别指向该结点的第一个孩子结点和下一个兄弟结点的指针。在这种存储方法下，树中结点的存储表示可描述为：

```
template <class T>
    struct TreeNode {
```

```
    T data;                       //数据域
    TreeNode<T>  *firstchild;     //第一个孩子结点
    TreeNode<T>  *nextsibling;    //下一个兄弟结点
};
```

图 6-40 给出了图 6-1 中的树采用孩子兄弟表示法时的存储示意图。

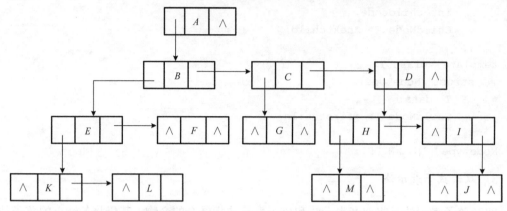

图 6-40　图 6-1 中树的孩子兄弟表示法

6.8　树、森林与二叉树的转换

6.8.1　树转换为二叉树

对于一棵无序树，树中结点的各孩子的次序是无关紧要的，而二叉树中结点的左、右孩子结点是有区别的。为避免发生混淆，我们约定树中每一个结点的孩子结点按从左到右的顺序编号。如图 6-41 所示的一棵树，根结点 A 有 B、C、D 三个孩子结点，可以认为结点 B 为 A 的第一个孩子结点，结点 C 为 A 的第二个孩子结点，结点 D 为 A 的第三个孩子结点。

将一棵树转换为二叉树的方法是：

（1）树中所有相邻兄弟之间加一条连线。

（2）对树中的每个结点，只保留它与第一个孩子结点之间的连线，删去它与其他孩子结点之间的连线。

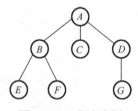

图 6-41　一棵有序树

（3）以树的根结点为轴心，将整棵树顺时针转动一定的角度，使之结构层次分明。

可以证明，树做这样的转换所构成的二叉树是唯一的。图 6-42（a）、（b）、（c）给出了图 6-41 中的树转换为二叉树的转换过程示意图。

由上面的转换可以看出，在二叉树中，左子树上的各结点在原来的树中呈父子关系，而右子树上的各结点在原来的树中呈兄弟关系。由于树的根结点没有兄弟，所以变换后的二叉树的根结点的右孩子必为空。

事实上，一棵树采用孩子兄弟表示法所建立的存储结构与它所对应的二叉树的二叉链表存储结构是完全相同的。

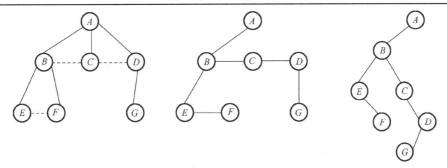

(a) 相邻兄弟加连线   (b) 删去双亲结点与其他孩子结点的连线   (c) 转换后的二叉树

图 6-42 图 6-41 中的树转换为二叉树的过程示意

6.8.2 森林转换为二叉树

由森林的概念可知，森林是若干棵树的集合，只要将森林中各棵树的根视为兄弟，每棵树又可以用二叉树表示，这样，森林也同样可以用二叉树表示。

森林转换为二叉树的方法如下：

(1)将森林中的每棵树转换成相应的二叉树。

(2)第一棵二叉树不动，从第二棵二叉树开始，依次把后一棵二叉树的根结点作为前一棵二叉树根结点的右孩子，当所有二叉树连起来后，此时所得到的二叉树就是由森林转换得到的二叉树。

这一方法可形式化描述为：

如果 $F=\{T_1,T_2,\cdots,T_m\}$ 是森林，则可按如下规则将其转换成一棵二叉树 $B=(\text{Root},\text{LB},\text{RB})$。

(1)若 F 为空，即 $m=0$，则 B 为空树。

(2)若 F 非空，即 $m\neq0$，则 B 的根 Root 即森林中第一棵树的根 $\text{Root}(T_1)$；B 的左子树 LB 是从 T_1 中根结点的子树森林 $F_1=\{T_{11},T_{12},\cdots,T_{1m1}\}$ 转换而成的二叉树；其右子树 RB 是从森林 $F'=\{T_2,T_3,\cdots,T_m\}$ 转换而成的二叉树。

图 6-43 给出了森林及其转换为二叉树的过程示意。

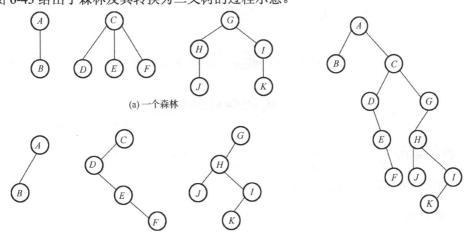

(a) 一个森林

(b) 森林中每棵树转换为二叉树   (c) 所有二叉树连接后的二叉树

图 6-43 森林及其转换为二叉树的过程示意

6.8.3 二叉树转换为树和森林

树和森林都可以转换为二叉树，二者不同的是树转换成的二叉树，其根结点无右分支，而森林转换后的二叉树，其根结点有右分支。显然这一转换过程是可逆的，即可以依据二叉树的根结点有无右分支，将一棵二叉树还原为树或森林，具体方法如下。

(1)若某结点是其双亲的左孩子，则把该结点的右孩子、右孩子的右孩子、……，都与该结点的双亲结点用线连起来。

(2)删去原二叉树中所有的双亲结点与右孩子结点的连线。

(3)整理由(1)、(2)两步所得到的树或森林，使之结构层次分明。

这一方法可形式化描述为：

如果 $B=(Root,LB,RB)$ 是一棵二叉树，则可按如下规则将其转换成森林 $F=\{T_1,T_2,\cdots,T_m\}$。

(1)若 B 为空，则 F 为空。

(2)若 B 非空，则森林中第一棵树 T_1 的根 $Root(T_1)$ 即 B 的根 $Root$；T_1 中根结点的子树森林 F_1 是由 B 的左子树 LB 转换而成的森林；F 中除 T_1 之外，其余树组成的森林 $F'=\{T_2,T_3,\cdots,T_m\}$ 是由 B 的右子树 RB 转换而成的森林。

图 6-44 给出了一棵二叉树还原为森林的过程示意。

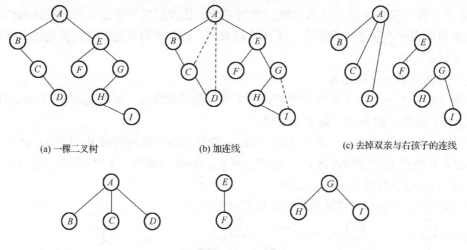

(a) 一棵二叉树　　　　(b) 加连线　　　　(c) 去掉双亲与右孩子的连线

(d) 还原后的树

图 6-44　二叉树还原为森林的过程示意

6.9　树和森林的遍历

6.9.1 树的遍历

树的遍历通常有以下两种方法。

1. 先根遍历

先根遍历的定义为：

(1)访问根结点；

(2)按照从左到右的顺序先根遍历根结点的每一棵子树。

按照树的先根遍历的定义，对的图 6-41 所示的树进行先根遍历，得到的结果序列为

$$A\ B\ E\ F\ C\ D\ G$$

2. 后根遍历

后根遍历的定义为：

(1)按照从左到右的顺序后根遍历根结点的每一棵子树。

(2)访问根结点。

按照树的后根遍历的定义，对如图 6-41 所示的树进行后根遍历，得到的结果序列为

$$E\ F\ B\ C\ G\ D\ A$$

根据树与二叉树的转换关系以及树和二叉树的遍历定义可以推知，树的先根遍历与其转换的相应二叉树的先序遍历的结果序列相同；树的后根遍历与其转换的相应二叉树的中序遍历的结果序列相同。因此树的遍历算法是可以采用相应二叉树的遍历算法来实现的。

6.9.2　森林的遍历

森林的遍历有先序遍历和中序遍历两种方式。

1. 先序遍历

先序遍历的定义为：

(1)访问森林中第一棵树的根结点。

(2)先序遍历第一棵树的根结点的子树。

(3)先序遍历去掉第一棵树后的子森林。

对如图 6-42(a)所示的森林进行先序遍历，得到的结果序列为

$$A\ B\ C\ D\ E\ F\ G\ H\ J\ I\ K$$

2. 中序遍历

中序遍历的定义为：

(1)中序遍历第一棵树的根结点的子树。

(2)访问森林中第一棵树的根结点。

(3)中序遍历去掉第一棵树后的子森林。

对如图 6-43(a)所示的森林进行中序遍历，得到的结果序列为

$$B\ A\ D\ E\ F\ C\ J\ H\ K\ I\ G$$

根据森林与二叉树的转换关系以及森林和二叉树的遍历定义可以推知，森林的先序遍历和中序遍历与其所转换的二叉树的先序遍历和中序遍历的结果序列相同。

6.10　树 的 应 用

树的应用十分广泛，在前面介绍的排序和查找常用的两项技术中，就有以树结构组织数据进行操作的。本节仅讨论树在判定树和集合表示与运算方面的应用。

6.10.1　判定树

在前面介绍了最优二叉树。在程序设计中，最优二叉树和树经常用于判定问题的描述和解决，著名的八枚硬币问题就是其中一例。

设有八枚硬币，分别表示为 a、b、c、d、e、f、g、h，其中有一枚且仅有一枚硬币是伪造的，假硬币的重量与真硬币的重量不同，可能轻，也可能重。现要求以天平为工具，用最少的比较次数挑选出假硬币，并同时确定这枚硬币的重量比其他真硬币轻还是重。

问题的解决过程如图 6-45 所示，解决过程中的一系列判断构成了树结构，称有这样结构的树为判定树。

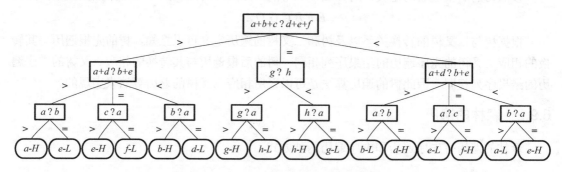

图 6-45　八枚硬币中有一枚是假币的判定树

图 6-45 中大写字母 H 和 L 分别表示假硬币较其他真硬币重或轻。下面对这一判定方法加以说明，并分析它的正确性。

从八枚硬币中任取六枚，假设是 a、b、c、d、e 和 f，在天平两端各放三枚进行比较。假设 a、b、c 三枚放在天平的一端，d、e、f 三枚放在天平的另一端，可能出现三种比较结果：

（1）$a+b+c>d+e+f$。

（2）$a+b+c=d+e+f$。

（3）$a+b+c<d+e+f$。

这里，只以第一种情况为例进行讨论。

若 $a+b+c>d+e+f$，根据题目的假设，可以肯定这六枚硬币中必有一枚为假币，同时也说明 g、h 为真币。这时可将天平两端各去掉一枚硬币，假设它们是 c 和 f，同时将天平两端的硬币各换一枚，假设硬币 b、d 做了互换，然后进行第二次比较，那么比较的结果同样可能有三种：

（1）$a+d>b+e$。这种情况表明天平两端去掉硬币 c、f 且硬币 b、d 互换后，天平两端的轻重关系保持不变，从而说明了假币必然是 a、e 中的一个，这时我们只要用一枚真币（b、c、d、f、g、h）和 a 或 e 进行比较，就能找出假币。例如，用 b 和 a 进行比较，若 $a>b$，则 a 是较重的假币；若 $a=b$，则 e 为较轻的假币；不可能出现 $a<b$ 的情况。

（2）$a+d=b+e$。此时天平两端由不平衡变为平衡，表明假币一定在去掉的两枚硬币 c、f 中，a、b、d、e、g、h 必定为真币，同样的方法，用一枚真币和 c 或 f 进行比较，例如，用 a 和 c 进行比较，若 $c>a$，则 c 是较重的假币；若 $a=c$，则 f 为较轻的假币；不可能出现 $c<a$ 的情况。

（3）$a+d<b+e$。此时表明由于天平两端两枚硬币 b、d 的互换，引起了两端轻重关系的改

变，那么可以肯定 b 或 d 中有一枚是假币，只要再用一枚真币和 b 或 d 进行比较，就能找出假币。例如，用 a 和 b 进行比较，若 $a<b$，则 b 是较重的假币；若 $a=b$，则 d 为较轻的假币；不可能出现 $a>b$ 的情况。

对于结果（2）和（3）的各种情况，可按照上述方法做类似的分析。如图 6-45 所示的判定树包括了所有可能发生的情况，八枚硬币中，每一枚硬币都可能是或轻或重的假币，因此共有 16 种结果，反映在树中，则有 16 个叶子结点，从图 6-45 中可看出，每种结果都需要经过三次比较才能得到。

6.10.2　集合的表示

集合是一种常用的数据表示方法，对集合可以做多种操作，假设集合 S 由若干个元素组成，可以按照某一规则把集合 S 划分成若干个互不相交的子集合，例如，集合 $S=\{1,2,3,4,5,6,7,8,9,10\}$，可以分成如下三个互不相交的子集合：

$$S_1=\{1,2,4,7\}$$
$$S_2=\{3,5,8\}$$
$$S_3=\{6,9,10\}$$

集合 $\{S_1,S_2,S_3\}$ 就称为集合 S 的一个划分。

此外，在集合上还有最常用的一些运算，如集合的交、并、补、差以及判定一个元素是否是集合中的元素等。

为了有效地对集合执行各种操作，可以用树结构表示集合。用树中的一个结点表示集合中的一个元素，树结构采用双亲表示法存储。例如，集合 S_1、S_2 和 S_3 可分别表示为图 6-46(a)、(b)、(c) 所示的结构。将它们作为集合 S 的一个划分，存储在一维数组中，如图 6-47 所示。

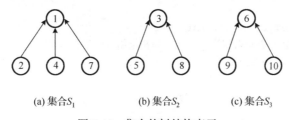

(a) 集合 S_1　　　　　　(b) 集合 S_2　　　　　　(c) 集合 S_3

图 6-46　集合的树结构表示

数组元素结构的存储表示描述如下：

```
template <class T>
struct NodeType {
    T     data;
    int   parent;
};
```

其中，data 域存储结点本身的数据；parent 域为指向双亲结点的指针，即存储双亲结点在数组中的序号。

当集合采用这种存储表示方法时，很容易实现集合的一些基本操作。

算法 6.29　求集合的并集。

求两个集合的并集，可以简单地把一个集合的树根结点作为另一个集合的树根结点的孩

子结点。例如，求上述集合 S_1 和 S_2 的并集，可以表示为

$$S_1 \cup S_2 = \{1,2,3,4,5,7,8\}$$

该结果用树结构表示，如图 6-48 所示。

序号	data	parent
0	1	−1
1	2	0
2	3	−1
3	4	0
4	5	2
5	6	−1
6	7	0
7	8	2
8	9	5
9	10	5

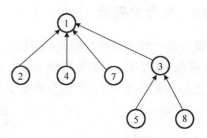

图 6-47　集合 S_1、S_2、S_3 的树结构存储示意　　　图 6-48　集合 S_1 并集合 S_2 后的树结构示意

操作步骤：

步骤 1：判断数组 a 的第 i 个元素和第 j 个元素是否为根结点。

(1)若是，则执行步骤 2。

(2)若不是，则提示输入参数出错。

步骤 2：将 i 置为两个集合共同的根结点。

类 C++语言描述：

```
void  Union(NodeType a[ ], int i, int j)
//合并以数组 a 的第 i 个元素和第 j 个元素为树根结点的集合
{ if(a[i].parent!=-1||a[j].parent!=-1)
    {
        cout<<"调用参数不正确\n";
        return;
    }
    a[j].parent=i;              //将 i 置为两个集合共同的根结点
}
```

算法 6.30　查找某个值所在的集合。

如果要查找某个元素所在的集合，可以沿着该元素的双亲域向上查，当查到某个元素的双亲域值为−1 时，该元素就是所查元素所属集合的树的根结点。

操作步骤：

步骤 1：顺序访问数组 a 中的数据元素，判断元素的值是否相等。

(1)若所有元素的值都不等于 x，则返回−1，说明值为 x 的元素不属于该组集合。

(2)若某个元素的值不等于 x，则执行步骤 2。

步骤 2：沿着该元素的双亲域向上查，直到双亲域的值为−1，即为该元素所在子树的根。

步骤 3：返回该集合的树根结点在数组 a 中的序号。

类 C++语言描述：

```
int Find(NodeType a[ ], elemtype x)
{//在数组 a 中查找值为 x 的元素所属的集合，若找到，则返回树根结点在数组 a 中的序号；
 //否则，返回-1。常量 MAXNODE 为数组 a 的最大容量
    int i,j;
    i=0;
    while(i<MAXNODE && a[i].data!=x)  i++;
    if(i>=MAXNODE)  return -1;          //值为 x 的元素不属于该组集合，返回-1
        j=i;
        while(a[j].parent!=-1)  j=a[j].parent;
    return j;                           //j 为该集合的树根结点在数组 a 中的序号
}
```

6.10.3　求关系等价类问题

问题：已知集合 S 及其上的等价关系 R，求 R 在 S 上的一个划分 $\{S_1,S_2,\cdots,S_n\}$，其中，$S_1,S_2,\cdots,S_n$ 分别为 R 的等价类，它们满足：

$$\cup S_i=S \quad 且 \quad S_i\cap S_j=\phi, \quad i\neq j \tag{6-18}$$

设集合 S 中有 n 个元素，关系 R 中有 m 个有序偶对。

算法思想：

(1)令 S 中每个元素各自形成一个单元素的子集，记为 $S_1,S_2,\cdots,S_n$。

(2)重复读入 m 个有序偶对，对每个读入的有序偶对$<x,y>$，判定 x 和 y 所属子集。不失一般性，假设 $x\in S_i$，$y\in S_j$，若 $S_i\neq S_j$，则将 S_i 并入 S_j，并置 S_i 为空(或将 S_j 并入 S_i，并置 S_j 为空)；若 $S_i=S_j$，则不做任何操作，接着读入下一有序偶对。直到 m 个有序偶对都被处理过后，$S_1,S_2,\cdots,S_n$ 中所有非空子集即 S 的 R 等价类，这些等价类的集合即集合 S 的一个划分。

数据的存储结构：对集合的存储采用 6.10.2 节中介绍的集合的存储方式，即采用双亲表示法来存储本算法中的集合。

算法实现：

通过前面的分析可知，本算法在实现过程中所用到的基本操作有以下两个。

(1)Find(S,x)查找函数。确定集合 S 中的单元素 x 所属子集 S_i，函数的返回值为该子集树的根结点在双亲表示法数组中的序号。

(2)Union(S,i,j)集合合并函数。将集合 S 的两个互不相交的子集合并，i 和 j 分别为两个子集用树表示的根结点在双亲表示法数组中的序号。合并时，将一个子集的根结点的双亲域的值由没有双亲改为指向另一个子集的根结点。

操作步骤：

步骤 1：$k=1$。

步骤 2：若 $k>m$，则转步骤 7；否则转步骤 3。

步骤 3：读入一有序偶对$<x,y>$。

步骤 4：$i=$Find(S,x)；$j=$Find(S,y)。

步骤 5：若 $i\neq j$，则 Union(S,i,j)。

步骤 6：$k++$。

步骤 7：输出结果，结束。

算法分析：

查找算法和合并算法的时间复杂度分别为 $O(d)$ 和 $O(1)$，其中 d 是树的深度。这种表示集合的树的深度和树的形成过程有关。在极端的情况下，每读入一个有序偶对，就需要合并一次，即最多进行 $(m-n)/2$ 次合并，若假设每次合并都是将含成员多的根结点指向含成员少的根结点，则最后得到的集合树的深度为 n，而树的深度与查找有关。这样全部操作的时间复杂性可估计为 $O(n^2)$。

若将合并算法进行改进，即合并时将含成员少的根结点指向含成员多的根结点，这样会减少树的深度，从而减少了查找时的比较次数，促使整个算法效率的提高。

6.11　B-树和 B+树

1. B-树及其查找

B-树是一种平衡的多路查找树（B-Tree），也称为 B 树，它在文件系统中很有用。

B-树定义：一棵 m 阶的 B-树，或者为空树，或为满足下列特性的 m 叉树。

(1) 树中每个结点至多有 m 棵子树。

(2) 若根结点不是叶子结点，则其至少有两棵子树。

(3) 除根结点之外的所有非终端结点至少有 $\lceil m/2 \rceil$ 棵子树。

(4) 所有的非终端结点中包含以下信息数据：$(n, A_0, K_1, A_1, K_2, \cdots, K_n, A_n)$。

其中，$K_i(i=1,2,\cdots,n)$ 为关键字，且 $K_i<K_i+1$；A_i 为指向子树根结点的指针 $(i=0,1,\cdots,n)$，且指针 A_i-1 所指子树中所有结点的关键字均小于 K_i；A_n 所指子树中所有结点的关键字均大于 K_n，$\lceil m/2 \rceil -1 \leqslant n \leqslant m-1$，$n$ 为关键字的个数。

(5) 所有的叶子结点都出现在同一层次上，并且不带信息（可以看作外部结点或查找失败的结点，实际上这些结点不存在，指向这些结点的指针为空）。

例 6.7　如图 6-49 所示的一棵 5 阶的 B-树，其深度为 4。

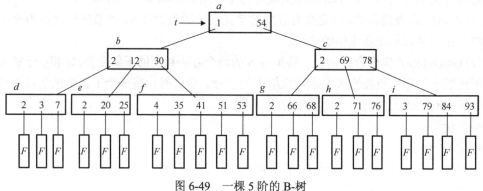

图 6-49　一棵 5 阶的 B-树

B-树的查找类似二叉排序树的查找，所不同的是 B-树上每个结点是多关键字的有序表，在到达某个结点时，先在有序表中查找关键字，若找到，则查找成功；否则，到按照对应的指针信息指向的子树中去查找关键字，当到达叶子结点时，则说明树中没有对应的关键字，查找失败，在 B-树上的查找过程是一个顺指针查找结点和在结点中查找关键字交叉进行的过程。例如，在图 6-49 中查找关键字为 93 的元素。首先，从 t 指向的根结点 a 开始，结点 a 中只有一个关键字，且 93 大于它，因此，按 a 结点指针域 A_1 到结点 c 去查找，结点 c 有两个关键字，而 93 也都大于它们，应按 c 结点指针域 A_2 到结点 i 去查找，在结点 i 中顺序比较关键字，找到关键字 K_3。

算法 6.31 B-树的查找。

```
#define m 5                     //B-树的阶，暂设为 5
typedef struct NODE{ int keynum; //结点中关键字的个数，即结点的大小
    struct  NODE *parent;       //指向双亲结点
    KeyType key[m+1];           //关键字向量，0 号单元未用
    struct  NODE *ptr[m+1];     //子树指针向量
    record  *recptr[m+1];       //记录指针向量
}NodeType;                      //B-树结点类型
typedef struct{
    NodeType    *pt;            //指向找到的结点
    int         i;              //在结点中的关键字序号，结点序号区间[1..m]
    int         tag;            //1:查找成功，0:查找失败
    }Result;                    //B-树的查找结果类型
Result  SearchBTree(NodeType *t,KeyType k)
{//在m阶B树t上查找关键字值k，返回(pt,i,tag)。若查找成功，则特征值 tag=1，指针 pt 所指
 //结点中第 i 个关键字值等于k；否则，特征值 tag=0，等于 k 的关键字记录应插入在指针 pt 所
 //指结点中第 i 个和第 i+1 个关键字之间
    p=t;q=NULL;found=FALSE;i=0;  //初始化，p 指向待查结点，q 指向 p 的双亲
    while(p&&!found)
        {   n=p->keynum;i=Search(p,k);          //在 p->key[1...keynum]中查找
            if(i>0&&p->key[i]==k)found=TRUE;     //找到给定值
            else {q=p;p=p->ptr[i];}
        }
    if(found)return(p,i,1);       //查找成功
else return(q,i,0);               //查找不成功，返回 k 的插入位置信息
}
```

算法分析：

B-树的查找过程是由两个基本操作交叉进行的过程：①在 B-树上找结点；②在结点中找关键字。

由于 B-树通常是存储在外存上的，过程①就是通过指针在磁盘相对定位，将结点信息读入内存，再对结点中的关键字有序表进行顺序查找或折半查找。因为在磁盘上读取结点信息比在内存中进行关键字查找耗时多，所以在磁盘上读取结点信息的次数，即 B-树的层次树是决定 B-树查找效率的首要因素。

那么，对含有 n 个关键字的 m 阶 B-树，最坏情况下达到多深呢？可按二叉平衡树进行类似分析。首先，讨论 m 阶 B-树各层上的最少结点数。

由 B-树定义可知：第一层至少有 1 个结点；第二层至少有 2 个结点；由于除根结点外的每个非终端结点至少有 $\lceil m/2 \rceil$ 棵子树，所以第三层至少有 $2\lceil m/2 \rceil$ 个结点；以此类推，第 $k+1$

层至少有 $2(\lceil m/2 \rceil)^{k-1}$ 个结点，而 $k+1$ 层的结点为叶子结点。若 m 阶 B-树有 n 个关键字，则叶子结点即查找不成功的结点为 $n+1$，由此有

$$n+1 \geqslant 2 \times (m/2) \tag{6-19}$$

即

$$k \leqslant \log_{\lceil m/2 \rceil} \left(\frac{n+1}{2} \right) + 1 \tag{6-20}$$

这就是说，在含有 n 个关键字的 B-树上进行查找时，从根结点到关键字所在结点的路径上涉及的结点数不超过：

$$\log_{\lceil m/2 \rceil} \left(\frac{n+1}{2} \right) + 1$$

2. B-树的插入和删除

1）B-树的插入

在 B-树上插入关键字与在二叉排序树上插入结点不同，关键字的插入不是在叶子结点上进行的，而是在最底层的某个非终端结点中添加一个关键字，若该结点上关键字个数不超过 $m-1$ 个，则关键字可直接插入该结点上；否则，该结点上关键字个数至少达到 m 个，因而使该结点的子树超过了 m 棵，这与 B-树定义不符，所以要进行调整，即结点的分裂。方法为：关键字加入结点后，将结点中的关键字分成三部分，使得前后两部分关键字个数均大于等于 $\lceil m/2 \rceil -1$，而中间部分只有一个结点。前后两部分成为两个结点，中间的一个结点将其插入父结点中。若将其插入父结点而使父结点中关键字个数超过 $m-1$，则父结点继续分裂，直到插入某个父结点，其关键字个数小于 m。可见，B-树是从底向上生长的。

例 6.8　就下列关键字序，建立一个 5 阶 B-树。

20,54,69,84,71,30,78,25,93,41,7,76,51,66,68,53,3,79,35,12,15,65

建立过程如图 6-50 所示。

（1）向空树中插入 20，得图 6-50（a）。

（2）插入 54,69,84，得图 6-50（b）。

（3）插入 71，索引项达到 5，要分裂成三部分：{20,54}，{69}和{71,84}，并将 69 上升到该结点的父结点中，如图 6-50（c）所示。

（4）插入 30,78,25,93，得图 6-50（d）。

（5）插入 41，分裂得图 6-50（e）。

（6）7 直接插入。

（7）76 插入，分裂得图 6-50（f）。

（8）51,66 直接插入，当插入 68，需分裂，得图 6-50（g）。

（9）53,3,79,35 直接插入，12 插入时，需分裂，但中间关键字 12 插入父结点时，又需要分裂，则 54 上升为新根。15,65 直接插入得图 6-50（h）。

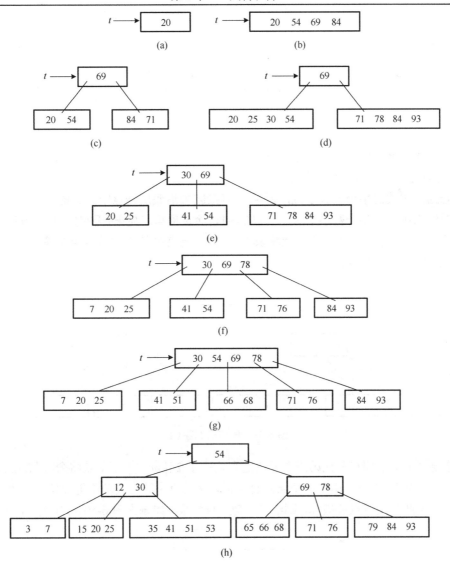

图 6-50 建立 B-树的过程

算法 6.32 B-树的插入。

```
int InserBTree(NodeType **t,KeyType k,NodeType *q,int i){
//在m阶B-树*t上结点*q的key[i]、key[i+1]之间插入关键字k,若引起结点过大,则沿双亲链
//进行必要的结点分裂调整,使*t仍为m阶B树
    x=k;ap=NULL;finished=FALSE;
    while(q&&!finished)
    {   Insert(q,i,x,ap);              //将x和ap分别插入q->key[i+1]和q->ptr[i+1]
        if(q->keynum<m)  finished=TRUE; //插入完成
        else
        {   //分裂结点*p
            s=m/2;split(q,ap);x=q->key[s];
            //将 q->key[s+1…m],q->ptr[s…m]和 q->recptr[s+1…m]移入新结点*ap
            q=q->parent;
```

```
                if(q)    i=Search(q,k);   //在双亲结点*q中查找 kx 的插入位置
            }//else
        }//while
        if(!finished)                      //*t 是空树或根结点已分裂为*q*和 ap
            NewRoot(t,q,x,ap);//生成含信息(t,x,ap)的新的根结点*t,原*t 和 ap 为子树指针
}
```

2)B-树的删除

关于 B-树的删除，我们分两种情况处理。

(1)删除最底层结点中的关键字。

①若结点中关键字个数大于 $\lceil m/2 \rceil - 1$，直接删去最底层结点中的关键字。

②若结点中关键字个数小于等于 $\lceil m/2 \rceil - 1$，除余项与左兄弟(无左兄弟，则找左兄弟)项数之和大于等于 $2(\lceil m/2 \rceil - 1)$，就将其与它们父结点中的有关项一起重新分配，如删去图 6-50(h)中的 76，得图 6-51。

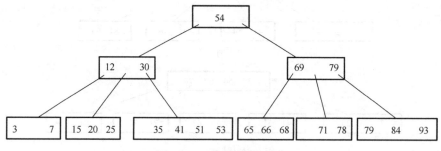

图 6-51　B-树的删除（Ⅰ）

③若删除后，余项与左兄弟或右兄弟之和均小于 $2(\lceil m/2 \rceil - 1)$，就将余项与左兄弟(无左兄弟时，与右兄弟)合并。由于两个结点合并后，父结点中的相关项不能保持，把相关项也并入合并项。若此时父结点被破坏，则继续调整，直到根，如删去图 6-50(h)中的 7，得图 6-52。

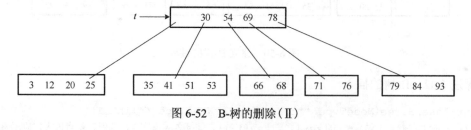

图 6-52　B-树的删除（Ⅱ）

(2)删除非底层结点中的关键字。

若所删除关键字为非底层结点中的 K_i，则可以先让指针 A_i 所指子树中的最小关键字 X 替代 K_i，再删除关键字 X，直到这个 X 在最底层结点上，即转为(1)的情形。

删除程序，请读者自己完成。

3. B+树

B+树是应文件系统所需而产生的一种 B-树的变形树。一棵 m 阶的 B+树和 m 阶的 B-树的差异在于：

(1)有 n 棵子树的结点中含有 n 个关键字。

(2)所有的叶子结点中包含了全部关键字的信息及指向含有这些关键字记录的指针，且叶子结点本身依关键字的大小以自小而大的顺序链接。

(3)所有的非终端结点可以看成索引部分，结点中仅含有其子树根结点中的最大(或最小)关键字。

例如，图 6-53 为一棵 5 阶的 B+树，通常在 B+树上有两个头指针，一个指向根结点，另一个指向关键字最小的叶子结点。因此，可以对 B+树进行两种查找运算：一种是从最小关键字起顺序查找；另一种是根结点开始，进行随机查找。在 B+树上进行随机查找、插入和删除的过程基本上与 B-树类似。只是在查找时，若非终端结点上的关键字等于给定值，则查找并不终止，而是继续向下直到叶子结点。因此，在 B+树，不管查找成功与否，每次查找都是走了一条从根到叶子结点的路径。B+树查找的分析类似于 B-树。B+树的插入仅在叶子结点上进行，当结点中的关键字个数大于 m 时，结点要分裂成两个结点，它们所含关键字的个数均为 $\left\lfloor \dfrac{m+1}{2} \right\rfloor$，并且，它们的双亲结点中应同时包含这两个结点中的最大关键字。B+树的删除也仅在叶子结点进行，当叶子结点中的最大关键字被删除时，其在非终端结点中的值可以作为一个分界关键字存在。当因删除关键字而使结点中的关键字的个数小于 m 时，其与兄弟结点的合并过程和 B-树类似。

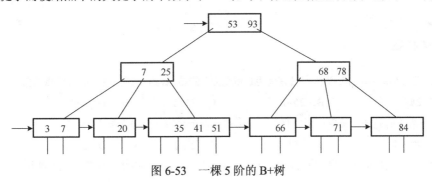

图 6-53 一棵 5 阶的 B+树

6.12 本 章 小 结

树和二叉树是最重要的数据逻辑结构之一，其主要内容如下：

(1)二叉树是一种最常用的树结构，二叉树具有一些特殊的性质，而满二叉树和完全二叉树又是两种特殊形态的二叉树。

(2)二叉树有两种存储表示：顺序存储和链式存储。顺序存储就是把二叉树的所有结点按照层次顺序存储到连续的存储单元中，这种存储更适用于完全二叉树。链式存储又称二叉链表存储，每个结点包括两个指针，分别指向其左孩子和右孩子。链式存储结构是二叉树常用的存储结构。

(3)二叉树的遍历算法是其他运算的基础，通过遍历得到了二叉树中结点访问的线性序列，实现了非线性结构的线性化。根据访问结点的次序不同可得三种遍历：先序遍历、中序遍历、后序遍历，时间复杂度均为 $O(n)$。

(4)在线索二叉树中,利用二叉链表中的 $n+1$ 个空指针域来存放指向某种遍历次序下的前驱结点和后继结点的指针,这些附加的指针就称为线索。引入二叉线索树的目的是加快查找结点前驱或后继的速度。

(5)哈夫曼树在通信编码技术上有广泛的应用,只要构造了哈夫曼树,按分支情况在左分支上写代码 0,右分支上写代码 1,然后从上到下叶子结点相应路径上的代码序列就是该叶子结点的最优前缀码,即哈夫曼编码。

(6)二叉树在查找的操作过程中具有重要作用,折半查找判定树和二叉排序树的是二叉树应用于动态查找和静态查找的重要内容。二叉排序树在形态均匀时性能最好,而形态为单支树时其查找性能则退化为与顺序查找相同,因此,二叉排序树最好是一棵平衡二叉树。平衡二叉树的平衡调整方法就是确保二叉排序树在任何情况下的深度均为 $O(\log_2 n)$,平衡调整方法分为 4 种:LL 型、RR 型、LR 型和 RL 型。

(7)树的存储方法有三种:双亲表示法、孩子表示法和孩子兄弟表示法。孩子兄弟表示法是常用的表示法,任意一棵树都能通过孩子兄弟表示法转换为二叉树进行存储。森林与二叉树之间也存在相应的转换方法,通过这些转换,可以利用二叉树的操作解决一般树的有关问题。

习 题

一、选择题

1. 设深度为 $h(h>0)$ 的二叉树中只有度为 0 和度为 2 的结点,则此二叉树中所含结点总数全少为(   )。

  A. $2h$ B. $2h-1$ C. $2h+1$ D. $h+1$

2. 深度为 k 的完全二叉树中至多有(   )个结点,至少有(   )个结点。

  A. $2^{k-1}-1$ B. 2^{k-1} C. 2^k-1 D. 2^k

3. 设一棵二叉树的先序序列为 $DABCEFG$,中序序列为 $BACDFGE$,则其后序序列为(   ),层次遍历序列为(   )。

  A. $BCAGFED$ B. $DAEBCFG$ C. $ABCDEFG$ D. $BCAEFGD$

4. 将一棵树转换成二叉树,树的前根序列与其对应的二叉树的(   )相等。树的后根序列与其对应的二叉树的(   )相等。

  A. 先序序列   B. 中序序列   C. 后序序列   D. 层次序列

5. 利用二叉链表存储树,则根结点的右指针是(   )。

  A. 指向最左孩子 B. 指向最右孩子 C. 空   D. 非空

6. 深度为 h 的满 m 叉树的第 k 层有(   )个结点($1 \leq k \leq h$)。

  A. $m1$ B. $m-1$ C. m^{-1} D. $m'-1$

7. 具有 10 个叶子结点的二叉树中有(   )个度为 2 的结点。

  A. 8   B. 9   C. 10   D. 11

二、填空题

1. 二叉树由＿＿＿＿、＿＿＿＿、＿＿＿＿三个基本单元组成。

2. 具有 256 个结点的完全二叉树的深度为＿＿＿＿。

3．在完全二叉树中，编号为 i 和 j 的两个结点处于同一层的条件是_____。

4．假设根结点的层数为 1，具有 n 个结点的二叉树的最大高度是_____。

5．在一棵二叉树中，度为 0 的结点的个数为 N_0，度为 2 的结点的个数为 N_2，则有 $N=$_____。

6．已知二叉树先序序列为 $ABDEGCF$，中序序列为 $DBGEACF$，则后序序列一定是_____。

7．利用树的孩子兄弟表示法存储，可以将一棵树转换为_____。

8．一棵左子树为空的二叉树在先序线索化后，其中的空链域的个数为_____。

三、应用题

1．从概念上讲，树、森林和二叉树是 3 种不同的数据结构，将树和森林转化为二叉树的基本目的是什么？并指出树和二叉树的主要区别。

2．已知完全二叉树的第 7 层有 10 个叶子结点，则整个二叉树的结点数最多是多少？

3．设一棵二叉树的先序序列为 $ABDFCEGH$，中序序列为 $BFDAGEHC$。

(1)画出这棵二叉树。

(2)画出这棵二叉树的后序线索树。

(3)将这棵二叉树转换成对应的树(或森林)。

4．试找出满足下列条件的二叉树。

(1)先序序列与后序序列相同。

(2)中序序列与后序序列相同。

(3)先序序列与中序序列相同。

(4)中序序列与层次遍历序列相同。

5．假设用于通信的电文仅由 8 个字母组成，字母在电文中出现的频率分别为 0.07、0.19、0.02、0.06、0.32、0.03、0.21、0.10。

(1)试为这 8 个字母设计哈夫曼编码。

(2)试设计另一种由二进制表示的等长编码方案。

(3)对于上述实例，比较两种方案的优缺点。

6．已知字符 A、B、C、D、E、F、G 的权值分别为 3、12、7、4、2、8、11，试填写出其对应哈夫曼树存储结构的初态和终态。

7．假定对有序表(3,4,5,7,24,30,42,54,63,72,87,95)进行折半查找，试回答下列问题。

(1)画出描述折半查找过程的判定树。

(2)若查找元素 54，需依次与哪些元素比较？

(3)若查找元素 90，需依次与哪些元素比较？

(4)假定每个元素的查找概率相等，求查找成功时的平均查找长度。

8．在一棵空的二叉排序树中依次插入关键字序列 12,7,17,11,16,2,13,9,21,4，请画出所得到的二叉排序树。

9．已知长度为 12 的表：(Jan,Feb,Mar,Apr,May,June,July,Aug,Sep,Oct,Nov,Dec)。

(1)试按表中元素的顺序依次插入一棵初始为空的二叉排序树，画出插入完成之后的二叉排序树，并求其在等概率的情况下查找成功的平均查找长度。

(2)若对表中元素进行排序构成有序表，求在等概率的情况下对此有序表进行折半查找时查找成功的平均查找长度。

(3)按表中元素顺序构造一棵平衡二叉排序树，并求其在等概率的情况下查找成功的平均查找长度。

第7章 图

本章简介：图结构是一种比树结构更为复杂的非线性结构。在树结构中，结点间具有分支层次关系，每一层上的结点只能和上一层中的至多一个结点相关，但可能和下一层的多个结点相关。而在图结构中，任意两个结点之间都可能相关，即结点之间的邻接关系可以是任意的。图结构用于描述各种复杂的数据对象，在诸多领域有着非常广泛的应用。

学习目标：掌握图的基本概念；掌握图的邻接矩阵(Adjacency Matrix)和邻接表这两种存储结构的特点及适用范围；掌握图的两种搜索路径(深度优先搜索和广度优先搜索)的遍历算法；熟练掌握求最小生成树的 Prim(普里姆)算法和 Kruskal(克鲁斯卡尔)算法；熟练掌握求最短路径的 Dijkstra(迪杰斯特拉)算法，了解求任意两点之间的最短路径的 Floyd(弗洛伊德)算法；掌握求拓扑排序的算法及其应用，了解求关键路径的方法及其应用。

7.1　图的基本概念

7.1.1　图的定义

图(Graph)由非空的顶点(Vertex)集合和一个描述顶点之间关系的边(或者弧)的集合组成。通常将数据元素称为图的顶点，顶点之间的关系称为图的边。

设 G 表示一个图，V 是图 G 中顶点的集合，E 是图 G 中边的集合，集合 E 中 $P(v_i,v_j)$ 表示顶点 v_i 和顶点 v_j 之间有一条直接连线。在一个图中，如果任意两个顶点构成的偶对 $(v_i,v_j)\in E$ 是无序的，即顶点之间的连线是没有方向的，则称该图为无向图，无序偶对称为边。如果任意两个顶点构成的偶对 $(v_i,v_j)\in E$ 是有序的，即顶点之间的连线是有方向的，则称该图为有向图，有序偶对称为弧。在图中，边的无序偶对 (v_i,v_j) 中顶点 v_i 和顶点 v_j 互称为邻接点，边 (v_i,v_j) 依附于顶点 v_i 与顶点 v_j；弧用顶点的有序偶对 $<v_i,v_j>$ 来表示，有序偶对的第一个结点 v_i 称为始点(或弧尾)，在图中就是不带箭头的一端，有序偶对的第二个结点 v_j 称为终点(或弧头)，在图中就是带箭头的一端。

图由有限顶点集 V 和有限边集 E 组成，记为

$$G=(V,E)$$

式中，顶点总数 $|V|$ 记为 n，边的总数 $|E|$ 记为 e。

图 7-1 给出了一个图 G_1，该图有 5 个顶点、6 条边。它们的集合分别是

$$V_1=\{v_1,v_2,v_3,v_4,v_5\}$$
$$E_1=\{(v_1,v_2),(v_1,v_4),(v_2,v_3),(v_3,v_4),(v_3,v_5),(v_2,v_5)\}$$

图 7-2 是一个有向图，图 G_2 以及它的顶点集、边集合分别是

$$G_2=(V_2,E_2)$$

$$V_2=\{v_1,v_2,v_3,v_4\}$$

$$E_2=\{<v_1,v_2>,<v_1,v_3>,<v_3,v_4>,<v_4,v_1>\}$$

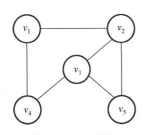

图 7-1　无向图 G_1

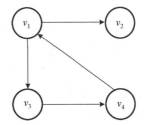

图 7-2　有向图 G_2

7.1.2　图的基本术语

下面介绍图结构中的一些基本术语。

(1)子图：假设有两个图 $G=(V,E)$ 和 $G'=(V',E')$，如果 $V'\subseteq V$ 且 $E'\subseteq E$，则称 G' 为 G 的子图。图 7-3 为图 7-1 和图 7-2 中 G_1 和 G_2 子图的一些例子。

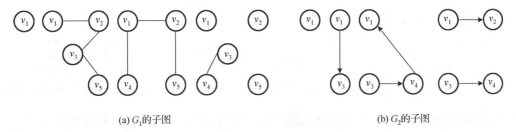

(a) G_1 的子图　　　　　　　　　　　　　　　　　(b) G_2 的子图

图 7-3　子图示例

(2)无向完全图和有向完全图：对于无向图，若其具有 $n(n-1)/2$ 条边，则称为无向完全图。对于有向图，若其具有 $n(n-1)$ 条弧，则称为有向完全图。

(3)权和网：在实际应用中，每条边可以标上具有某种含义的数值，该数值称为该边上的权。这些权可以表示从一个顶点到另一个顶点的距离或耗费，这种带权的图通常称为网。

(4)邻接点：对于无向图 G，如果图的边 $(v,v')\in E$，则称顶点 v 和 v' 互为邻接点，即 v 和 v' 相邻接。边 (v,v') 依附于顶点 v 和 v'，或者说边 (v,v') 与顶点 v 和 v' 相关联。

(5)度、入度和出度：顶点 v 的度是指和 v 相关联的边的数目，记为 $\mathrm{TD}(v)$。例如，图 7-1 中 G_1 的顶点 v_2 的度是 3。对于有向图，顶点 v 的度分为入度和出度。入度是以顶点 v 为头的弧的数目，记为 $\mathrm{ID}(v)$；出度是以顶点 v 为尾的弧的数目，记为 $\mathrm{OD}(v)$。顶点 v 的度为 $\mathrm{TD}(v)=\mathrm{ID}(v)+\mathrm{OD}(v)$。例如，如果图 7-2 中 G_2 的顶点 v_1 的入度 $\mathrm{ID}(v)=1$，出度 $\mathrm{OD}(v)=2$，则度 $\mathrm{TD}(v)=\mathrm{ID}(v)+\mathrm{OD}(v)=3$。一般地，顶点 v_i 的度记为 $\mathrm{TD}(v_i)$，那么一个有 n 个顶点，e 条边或弧的图，满足如下关系：

$$e=\frac{1}{2}\sum_{i=1}^{n}\mathrm{TD}(v_i)$$

(6)路径和路径长度：在无向图 G 中，从顶点 v 到顶点 v' 的路径是一个顶点序列 $(v=v_{i,0},v_{i,1},\cdots,v_{i,m}=v')$，其中 $(v_{i,j-1},v_{i,j})\in E$，$1\leqslant j\leqslant m$。如果 G 是有向图，则路径也是有向的，

顶点序列应满足$<v_{i,j-1},v_{i,j}>\in E$，$1\leqslant j\leqslant m$。路径长度是一条路径上经过的边或弧的数目。

(7)回路或环：第一个顶点和最后一个顶点相同的路径称为回路或环。

(8)简单路径、简单回路或简单环：序列中顶点不重复出现的路径称为简单路径。除了第一个顶点和最后一个顶点之外，其余顶点不重复出现的回路，称为简单回路或简单环。

(9)连通、连通图和连通分量：在无向图 G 中，如果从顶点 v 到顶点 v'有路径，则称 v 和 v'是连通的。如果对于图中任意两个顶点 $v_i,v_j\in V$，v_i 和 v_j 都是连通的，则称 G 是连通图。图 7-1 的 G_1 就是一个连通图，而图 7-4(a) 中的 G_3 则是非连通图，但 G_3 有 2 个连通分量，如图 7-4(b) 所示。连通分量指的是无向图中的极大连通子图。

(10)强连通图和强连通分量：在有向图 G 中，如果对于每一对 $v_i,v_j\in V(v_i\neq v_j)$，从 v_i 到 v_j 和从 v_j 到 v_i 都存在路径，则称 G 是强连通图。有向图中的极大强连通子图称为有向图的强连通分量。例如，图 7-2 中的 G_2 不是强连通图，但它有两个强连通分量，如图 7-5 所示。

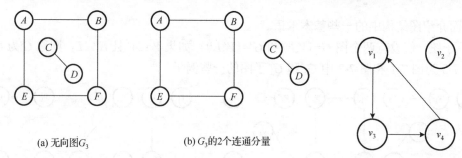

(a) 无向图G_3　　　　　　(b) G_3的2个连通分量

图 7-4　无向图 G_3 及其分量　　　　　　图 7-5　G_2 的 2 个强连通分量

(11)连通图的生成树：一个极小连通子图，它含有图中全部顶点，但只有足以构成一棵树的 $n-1$ 条边，这样的连通子图称为连通图的生成树。图 7-6 所示为 G_3 中最大连通分量的一棵生成树。

如果在一棵生成树上添加一条边，必定构成一个环，因为这条边使得它依附的两个顶点之间有了第二条路径。

一棵有 n 个顶点的生成树有且仅有 $n-1$ 条边。如果一个图有 n 个顶点和小于 $n-1$ 条边，则是非连通图。如果它多于 $n-1$ 条边，则一定有环。但是，有 $n-1$ 条边的图不一定是生成树。

(12)有向树和生成森林：有一个顶点的入度为 0，其余顶点的入度均为 1 的有向图称为有向树。一个有向图的生成森林由若干棵有向树组成，含有图中全部顶点，但只有足以构成若干棵不相交的有向树的弧。图 7-7 为其一例。

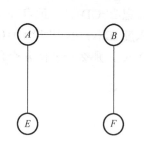

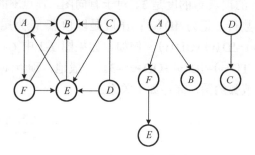

图 7-6　G_3 的最大连通分量的一棵生成树　　　　　图 7-7　一个有向图及其生成森林

7.2　图的问题案例

案例 7.1　在村村通公路工程中，假设需要修建公路使六个村庄(如图 7-8 所示，图中的边上权值为村与村之间的距离)相互连通，但又希望修建公路的费用最小，请给出一个解决方案。

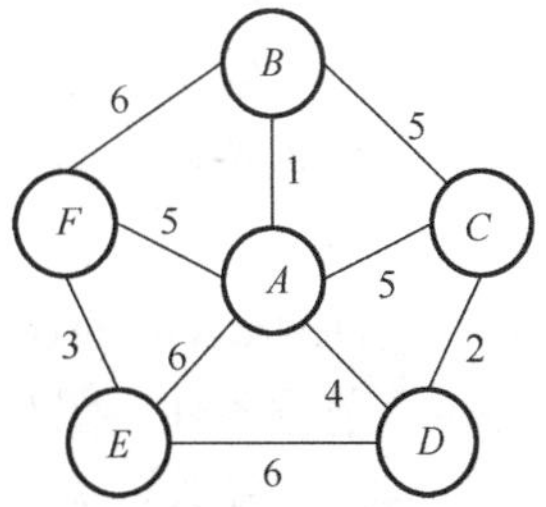

案例 7.2　寻找最短路径问题是有向图的典型问题。某一地区的一个公路网，给定了该网内的 n 个城市以及这些城市之间的相通公路的距离，能否找到城市 A 到城市 B 之间一条距离最近的路径呢？

案例 7.3　有 N 个比赛队 $(1 \leqslant N \leqslant 500)$，编号依次为 $1,2,\cdots,N$ 进行比赛，比赛结束后，裁判委员会要将所有参赛队伍从前往后依次排名，但现在裁判委员会不能直接获得每个队的比赛成绩，只知道每场比赛的结果。如果 P_1 赢 P_2，在比赛列表中表示为 $P_1 P_2$。例如，有 4 个队伍参加比赛，每两队的比赛成绩如下：$P_1 P_2, P_2 P_3, P_4 P_3, P_1 P_4$，则比赛成绩列表也可以通过有向无环图表示，如图 7-9 所示。如何确定最终排名？

案例 7.4　图 7-10 给出了一个由 11 个顶点和 15 条边分别表示某一工程的图。用顶点 $v_1,v_2,\cdots,v_{11}$ 分别表示一个子工程结束(事件)；边 $\langle v_1,v_2 \rangle,\langle v_1,v_3 \rangle,\cdots,\langle v_{10},v_{11} \rangle$ 分别表示一个子工程进度允许的时间(活动)，分别用 $a_1,a_2,\cdots,a_{15}$ 表示。其中，v_1 是整个工程的开始点，v_{11} 是整个工程的结束点。利用该图进行工程管理时，如何找出哪些活动是影响工程进度的关键，确定整个工程所需的最短工期？

图 7-8　案例 7.1 示意图

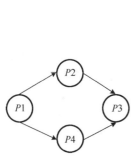

图 7-9　案例 7.3 示意图

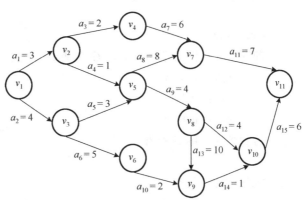

图 7-10　一个工程管理实例图

7.3　图的抽象数据类型

图的抽象数据类型定义为：

ADT Graph{
　　　Data：$V=\{v_i \mid v_i \in \text{dataobject}\}$
　　　Relation：$E=\{(v_i,v_j) \mid v_i,v_j \in V \wedge P(v_i,v_j)\}$

Operation：

CreateGraph(G,V)；

前置条件：图不存在

　　输入：V是图的顶点集

　　功能：按V的定义构造图G

　　输出：构造的图

后置条件：图存在

DestroyGraph(G)；

前置条件：图存在

　　输入：无

　　功能：销毁图

　　输出：无

后置条件：释放图所占用的存储空间

LocateVex($\&G,u$)；

前置条件：图G存在，u和G中顶点有相同特征

　　输入：定位顶点u

　　功能：若G中存在和u相同的顶点，则返回该顶点在图中位置

　　输出：顶点位置

后置条件：图G存在

GetVex($\&G,v$)；

前置条件：图G存在，v是G中某个顶点

　　输入：顶点v

　　功能：返回v的值

　　输出：v的值

后置条件：图G存在

FirstAdjVex($\&G,v$)；

前置条件：图G存在，v是G中某个顶点

　　输入：无

　　功能：返回v的第一个邻接点

　　输出：v的值

后置条件：图G存在

NextAdjVex($\&G,v,w$)；

前置条件：图G存在，v是G中某个顶点，w是v的邻接顶点

　　输入：无

　　　　功能：返回 v 的(相对于 w 的)下一个邻接点。若 w 是 v 的最后一个邻接点，
　　　　　　　则返回"空"
　　　　输出：v 邻接顶点的值
后置条件：图 G 存在

PutVex$(\&G,v,\text{value})$；
前置条件：图 G 存在，v 是 G 中某个顶点
　　　　输入：v 的值
　　　　功能：对 v 赋值 value
　　　　输出：无
后置条件：图 G 存在

InsertVex$(\&G,v)$；
前置条件：图 G 存在，v 和图中顶点有相同特征
　　　　输入：v
　　　　功能：在图 G 中增添新顶点 v
　　　　输出：无
后置条件：图 G 存在

DeleteVex$(\&G,v)$；
前置条件：图 G 存在，v 是 G 中某个顶点
　　　　输入：无
　　　　功能：删除 G 中顶点 v 及其相关的弧
　　　　输出：无

InsertArc$(\&G,v,w)$；
前置条件：图 G 存在，v 和 w 是 G 中两个顶点
　　　　输入：无
　　　　功能：在 G 中增添弧$<v,w>$，若 G 是无向的，则还增添对称弧$<w,v>$
　　　　输出：无

DeleteArc$(\&G,v,w)$；
前置条件：图 G 存在，v 和 w 是 G 中两个顶点
　　　　输入：无
　　　　功能：在 G 中删除弧$<v,w>$，若 G 是无向的，则还删除对称弧$<w,v>$
　　　　输出：无

DFSTraverse$(G,\text{Visit}())$；
前置条件：图 G 存在

　　　　输入：无

　　　　功能：对图 G 进行深度优先遍历

　　　　输出：无

　　BFSTraverse $(G,\text{Visit}())$;

　　　前置条件：图 G 存在

　　　　输入：无

　　　　功能：对图 G 进行广度优先遍历

　　　　输出：无

　}

7.4　图的存储结构及操作

7.4.1　邻接矩阵

　　邻接矩阵的存储结构，就是用一维数组存储图中顶点的信息，用矩阵表示图中各顶点之间的邻接关系。假设图 $G=(V,E)$ 有 n 个确定的顶点，即 $V=\{v_0,v_1,\cdots,v_{n-1}\}$，则表示 G 中各顶点相邻关系为一个 $n \times n$ 的矩阵，矩阵的元素为

$$A[i][j]=\begin{cases}1, & (v_i,v_j)或<v_i,v_j>是E(G)中的边\\0, & (v_i,v_j)或<v_i,v_j>不是E(G)中的边\end{cases} \tag{7-1}$$

　　若 G 是网，则邻接矩阵可定义为

$$A[i][j]=\begin{cases}w_{ij}, & (v_i,v_j)或<v_i,v_j>是E(G)中的边\\0或\infty, & (v_i,v_j)或<v_i,v_j>不是E(G)中的边\end{cases} \tag{7-2}$$

式中，w_{ij} 表示边 (v_i,v_j) 或 $<v_i,v_j>$ 上的权值；∞ 表示一个计算机允许的、大于所有边上权值的数。

　　图 7-11 为一个无向图采用邻接矩阵表示法表示的例子。图 7-12 为一个用邻接矩阵表示法表示网的例子。

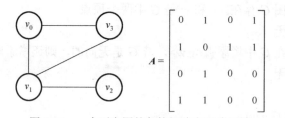

图 7-11　一个无向图的邻接矩阵表示法示例

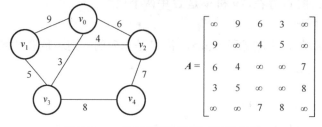

图 7-12　一个网的邻接矩阵表示法示例

从图的邻接矩阵存储方法容易看出，这种表示具有以下特点：

(1)无向图的邻接矩阵一定是一个对称矩阵。因此，在具体存放邻接矩阵时只需存放上(或下)三角矩阵的元素即可。

(2)对于无向图，邻接矩阵的第 i 行(或第 i 列)非零元素(或非∞元素)的个数正好是第 i 个顶点的度 $TD(v_i)$。

(3)对于有向图，邻接矩阵的第 i 行(或第 i 列)非零元素(或非∞元素)的个数正好是第 i 个顶点的出度 $OD(v_i)$(或入度 $ID(v_i)$)。

(4)用邻接矩阵存储图，很容易确定图中任意两个顶点之间是否有边相连；但是，要确定图中有多少条边，则必须按行、按列对每个元素进行检测，所花费的时间代价很大。这是用邻接矩阵存储图的局限性。

在用邻接矩阵存储图时，除了用一个二维数组存储用于表示顶点间相邻关系的邻接矩阵外，还需用一个一维数组来存储顶点信息，另外还有图的顶点数和边数等基本信息。

图的邻接矩阵存储用 C++描述定义如下：

```
#ifndef MAX_VERTEX_NUM
#define MAX_VERTEX_NUM  20  //最大顶点数
#endif

struct ArcCell{
    int adj;          //对无权图，有1、0表示顶点是否相邻；对带权图，则为权值类型
    char *info;       //该弧的相关信息
};

template <class T>
struct _MGraph{
    T vexs[MAX_VERTEX_NUM]; //顶点表
    ArcCell arcs[MAX_VERTEX_NUM][MAX_VERTEX_NUM];//邻接矩阵，即边表
    int vexnum;             //顶点数
    int arcnum;             //边数
    int kind;               //图的类型，0为有向图，1为有向网，2为无向图，3为无向网
};
template <class T>
class MGraph{
public:
    _MGraph<T> mgraph;
    bool visited[MAX_VERTEX_NUM];
    CreateGraph();             //创建图
    DestroyGraph();            //销毁图
    void InputInfo(int i,int j);//为顶点序号为 i~j 的弧或者边添加信息
    int LocateVex(T u);        //图存在，若图中存在顶点u，则返回该顶点在图中的位置
    T GetVex(int index);       //图存在，若index是图中某个顶点的序号，则返回index的顶点
    void PutVex(T v,T value);  //图存在，若v是图中某个顶点，则对v赋值value
    int FirstAdjVex(T v);      //图存在，v是G中某个顶点，返回v的第一个邻接点的序号
    int NextAdjVex(T v,T w);   //图存在，v是图中某个顶点，w是v的邻接点，返回v的
                               //相对于w的下一个邻接点的序号
```

```
    bool InsertVex(T v);          //图存在，在图中增加新顶点 v
    bool DeleteVex(T v);          //图存在，删除顶点 v 及其相关的弧
    bool InsertArc(T v,T w);      //图存在，v、w 是图的两个顶点，在图中添加弧<v,w>,
                                  //若是无向图，则还应增加对称弧<w,v>
    bool DeleteArc(T v,T w);      //图存在，v、w 是图的两个顶点，在图中删除弧<v,w>,
                                  //若是无向图，则还应删除对称弧<w,v>
    bool CreateDG();              //构造有向图
    bool CreateDN();              //构造有向网
    bool CreateUDG();             //构造无向图
    bool CreateUDN();             //构造无向网
    void DFS(int index);          //从第 index 个顶点出发递归的深度优先遍历图
    bool(*VisitFunc)(T v);        //访问顶点 v 的方式
    void DisPlay();               //输出邻接矩阵
    bool DFSTraverse(bool(*visit)(T v));      //图存在，对图进行深度优先遍历
    bool BFSTraverse(bool(*visit)(T v));      //图存在，对图进行广度优先遍历
};
```

算法 7.1　构造有向图的邻接矩阵存储表示。

操作步骤：

步骤 1：根据提示，输入所要创建的有向图的顶点数、边数及弧的相关信息。

步骤 2：依次输入各个顶点，构造顶点向量。

步骤 3：初始化邻接矩阵的弧集信息，将权值设为 0，相关信息指针设为空。

步骤 4：输入每条弧的起点和终点，以及弧的相关信息(根据步骤 1 的选择提示决定是否输入)，构造邻接矩阵。

步骤 5：设置该图的类型为有向图。

类 C++语言描述：

```
bool  MGraph<T>::CreateDG()
{//构造有向图
    cin>>mgraph.vexnum>>mgraph.arcnum>>IncInfo;
    //输入有向图的顶点个数、弧的个数、弧是否包含其他信息(0 不包含，1 包含)
    for(i=0;i<mgraph.vexnum;i++)
        cin>>mgraph.vexs[i];                      //构造顶点向量
    for(i=0;i<mgraph.vexnum;i++){                 //初始化邻接矩阵
        for(j=0;j<mgraph.vexnum;j++){
            mgraph.arcs[i][j].adj=0;
            mgraph.arcs[i][j].info=false;
        }//for
    }//for
    for(i=0;i<mgraph.arcnum;i++){                 //构造邻接矩阵
        cin>>v1>>v2;                              //输入一条弧的起点和终点
        int m=LocateVex(v1);
        int n=LocateVex(v2);
        mgraph.arcs[m][n].adj=1;//<v1, v2>
        if(IncInfo)
            InputInfo(m, n);                      //输入弧的相关信息
    }//for
```

```
    mgraph.kind=0;
    return true;
}
```

7.4.2　邻接表

邻接表(Adjacency List)是图的一种顺序存储与链式存储结合的存储方法。邻接表表示法类似于树的孩子链表表示法，就是对于图 G 中的每个顶点 v_i，将所有邻接于 v_i 的顶点 v_j 链成一个单链表，这个单链表就称为顶点 v_i 的邻接表，再将所有点的邻接表表头放到数组中，就构成了图的邻接表。在邻接表表示法中有两种结点结构，如图 7-13 所示。一种是顶点表的结点结构，它由顶点域(data)和指向第一条邻接边的头指针域(firstarc)构成；另一种是边表(即邻接表)结点，它由邻接点域(adjvex)和指向下一条邻接边的指针域(nextarc)构成。对于网的边表需再增设一个存储边信息(如权值等)的域(info)，网的边表结构如图 7-14 所示。

图 7-13　邻接表表示法的结点结构　　　　图 7-14　网的边表结构

图 7-11 给出的无向图可以采用图 7-15 的邻接表。

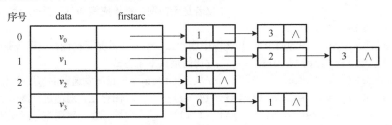

图 7-15　图 7-11 的邻接表表示法示意

这种存储结构的定义描述如下：

```
struct ArcNode{
    int adjvex;                        //该弧所指向的顶点的位置
    struct ArcNode *nextarc;           //指向下一条弧的指针
    int *info;                         //该弧相关信息的指针(权值)
}

template <class T>
struct VNode{
    T data;                            //顶点信息
    ArcNode *firstarc;                 //指向第一条依附该顶点的指针
}

template <class T>
struct _ALGraph{
    VNode<T> vertices[MAX_VERTEX_NUM]; //顶点集
    int vexnum;                        //顶点数
```

```
    int arcnum;                    //边数
    int kind;                      //图类型
}


template <class T>
class ALGraph{
public:
    _ALGraph<T> algraph;
    int visited[MAX_VERTEX_NUM];
    CreateGraph();                 //构建邻接表的存储表示
    DestroyGraph();                //销毁图
    int LocateVex(T u);            //图存在，若图中存在顶点u，则返回该顶点在图中的位置
    T GetVex(int index);           //图存在，index是图中某个顶点的序号，返回v的值
    void PutVex(T v,T value);      //图存在，若v是图中某个顶点，则对v赋值value
    int FirstAdjVex(T v);          //图存在，v是G中某个顶点，返回v的第一个邻接点的序号
    int NextAdjVex(T v,T w);
    //图存在，v是图中某个顶点，w是v的邻接点，返回v的相对于w的下一个邻接点的序号，
    //若w是v的最后一个邻接点，则返回空
    void InsertVex(T v);           //图存在，在图中增加新顶点v
    bool DeleteVex(T v);           //图存在，删除顶点v及其相关的弧
    bool InsertArc(T v,T w);       //图存在，v、w是图的两个顶点，在图中添加弧<v,w>,
                                   //若是无向图，则还应增加对称弧<w,v>
    void DeleteArc(T v,T w);
    //图存在，v、w是图的两个顶点 在图中删除弧<v,w>，若是无向图，则还应删除对称弧<w,v>
    bool(*VisitFunc)(T v);         //访问顶点v的方式
    void DFS(int index);           //从第index个顶点出发递归的深度优先遍历图
    bool DFSTraverse(bool(*visit)(T v));      //图存在，对图进行深度优先遍历
    bool BFSTraverse(bool(*visit)(T v));      //图存在，对图进行广度优先遍历
    void DisPlay();                //输出图
}
```

算法 7.2　构造图的邻接表存储表示。

操作步骤：

步骤 1：输入所要创建的图的类型、顶点数、边数及弧的相关信息。

步骤 2：初始化顶点集。

步骤 3：根据图的类型，依次输入每条弧(或边)的信息，构造表结点链表。

类 C++语言描述：

```
template <class T>
ALGraph<T>::CreateGraph()
{
    cin>>algraph.kind;//输入图的类型：0为有向图，1为有向网，2为无向图，3为无向网
    cin>>algraph.vexnum>>algraph.arcnum;      //输入图的顶点数和边数
    for(i=0;i<algraph.vexnum;i++)
    {//初始化顶点
        cin>>algraph.vertices[i].data;
        algraph.vertices[i].firstarc=false;
```

```
    }//for
    //构造表结点链表
    for(k=0;k<algraph.arcnum;k++)
    {
        if(algraph.kind%2)
            cin>>w>>v1>>v2;              //输入一条弧(边)的权值、弧尾、弧头
        else
            cin>>v1>>v2;                 //输入一条弧(边)的弧尾、弧头
        i=LocateVex(v1);
        j=LocateVex(v2);
        ArcNode *p=new ArcNode;          //创建一个新的弧结点
        p->adjvex=j; p->nextarc=false;
        if(algraph.kind%2)
        {//网
            p->info=new int;
            *(p->info)=w;                //w 为权值
        }//if
        else//图
            p->info=false;
        p->nextarc=algraph.vertices[i].firstarc;    //插在表头
        algraph.vertices[i].firstarc=p;
        if(algraph.kind>1)
        {//无向图
            ArcNode *p=new ArcNode;                  //创建一个新的弧结点
            p->adjvex=i; p->nextarc=false;
            if(algraph.kind==3)
            {//无向网
                p->info=new int;
                *(p->info)=w;
            }//if
            else                                     //无向图
                p->info=false;
            p->nextarc=algraph.vertices[j].firstarc;    //插在表头
            algraph.vertices[j].firstarc=p;
        }//if
    }//for
}
```

算法分析：

若无向图中有 n 个顶点、e 条边，则它的邻接表需 n 个头结点和 $2e$ 个表结点。显然，在边稀疏($e \ll n(n-1)/2$)的情况下，用邻接表表示图比邻接矩阵节省存储空间，当和边相关的信息较多时更是如此。

在无向图的邻接表中，顶点 v_i 的度恰为第 i 个链表中的结点数；而在有向图中，第 i 个链表中的结点个数只是顶点 v_i 的出度，为求入度，必须遍历整个邻接表。在所有链表中其邻接点域的值为 i 的结点的个数是顶点 v_i 的入度。有时，为了便于确定顶点的入度或以顶点 v_i

为头的弧,可以建立一个有向图的逆邻接表,即对每个顶点 v_i 建立一个链接以 v_i 为头的弧的链表。例如,图 7-16 为有向图 G_2(图 7-2)的邻接表和逆邻接表。

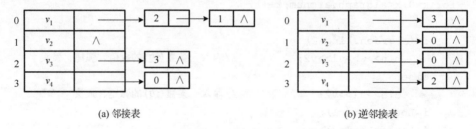

(a) 邻接表　　　　　　　　　　　　　(b) 逆邻接表

图 7-16　图 7-2 的邻接表和逆邻接表

在建立邻接表或逆邻接表时,若输入的顶点信息为顶点的编号,则建立邻接表的时间复杂度为 $O(n+e)$;否则,需要通过查找才能得到顶点在图中的位置,则时间复杂度为 $O(n×e)$。

在邻接表上容易找到任一顶点的第一个邻接点和下一个邻接点,但要判定任意两个顶点(v_i 和 v_j)之间是否有边或弧相连,则需搜索第 i 个或第 j 个链表。因此,不及邻接矩阵方便。

7.4.3　十字链表

十字链表是有向图的一种存储方法,它实际上是邻接表与逆邻接表的结合,即把每一条边的边结点分别组织到以弧尾顶点为头结点的链表和以弧头顶点为头顶点的链表中。在十字链表表示法中,顶点表和边表的弧结点结构分别如图 7-17(a) 和 (b) 所示。

(a) 十字链表顶点表结点结构

(b) 十字链表边表的弧结点结构

图 7-17　十字链表顶点表、边表的弧结点结构

在弧结点中有五个域:弧尾结点(tailvex)和弧头结点(headvex)分别指示弧尾和弧头这两个顶点在图中的位置;指针域 hlink 指向弧头相同的下一条弧;指针域 tlink 指向弧尾相同的下一条弧;info 域指向该弧的相关信息。弧头相同的弧在同一链表上,弧尾相同的弧也在同一链表上。它们的头结点即顶点,它由三个域组成:data 域存储和顶点相关的信息,如顶点的名称等;firstin 和 firstout 为两个指针域,分别指向以该顶点为弧头或弧尾的第一个弧结点。例如,图 7-18(a) 中的图的十字链表如图 7-18(b) 所示。若将有向图的邻接矩阵看成稀疏矩阵,则十字链表也可以看成邻接矩阵的链表存储结构,在图的十字链表中,弧结点所在的链表为非循环链表,结点之间相对位置自然形成,不一定按顶点序号排序,头结点即顶点,它们之间是顺序存储的。

十字链表存储结构的定义描述如下:

```
template <class T>
struct VexNode{
```

```
    T data;
    ArcBox *firstin,*firstout;          //指向该顶点的第一条入弧和出弧
};
template <class T>
struct _OLGraph{
    VexNode<T> xlist[MAX_VERTEX_NUM];   //表头向量
    int vexnum,arcnum;                  //有向图的顶点数和弧数
};
template <class T>
class OLGraph{
    public:
    _OLGraph<T> olgraph;
    bool visited[MAX_VERTEX_NUM];
    CreateGraph();                      //v是图的顶点集，vr是图的边集
    DestroyGraph();                     //销毁图
    int LocateVex(T u);                 //图存在，若图中存在顶点u，则返回该顶点在图中的位置
    T GetVex(int index);                //index是图中某个顶点的序号，返回v的值
    void PutVex(T v,T value);           //v是图中某个顶点，对v赋值value
    int FirstAdjVex(T v);               //v是G中某个顶点，返回v的第一个邻接点的序号
    int NextAdjVex(T v,T w);            //v是图中某个顶点，w是v的邻接点，返回v的相对于w的
                                        //下一个邻接点的序号，若w是v的最后一个邻接点,则返回"空"
    void InsertVex(T v);                //图存在，在图中增加新顶点v
    bool DeleteVex(T v);                //图存在，删除顶点v及其相关的弧
    bool InsertArc(T v,T w);            //图存在，v、w是图的两个顶点，在图中添加弧<v,w>
    bool DeleteArc(T v,T w);            //图存在，v、w是图的两个顶点 在图中删除弧<v,w>
    bool(*VisitFunc)(T v);              //访问顶点v的方式
    void DFS(int index);                //从第index个顶点出发递归的深度优先遍历图
    bool DFSTraverse(bool(*visit)(T v));        //图存在，对图进行深度优先遍历
    bool BFSTraverse(bool(*visit)(T v));        //图存在，对图进行广度优先遍历
    void DisPlay();                     //输出图
};
```

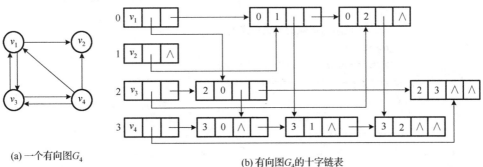

(a) 一个有向图G_4

(b) 有向图G_4的十字链表

图 7-18　有向图及其十字链表表示示意

　　下面给出建立一个有向图的十字链表存储的算法。通过该算法，只要输入 n 个顶点的信息和 e 条弧的信息，便可建立该有向图的十字链表。

　　算法 7.3　建立有向图的十字链表存储表示。

操作步骤：

步骤 1：输入所要创建的有向图的顶点数、弧数及弧是否含相关信息。

步骤 2：依次输入各个顶点的值，初始化表头向量。

步骤 3：依次输入各条弧的相关信息，构造十字链表。

类 C++语言描述：

```cpp
template <class T>
OLGraph<T>::CreateGraph()
{
    bool IncInfo;
    char temp[MAX_INFO];
    ArcBox *p;
    T v1,v2;
    cin>>olgraph.vexnum>>olgraph.arcnum>>IncInfo;
    //输入有向图的顶点个数、弧的个数、弧是否包含其他信息(0 不包含，1 包含)
    for(i=0;i<olgraph.vexnum;i++)
    {//初始化表头向量
        cin>>olgraph.xlist[i].data;
        olgraph.xlist[i].firstin=false;
        olgraph.xlist[i].firstout=false;
    }//for
    for(k=0;k<olgraph.arcnum;k++)
    {//输入各弧构造十字链表
        cin>>v1>>v2;
        i=LocateVex(v1);
        j=LocateVex(v2);
        p=new ArcBox;                   //创建一个弧结点
        p->tailvex=i; p->headvex=j;     //对弧结点赋值
        //完成在入弧和出弧链表表头的插入
        p->hlink=olgraph.xlist[j].firstin;
        p->tlink=olgraph.xlist[i].firstout;
        olgraph.xlist[j].firstin=olgraph.xlist[i].firstout=p;
        if(IncInfo){
            cout<<"请输入该弧的相关信息";
            cin>>temp;
            p->info=new char[MAX_INFO];
            strcpy(p->info,temp);
        }//if
        else
            p->info=false;
    }//for
}
```

算法分析：

在十字链表中既容易找到以 v_i 为尾的弧，也容易找到以 v_i 为头的弧，因而容易求得顶点的出度和入度(如果需要，可在建立十字链表的同时求出)。同时，由算法 7.3 可知，建立十字链表的时间复杂度和建立邻接表是相同的。在某些有向图的应用中，十字链表是很有用的工具。

7.4.4 邻接多重表

邻接多重表(Adjacency Multilist)主要用于存储无向图。因为如果用邻接表存储无向图，每条边的两个边结点分别在以该边所依附的两个顶点为头结点的链表中出现，这给图的某些操作带来不便。例如，对已访问过的边做标记，或者要删除图中某一条边等，都需要找到表示同一条边的两个结点。因此，在进行这一类操作的无向图的问题中采用邻接多重表作为存储结构更为适宜。

邻接多重表的存储结构和十字链表类似，也由顶点表和边表组成，每一条边用一个结点表示，其顶点表结点结构和边表结点结构如图 7-19 所示。

(a) 邻接多重表顶点表结点结构

(b) 邻接多重表边表结点结构

图 7-19 邻接多重表顶点表、边表结点结构

其中，顶点表由两个域组成，data 域存储和该顶点相关的信息，firstedge 域指示第一条依附于该顶点的边；边表结点由六个域组成，mark 为标记域，可用以标记该条边是否被搜索过；ivex 和 jvex 为该边依附的两个顶点在图中的位置；ilink 指向下一条依附于顶点 ivex 的边；jlink 指向下一条依附于顶点 jvex 的边；info 为指向和边相关的各种信息。

例如，图 7-20 为无向图 G_1(图 7-1) 的邻接多重表。在邻接多重表中，所有依附于同一顶点的边串联在同一链表中，由于每条边依附于两个顶点，则每个边结点同时链接在两个链表中。可见，对无向图而言，其邻接多重表和邻接表的差别仅仅在于同一条边在邻接表中用两个结点表示，而在邻接多重表中只有一个结点。因此，除了在边结点中增加一个标记域外，邻接多重表所需的存储量和邻接表相同。在邻接多重表上，各种基本操作的实现也和邻接表相似。邻接多重表存储表示的描述如下：

```
#define MAX_VERTEX_NUM
#define MAX_VERTEX_NUM 20     //最大顶点数
#endif
struct EBox{
    bool mark;                //访问标记：0 未被访问，1 已被访问
    int ivex,jvex;            //该边依附的两个顶点的位置
    EBox *ilink,*jlink;       //分别指向依附这两个顶点的下一条边
    char *info;               //该边信息
};
template <class T>
struct VexBox{
    T data;                   //顶点信息
    EBox *firstedge;          //指向第一条依附该顶点的边
};
```

```
template <class T>
struct _AMGraph{
    VexBox<T> adjmulist[MAX_VERTEX_NUM];
    int vexnum,edgenum;      //顶点数和边数
}
```

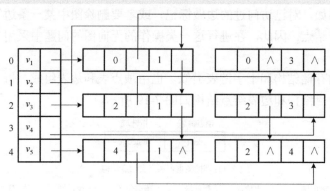

图 7-20   无向图 G_1 的邻接多重表

7.5   图 的 遍 历

图的遍历是指从图中的任一顶点出发，对图中的所有顶点访问一次且只访问一次。图的遍历操作和树的遍历操作功能相似。图的遍历是图的一种基本操作，图的许多其他操作都建立在遍历操作的基础之上。

由于图结构本身的复杂性，所以图的遍历操作也较复杂，主要表现在以下四个方面：

(1)在图结构中，没有一个"自然"的首结点(第一个结点)，图中任意一个顶点都可作为第一个被访问的结点。

(2)在非连通图中，从一个顶点出发，只能够访问它所在的连通分量上的所有顶点，因此，还需考虑如何选取下一个出发点以访问图中其余的连通分量。

(3)在图结构中，如果有回路存在，那么访问一个顶点之后，有可能沿回路又回到该顶点。

(4)在图结构中，一个顶点可以和其他多个顶点相连，当这样的顶点被访问过后，存在如何选取下一个要访问的顶点的问题。

图的遍历通常有深度优先搜索和广度优先搜索两种方式，下面分别介绍。

7.5.1   深度优先搜索

深度优先搜索(Depth_First Search)遍历类似于树的先根遍历，是树的先根遍历的推广。

假设初始状态是图中所有顶点未曾被访问，则深度优先搜索可从图中某个顶点 v 出发，访问此顶点，然后依次从 v 的未被访问的邻接点出发深度优先搜索遍历图，直至图中所有和 v 有路径相通的顶点都被访问到；若此时图中尚有顶点未被访问，则另选图中一个未曾被访问的顶点作为起始点，重复上述过程，直至图中所有顶点都被访问到为止。

以图 7-21 的无向图 G_5 为例，进行图的深度优先搜索。假设从顶点 v_1 出发进行搜索，在访问了顶点 v_1 之后，选择邻接点 v_2。因为 v_2 未曾访问，则从 v_2 出发进行搜索。依次类推，

接着从 v_4、v_8、v_5 出发进行搜索。在访问了 v_5 之后，由于 v_5 的邻接点都已被访问，则搜索回到 v_8。由于同样的理由，搜索继续回到 v_4、v_2 直至 v_1，此时由于 v_1 的另一个邻接点未被访问，则搜索又从 v_1 到 v_3，再继续进行下去。由此，得到的顶点访问序列为

$$\begin{array}{cccccccc} 1 & 2 & 3 & 4 & 5 & 6 & 7 & 8 \end{array}$$
$$v_1 \rightarrow v_2 \rightarrow v_4 \rightarrow v_8 \rightarrow v_5 \rightarrow v_3 \rightarrow v_6 \rightarrow v_7$$

显然，这是一个递归的过程。为了在遍历过程中便于区分顶点是否已被访问，需附设访问标志数组 visited[i]，其初值为 false，一旦某个顶点被访问，则其相应的分量置为 true。

假定图采用邻接矩阵为存储结构，从图的某一点 v 出发，递归地进行深度优先遍历的过程通过算法 7.4 给出。

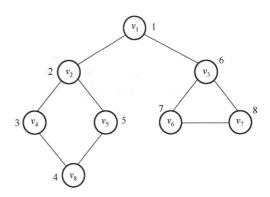

图 7-21　无向图 G_5 及其深度优先搜索遍历序列

算法 7.4　连通图的深度优先遍历。

本算法的实现分为两个部分。

第一部分：完成从某个顶点出发深度优先遍历图。

操作步骤：

步骤 1：将标号为 index 的顶点访问标志设为已访问。

步骤 2：调用访问函数访问该顶点。

步骤 3：获取该顶点的第一个邻接点。

(1)若未被访问，则递归调用算法本身。

(2)若已被访问，则从该顶点的下一个邻接点出发继续进行判断。

类 C++语言描述：

```
template <class T>
void MGraph<T>::DFS(int index)
{//从第 index 个顶点出发递归的深度优先遍历图
    visited[index]=true;                //已访问
    VisitFunc(mgraph.vexs[index]);  //访问 index 的顶点
    v1=GetVex(index);
    for(i=FirstAdjVex(v1);i>=0;i=NextAdjVex(v1,GetVex(i)))
    {
        if(!visited[i])
            DFS(i);                     //对 v 的尚未访问的邻接顶点 w 递归调用 DFS
    }//for
}
```

第二部分：通过调用从某个顶点出发深度优先遍历图的函数，完成时每个未被访问的顶点进行深度优先遍历，最终实现整个图的深度优先遍历。

操作步骤：

步骤 1：设置访问函数。

步骤 2：初始化访问标志数组 visited，均设为未访问。

步骤 3：对每个未被访问的顶点进行深度优先遍历。

类 C++语言描述：

```
template <class T>
bool MGraph<T>::DFSTraverse(bool(*visit)(T v))
{
    VisitFunc=visit;
    for(i=0;i<MAX_VERTEX_NUM;i++)
        visited[i]=false;
    for(i=0;i<mgraph.vexnum;i++)
    {//对每个未被访问的顶点进行深度优先遍历
        if(!visited[i])
            DFS(i);
    }//for
    return true;
}
```

算法分析：

在遍历时，对图中每个顶点至多调用一次 DFS 函数，因为一旦某个顶点被标志成已被访问，就不再从它出发进行搜索。因此，遍历图的过程实质上是对每个顶点查找其邻接点的过程，其耗费的时间取决于所采用的存储结构。当用二维数组表示的邻接矩阵作为图的存储结构时，查找每个顶点的邻接点所需时间复杂度为 $O(n^2)$，其中 n 为图中顶点数。而当以邻接表作为图的存储结构时，找邻接点所需时间复杂度则为 $O(e)$，其中 e 为无向图中边的数或有向图中弧的数。由此，当以邻接表作为存储结构时，深度优先搜索遍历图的时间复杂度为 $O(n+e)$。

7.5.2　广度优先搜索

广度优先搜索(Breadth_First Search)遍历的过程类似于树的按层次遍历的过程。

假设从图中某顶点 v 出发，在访问了 v 之后依次访问 v 的各个未曾访问过的邻接点，然后分别从这些邻接点出发依次访问它们的邻接点，并使先被访问的顶点的邻接点先于后被访问的顶点的邻接点被访问，直至图中所有已被访问的顶点的邻接点都被访问到。若此时图中尚有顶点未被访问，则另选图中一个未曾被访问的顶点作为起始点，重复上述过程，直至图中所有顶点都被访问到为止。换句话说，广度优先搜索遍历图的过程中以 v 为起始点，由近至远，依次访问和 v 有路径相通的顶点。

例如，对图 7-21 中的无向图 G_5 进行广度优先搜索遍历，首先访问 v_1 和 v_1 的邻接点 v_2 及 v_3，然后依次访问 v_2 的邻接点 v_4 和 v_5 及 v_3 的邻接点 v_6 和 v_7，最后访问 v_4 的邻接点 v_8。由于这些顶点的邻接点均已被访问，并且图中所有顶点都被访问，所以完成了图的遍历。得到的顶点访问序列为

$$v_1 \rightarrow v_2 \rightarrow v_3 \rightarrow v_4 \rightarrow v_5 \rightarrow v_6 \rightarrow v_7 \rightarrow v_8$$

广度优先搜索和深度优先搜索遍历类似，在遍历的过程中也需要一个访问标志数组，并且为了顺次访问路径长度为 2、3、……的顶点，附设一个队列以存储已被访问的路径长度为 1、2、……的顶点。

算法 7.5 从图的某一顶点 *v* 出发，递归地进行广度优先遍历。

操作步骤：

步骤 1：初始化访问标志数组 visited[*i*]，均设为未访问。

步骤 2：对每个未被访问的顶点进行广度优先遍历。

(1)将该顶点的状态访问位设置为已访问状态。

(2)将该顶点入队列。

(3)若队列不为空，则一个顶点出队。

(4)从刚出队的顶点开始，依次访问该顶点的相邻一层。

①访问相邻一层顶点中未被访问的顶点，并设置该顶点的访问状态值。

②将该顶点入队列。

类 C++语言描述：

```
template <class T>
bool  ALGraph<T>::BFSTraverse(bool(*visit)(T v))
{
    LinkedQueue<int> q;int i,j,receive; T u1;
    for(i=0;i<MAX_VERTEX_NUM;i++)
        visited[i]=false;
        InitQueue(q); //置空的辅助队列
    for(i=0;i<algraph.vexnum;i++)
    {//对每个未被访问的顶点进行广度优先遍历
        if(!visited[i]){               //i 尚未访问
            visited[i]=true; visited[i];
            q.EnQueue(q, i);           //i 入队列
            while(!q.IsEmpty(q)) {
                q.DeQueue(receive);       //队头元素出队并置为 receive
                u1=GetVex(receive);
                for(j=FirstAdjVex(u1);j>=0;j=NextAdjVex(u1,GetVex(j)))
                    if(!visited[j]){    //j 为 u1 的尚未访问的邻接顶点
                        visited[j]=true;  visited[u1]
                        q.EnQueue(j);
                    }//if
            }//while
        }//if
    }//for
}
```

算法分析：

在以上算法中，每个顶点至多进一次队列。遍历图的过程实质是通过边或弧找邻接点的过程，因此广度优先搜索遍历图的时间复杂度和深度优先搜索遍历相同，两者不同之处仅仅在于对顶点访问的顺序不同。

7.6　图的连通性

判定图的连通性是图的一个应用问题，可以利用图的遍历算法来求解这一问题。本节将

重点讨论无向图的连通性、有向图的连通性、由图得到其生成树或生成森林，以及连通图中是否有关结点(Articulation Point)等几个有关图的连通性的问题。

7.6.1　无向图的连通性

在对无向图进行遍历时，对于连通图，仅需从图中任一顶点出发，进行深度优先搜索或广度优先搜索，便可访问到图中所有顶点。对非连通图，则需从多个顶点出发进行搜索，而每一次从一个新的起始点出发进行搜索得到的顶点访问序列恰为其各个连通分量中的顶点集。例如，图 7-4(a)是一个非连通图(G_3)，按照图 7-22 中 G_3 的邻接表进行深度优先搜索遍历，需由算法 7.4 调用两次 DFS(即分别从顶点 A 和 D 出发)，得到的顶点访问序列分别为：$ABFE$ 和 DC。

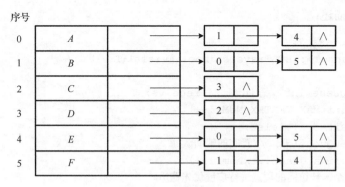

图 7-22　G_3 的邻接表

这两个顶点集分别加上所有依附于这些顶点的边，便构成了非连通图 G_3 的两个连通分量，如图 7-4(b)所示。

因此，要想判定一个无向图是否为连通图，或有几个连通分量，就可设一个计数变量 count，初始时取值为 0，在算法 7.4 的第二个 for 循环中，每调用一次 DFS，就给 count 增 1。这样，当整个算法结束时，依据 count 的值，就可确定图的连通性了。

7.6.2　有向图的连通性

有向图的连通性不同于无向图的连通性，可分为弱连通性、单侧连通性和强连通性。这里仅就有向图的强连通性以及强连通分量的判定进行介绍。

深度优先搜索是求有向图的强连通分量的一个有效方法。假设以十字链表作为有向图的存储结构，则求强连通分量的步骤如下。

(1)在有向图 G 上，从某个顶点出发沿以该顶点为尾的弧进行深度优先搜索遍历，并按其所有邻接点的搜索全部完成(即退出 DFS 函数)的顺序将顶点排列起来。

①在进入 DFSTraverse 函数时首先进行计数变量的初始化。

②在退出 DFS 函数之前将完成搜索的顶点号进行记录。

(2)构造一个有向图 G_r，设 $G=(V,\{A\})$，则 $G_r=(V_r,\{A_r\})$ 对于所有 $<v_i,v_j>\in A$，必有 $<v_j,v_i>\in A_r$，即 G_r 中拥有和 G 方向相反的弧。

(3)在有向图 G_r 上，从最后一个顶点出发进行深度优先搜索遍历。可以证明，在 G_r 上所得的深度优先生成森林中每一棵树的顶点集即 G 的强连通分量的顶点集。

利用遍历求强连通分量的时间复杂度和遍历相同。

7.6.3　生成树和生成森林

在本节将给出通过对图的遍历，得到图的生成树或生成森林的算法。

设 $E(G)$ 为连通图 G 中所有边的集合，则从图中任一顶点出发遍历图时，必定将 $E(G)$ 分成两个集合 $T(G)$ 和 $B(G)$。其中，$T(G)$ 是遍历图过程中历经的边的集合；$B(G)$ 是剩余的边的集合。显然，$T(G)$ 和图 G 中的所有顶点一起构成连通图 G 的极小连通子图。按照 7.1.2 节生成树的定义，它是连通图的一棵生成树，并且由深度优先搜索得到的为深度优先生成树，由广度优先搜索得到的为广度优先生成树。例如，图 7-23 (a) 和 (b) 分别为连通图 G_5 的深度优先生成树和广度优先生成树。图中虚线为集合 $B(G)$ 中的边，实线为集合 $T(G)$ 中的边。

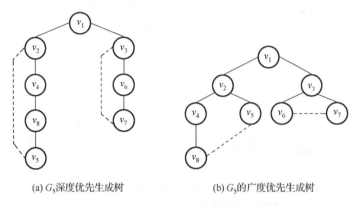

(a) G_5 深度优先生成树　　　　　(b) G_5 的广度优先生成树

图 7-23　由图 7-21 中 G_5 得到的生成树

对于非连通图，通过这样的遍历，得到的是生成森林。例如，图 7-24 (b) 为图 7-24 (a) 的深度优先生成森林，它由三棵深度优先生成树组成。

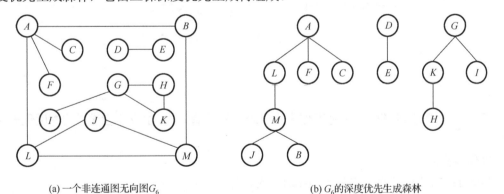

(a) 一个非连通图无向图 G_6　　　　　(b) G_6 的深度优先生成森林

图 7-24　非连通图 G_6 及其生成森林

算法 7.6　对于连通图，从某个顶点出发深度优先遍历图，建立生成树。

操作步骤：

步骤 1：将该顶点的访问标志设置为已访问状态，第一次访问标志设为 true。

步骤 2：对该顶点的每一个未被访问的相邻顶点进行操作。

①如果该顶点的第一个邻接点未被访问，则此顶点作为它的左孩子结点，并将第一次访

问标志设为 false。

②否则，该顶点的相邻顶点作为上一相邻顶点的右兄弟。

③从该顶点的相邻顶点出发递归调用算法本身，建立生成子树。

类 C++语言描述：

```
template <class T>
void ALGraph<T>::DFSTree(int index,CSTree<T>* &t)
{//从第 index 个顶点出发深度优先遍历图，建根为 t 的生成树
    CSTree<T> *p,*q;
    T v1;int w;
    visited[index]=true;
    bool firsttag=true;
    v1=GetVex(index);
    for(w=FirstAdjVex(v1);w>=0;w=NextAdjVex(v1,GetVex(w)))
    {//w 依次为 v 的邻接顶点
        if(visited[w]==false)
        {
            p=new CSTree<T>;//分配孩子结点
            p->data=GetVex(w);
            p->firstchild=false;
            p->nextsibling=false;
            if(firsttag)
            {//w 是 v 的第一个未被访问的邻接顶点，作为根的左孩子结点
                t->firstchild=p;
                firsttag=false;
            }//if
        else//w 是 v 的其他未被访问的邻接顶点，作为上一邻接顶点的右兄弟
            q->nextsibling=p;
            q=p;
            DFSTree(w,q);//从第 w 个顶点出发深度优先遍历图 G，建立生成子树*q
        }//if
    }//for
}
```

算法 7.7 假设以孩子兄弟链表作为生成森林的存储结构，生成非连通图的深度优先生成森林。

操作步骤：

步骤 1：初始化访问标志数组 visited，均设为未访问。

步骤 2：依次从各顶点开始，对未被访问的顶点以此为根建立生成树。

(1)设置该顶点在生成森林中的位置。

(2)以该顶点为根调用连通图的生成树算法建立生成树。

类 C++语言描述：

```
template <class T>
void ALGraph<T>::DFSForest(CSTree<T> * &t)
{//建立无向图 G 的深度优先生成森林的孩子兄弟链表
```

```
CSTree<T> *p,*q;
t=false;
for(index=0;index<algraph.vexnum;index++)
    visited[index]=false;
for(index=0;index<algraph.vexnum;index++)
{///从第 0 个位置的顶点找起
    if(visited[index]==false)
    {//第 index 个顶点不曾被访问
        //建立以第 index 个顶点为根的生成树
        p=new CSTree<T>;
        p->data=GetVex(index);
        p->firstchild=false;
        p->nextsibling=false;
        if(!t)
            t=p;                    //t 是第一棵生成树的根
        else
            q->nextsibling=p;       //前一棵的根的兄弟是其他生成树的根
            q=p;                    //q 指示当前生成树的根
            DFSTree(index,p);       //建立以 p 为根的生成树
    }//if
}//for
}
```

7.6.4　关结点和重连通分量

假若在删去顶点 v 以及和 v 相关联的各边之后，将图的一个连通分量分割成两个或两个以上的连通分量，则称顶点 v 为该图的一个关结点。一个没有关结点的连通图称为重连通图（Biconnected Graph）。在重连通图上，若任意一对顶点之间至少存在两条路径，则在删去某个顶点以及依附于该顶点的各边时也不破坏图的连通性。若在连通图上至少删去 k 个顶点才能破坏图的连通性，则称此图的连通度为 k。关结点和重连通图在实际中有较多应用。显然，一个表示通信网络的图的连通度越高，其系统越可靠，无论哪一个站点出现故障或遭到外界破坏，都不影响系统的正常工作；例如，一个航空网若是重连通的，则当某条航线因天气等某种原因关闭时，旅客仍可从别的航线绕道而行；再如，若将大规模集成电路的关键线路设计成重连通的，则在某些元件失效的情况下，整个集成电路的功能不受影响，反之，在战争中，若要摧毁敌方的运输线，仅需破坏其运输网中的关结点即可。

利用深度优先搜索便可求得图的关结点，并由此可判别图是否是重连通的。

图 7-25(b)为从顶点 A 出发获得的深度优先生成树，图中实线表示树边，虚线表示回边（即不在生成树上的边）。对树中任一顶点 v 而言，其孩子结点为在它之后搜索到的邻接点，而其双亲结点和由回边连接的祖先结点是在它之前搜索到的邻接点。由深度优先生成树可得出两类关结点的特性。

(1)若生成树的根有两棵或两棵以上的子树，则此根顶点必为关结点。因为图中不存在联结不同子树中顶点的边，因此，若删去根顶点，生成树便变成生成森林，如图 7-25(b)中的顶点 A。

(2)若生成树中某个非叶子顶点 v，其某棵子树的根和子树中的其他结点均没有指向 v 的

祖先的回边，则 v 为关结点。若删去 v，则其子树和图的其他部分被分割开来，如图 7-25(b) 中的顶点 B 和 G。

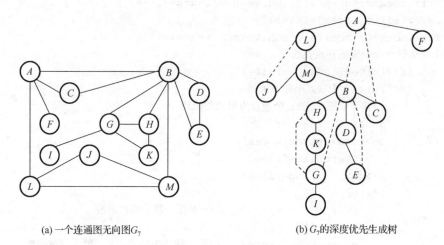

(a) 一个连通图无向图 G_7　　　　　　　　　　(b) G_7 的深度优先生成树

图 7-25　无向连通图 G_7 及其生成树

若对图 Graph=$(V,\{Edge\})$ 重新定义遍历时的访问函数 visited，并引入一个新的函数 low，则由一次深度优先遍历便可求得连通图中存在的所有关结点。

定义 visited[v] 为深度优先搜索遍历连通图时访问顶点 v 的次序号；定义：

$$\mathrm{low}(v) = \mathrm{Min}\left\{\mathrm{visited}[v], \mathrm{low}[w], \mathrm{visited}[k] \;\middle|\; \begin{array}{l} w \text{是} v \text{在DFS生成树上的孩子结点} \\ k \text{是} v \text{在DFS生成树上由回边联结的祖先结点} \\ (v,w) \in \mathrm{Edge} \\ (v,k) \in \mathrm{Edge} \end{array}\right\}$$

$$(7\text{-}3)$$

若对于某个顶点 v，存在孩子结点 w 且 low[w]≥visited[v]，则该顶点 v 必为关结点。因为当 w 是 v 的孩子结点时，low[w]≥visited[v]，表明 w 及其子孙均无指向 v 的祖先的回边。

由上述定义可知，visited[v] 值即 v 在深度优先生成树的先序序列的序号，只需将 DFS 函数中头两个语句改为 visited[$v0$]=++count（在 DFSTraverse 中设初值 count=1）即可；low[v] 可由后序遍历深度优先生成树求得，而 v 在后序序列中的次序和遍历时退出 DFS 函数的次序相同，由此修改深度优先搜索遍历的算法便可得到求关结点的算法（算法 7.8 和算法 7.9）。

算法 7.8　从某个顶点出发深度优先遍历图，寻找关结点。
操作步骤：
步骤 1：设置第 index 个顶点的 visited 位。
步骤 2：检查位置为 index 的顶点的每一个邻接顶点。
(1) 如果该顶点的邻接顶点未被访问，则有：
①对该邻接顶点递归调用 DFSArticul，返回前求得相应 low 值。
②得到 min。
③如果该邻接顶点的 low 值大于等于该顶点的 visited 值，则输出关结点。
(2) 如果该顶点的邻接顶点为已被访问的，则得到新的 min。

步骤 3：得到位置为 index 顶点的 low 值。

类 C++语言描述：

```cpp
template <class T>
void ALGraph<T>::DFSArticul(int index)
{//从第 index 个顶点出发深度优先遍历图，找到并输出关结点
    ArcNode *p;
    visited[index]=min=++count; //index 是第 count 个访问的顶点的位置
    for(p=algraph.vertices[index].firstarc;p;p=p->nextarc)
    {//检查位置为 index 的顶点的每一个邻接顶点
        w=p->adjvex;                    //w 存放位置为 index 顶点的邻接顶点位置
        if(visited[w]==false)
        {//位置为 w 的顶点被访问
            DFSArticul(w);              //返回前求得 low[w]
            if(low[w]<min)
                min=low[w];
            if(low[w]>=visited[index])
                cout<<index<<" "<<algraph.vertices[index].data<<endl;
                                        //输出关结点
        }//if
        else if(visited[w]<min)         //w 已访问，w 是 v0 在生成树上的祖先
        min=visited[w];
    }//for
    low[index]=min;
}
```

算法 7.9 查找并输出图上全部关结点。

操作步骤：

步骤 1：初始化 count 为 1。

步骤 2：将位置为 0 的顶点设为生成树的根。

步骤 3：初始化未访问顶点的访问数组为 0。

步骤 4：从第一个顶点的第一个相邻顶点出发深度优先搜索关结点。

步骤 5：若生成树的根存在至少两棵子树，则根是关结点，输出之；若根有下一个邻接点，且下一邻接顶点未被访问，则从此顶点出发深度优先搜索关结点。

类 C++语言描述：

```cpp
Template <class T>
void ALGraph<T>::FindArticul()
{//查找并输出图 G 上的全部关结点
    int i,index;
    ArcNode *p;
    count=1;                            //初始化 count 为 1
    low[0]=visited[0]=1;                //将位置为 0 的顶点设为生成树的根
    for(i=1;i<algraph.vexnum;i++)       //初始化尚未访问顶点的访问数组
        visited[i]=0;
    p=algraph.vertices[0].firstarc;
    index=p->adjvex;
```

```
        DFSArticul(index);                    //从第 index 个顶点出发深度优先查找关结点
        if(count<algraph.vexnum)
        {//生成树的根存在至少两棵子树
            cout<<"0 "<<algraph.vertices[0].data<<endl;//根是关结点
            while(p->nextarc)
            {
                p=p->nextarc;
                index=p->adjvex;
                if(visited[index]==0)
                DFSArticul(index);
            }//while
        }//if
}
```

例如，图 G_7 中各顶点计算所得 visited 和 low 的函数值如表 7-1 所示。

表 7-1　图 G_7 中各顶点计算所得 visited 和 low 的函数值

i	0	1	2	3	4	5	6	7	8	9	10	11	12
vertices[i].data	A	B	C	D	E	F	G	H	I	J	K	L	M
visited[i]	1	5	12	10	11	13	8	6	9	4	7	2	3
low[i]	1	1	1	5	5	1	5	5	8	2	5	1	1
low 值的顺序	13	9	8	7	6	12	3	5	2	1	4	11	10

其中，J 是第一个求得 low 值的顶点，由于存在回边 (J,L)，所以 low[J]=Min{visited[J]、visited[L]}=2。上述算法中将指向双亲的树边也看成回边，由于不影响关结点的判别，因此，为使算法简明起见，在算法中没有区别之。

由于上述算法的过程就是一个遍历的过程，因此，求关结点的时间复杂度仍为 $O(n+e)$。

7.7　最小生成树

7.7.1　最小生成树的基本概念

由生成树的定义可知，无向连通图的生成树不是唯一的。连通图的一次遍历所经过的边的集合及图中所有顶点的集合就构成了该图的一棵生成树，对连通图进行不同的遍历，就可能得到不同的生成树。图 7-26(a)、(b) 和(c)均为图 7-21(G_5)的无向连通图的生成树。

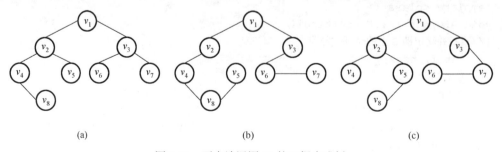

(a)　　　　　　　　　　　　　　(b)　　　　　　　　　　　　　　(c)

图 7-26　无向连通图 G_5 的三棵生成树

可以证明，对于有 n 个顶点的无向连通图，无论其生成树的形态如何，所有生成树中都有且仅有 $n-1$ 条边。

如果无向连通图是一个网，那么，它的所有生成树中必有一棵边的权值总和最小的生成树，称这棵生成树为最小生成树。

最小生成树的概念可以应用到许多实际问题中。例如，有这样一个问题：以尽可能低的总造价建造城市间的通信网络，把 10 个城市联系在一起。在这 10 个城市中，任意两个城市之间都可以建造通信线路，通信线路的造价依据城市间的距离不同而不同，可以构造一个通信线路造价网络。在该网络中，每个顶点表示城市，顶点之间的边表示城市之间可构造的通信线路，每条边的权值表示该条通信线路的造价，要想使总的造价最低，实际上就是寻找该网络的最小生成树。

下面介绍两种常用的构造最小生成树的算法。

7.7.2 构造最小生成树的 Prim 算法

假设 $G=(V,E)$ 为一网，式中 V 为网中所有顶点的集合，E 为网中所有带权边的集合。设置两个新的集合 U 和 T，其中集合 U 用于存放 G 的最小生成树中的顶点，集合 T 存放 G 的最小生成树中的边。令集合 U 的初值为 $U=\{u_1\}$（假设构造最小生成树时，从顶点 u_1 出发），集合 T 的初值为 $T=\{\}$。Prim 算法的思想是，从所有 $u\in U$，$v\in V-U$ 的边中，选取具有最小权值的边 (u,v)，将顶点 v 加入集合 U 中，将边 (u,v) 加入集合 T 中，如此不断重复，直到 $U=V$ 时，最小生成树构造完毕，这时集合 T 中包含了最小生成树的所有边。

Prim 算法可用下述过程描述，其中用 w_{uv} 表示边 (u,v) 的权值。

(1) $U=\{u_1\}$，$T=\{\}$；

(2) while $(U\neq V)$ do

    $(u,v)=\min\{w_{uv};\ u\in U,\ v\in V-U\}$

    $T=T+\{(u,v)\}$

    $U=U+\{v\}$

(3) 结束。

如图 7-27(a) 所示的一个网，按照 Prim 算法，从顶点 v_1 出发，该网的最小生成树的产生过程如图 7-27(b)～(h) 所示。

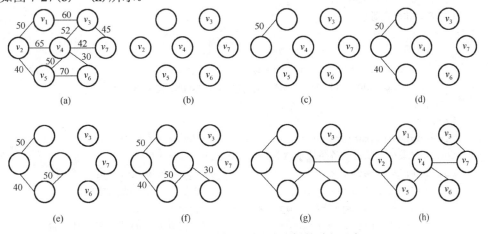

图 7-27　Prim 算法构造最小生成树的过程示意

　　为实现 Prim 算法，需设置一个辅助一维数组 closedge，其中 closedge[i].lowcost 用来保存集合 $V-U$ 中各顶点与集合 U 中各顶点构成的边中具有最小权值的边的权值；数组 closedge[i].adjvex 用来保存依附于该边的在集合 U 中的顶点。假设初始状态时，$U=\{u_1\}$（u_1 为出发的顶点），这时 u_1 对应的 lowcost 值设为 0，它表示顶点 u_1 已加入集合 U 中，元素 lowcost 的其他各分量的值是顶点 u_1 到其余各顶点所构成的直接边的权值。然后不断选取权值最小的边 (u_i, u_k)（$u_i \in U$，$u_k \in V-U$），每选取一条边，就将 closedge[k].lowcost 置为 0，表示顶点 u_k 已加入集合 U 中。由于顶点 u_k 从集合 $V-U$ 进入集合 U 后，这两个集合的内容发生了变化，就需依据具体情况更新数组元素 lowcost 和 adjvex 中部分分量的内容。最后 closedge 中即所建立的最小生成树。算法 7.10 中无向网采用邻接矩阵存储表示实现 Prim 算法。

　　算法 7.10　利用 Prim 算法构造最小生成树。

　　操作步骤：

　　步骤 1：从顶点 u 出发，对辅助数组 closedge 初始化，$U=\{u\}$。

　　步骤 2：从辅助数组 closedge 中找出最小权值关联的顶点。

　　(1) 将该顶点加入集合 U。

　　(2) 更新辅助数组 closedge 中 lowcost 和 adjvex 的值。

　　(3) $V-U$ 不空，继续执行步骤 2。

　　类 C++语言描述：

```cpp
template <class T>
struct miniside{
    //记录从顶点集 U 到顶点集 V-U 的代价最小的边的辅助数组定义
    T adjvex;
    int lowcost;
};
template <class T>
void MGraph<T>::MiniSpanTree_PRIM(T u)
{//从顶点 u 开始构造网的最小生成树，并输出各条边
    miniside<T> closedge[MAX_VERTEX_NUM];
    k=LocateVex(u);
    for(j=0;j<mgraph.vexnum;j++)
    {//初始化辅助数组
        if(j !=k)
        {
            closedge[j]. adjvex=u;
            closedge[j].lowcost=mgraph.arcs[k][j].adj;
        }//if
    }//for
    closedge[k].lowcost=0 ;                //初始化顶点集 U={u}
    cout<<"最小生成树的各条边依次为: "<<endl;
    for(i=1;i<mgraph.vexnum;i++){          //mgraph.vexnumge-1 个顶点
        k=Minimum(closedge);               //求出下一个结点的位置
        cout<<closedge[k]. adjvex<<"-"<<mgraph.vexs[k]<<endl;
        closedge[k].lowcost=0;             //将位置为 k 的顶点并入 U 集合
        for(j=0;j<mgraph.vexnum;j++)
```

```
                    {//新顶点并入 U 集后重新选择最小边
            if(mgraph.arcs[k][j].adj<closedge[j].lowcost)
            {
                closedge[j]. adjvex=mgraph.vexs[k];
                closedge[j].lowcost=mgraph.arcs[k][j].adj;
            }//if
        }//for
    }//for
}
```

图 7-28 给出了在用上述算法构造网(图 7-27(a))的最小生成树的过程中,数组 closedge 及集合 U、V–U 的变化情况,读者可进一步加深对 Prim 算法的了解。

在 Prim 算法中,第一个 for 循环的执行次数为 n,第二个 for 循环中又包括了一个 while 循环和一个 for 循环,执行次数为 $2(n-1)^2$,所以 Prim 算法的时间复杂度为 $O(n^2)$。

顶点	(1) LowCost Adjvex	(2) LowCost Adjvex	(3) LowCost Adjvex	(4) LowCost Adjvex	(5) LowCost Adjvex	(6) LowCost Adjvex	(7) LowCost Adjvex
v_1	0 1	0 1	0 1	0 1	0 1	0 1	0 1
v_2	50 1	0 1	0 1	0 1	0 1	0 1	0 1
v_3	60 1	60 1	60 1	52 4	52 4	45 7	0 7
v_4	∞ 1	65 2	50 5	0 5	0 5	0 5	0 5
v_5	∞ 1	40 2	0 2	0 2	0 2	0 2	0 2
v_6	∞ 1	∞ 1	70 5	30 4	0 4	0 4	0 4
v_7	∞ 1	∞ 1	∞ 1	42 4	42 4	0 4	0 4
U	$\{v_1\}$	$\{v_1, v_2\}$	$\{v_1, v_2, v_5\}$	$\{v_1, v_2, v_5, v_4\}$	$\{v_1, v_2, v_5, v_4, v_6\}$	$\{v_1, v_2, v_5, v_4, v_6, v_7\}$	$\{v_1, v_2, v_5, v_4, v_6, v_7, v_3\}$
T	$\{\}$	$\{(v_1, v_2)\}$	$\{(v_1, v_2), (v_2, v_5)\}$	$\{(v_1, v_2), (v_2, v_5), (v_4, v_5),\}$	$\{(v_1, v_2), (v_2, v_5), (v_4, v_5), (v_4, v_6),\}$	$\{(v_1, v_2), (v_2, v_5), (v_4, v_5), (v_4, v_6), (v_4, v_7),\}$	$\{(v_1, v_2), (v_2, v_5), (v_4, v_5), (v_4, v_7), (v_3, v_7),\}$

图 7-28　用 Prim 算法构造最小生成树过程中各参数的变化示意

7.7.3　构造最小生成树的 Kruskal 算法

Kruskal 算法是一种按照网中边的权值递增的顺序构造最小生成树的算法。其基本思想是:设无向连通网为 $G=(V,E)$,令 G 的最小生成树为 T,其初态为 $T=(V,\{\})$,即开始时,最小生成树 T 由图 G 中的 n 个顶点构成,顶点之间没有一条边,这样 T 中各顶点各自构成一个连通分量。然后,按照边的权值由小到大的顺序,考察 G 的边集 E 中的各条边。若被考察的边的两个顶点属于 T 的两个不同的连通分量,则将此边作为最小生成树的边加入 T 中,同时把两个连通分量连接为一个连通分量;若被考察的边的两个顶点属于同一个连通分量,则舍去此边,以免造成回路,如此下去,当 T 中的连通分量个数为 1 时,此连通分量便为 G 的一棵最小生成树。

　　对于如图 7-27(a) 所示的网，按照 Kruskal 算法构造最小生成树的过程如图 7-29 所示。在构造过程中，按照网中边的权值由小到大的顺序，不断选取当前未被选取的边集中权值最小的边。依据生成树的概念，n 个结点的生成树有 $n-1$ 条边，故重复上述过程，直到选取了 $n-1$ 条边为止，就构成了一棵最小生成树。

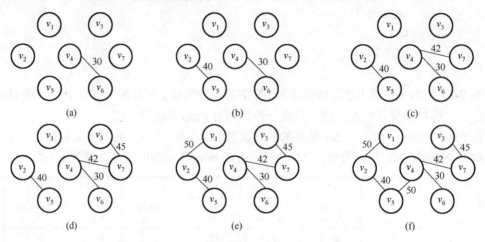

图 7-29　Kruskal 算法构造最小生成树的过程示意

算法 7.11　Kruskal 算法。

　　设置一个结构数组 edges 存储网中所有的边，边的结构类型包括构成的顶点信息和边权值，定义如下：

```
#define MAXEDGE  <图中的最大边数>
template <class T>
struct EdgeType{
    T v1;
    T v2;
    int cost;
};
EdgeType <T> edges[MAXEDGE];
```

　　在结构数组 edges 中，每个分量 edges[i]代表网中的一条边，其中 edges[i].v_1 和 edges[i].v_2 表示该边的两个顶点，edges[i].cost 表示这条边的权值。为了方便选取当前权值最小的边，事先把数组 edges 中的各元素按照其 cost 域值由小到大的顺序排列。在对连通分量合并时，采用 7.7.2 节所介绍的集合的合并方法。对于有 n 个顶点的网，设置一个数组 father，其初值为 father[i]=-1 (i=0,1,…,n-1)，表示各个顶点在不同的连通分量上，然后，依次取出 edges 数组中的每条边的两个顶点，查找它们所属的连通分量，假设 vf_1 和 vf_2 为两顶点所在的树的根结点在数组 father 中的序号，若 vf_1 不等于 vf_2，表明这条边的两个顶点不属于同一分量，则将这条边作为最小生成树的边输出，并合并它们所属的两个连通分量。

　　下面用 C++语言实现 Kruskal 算法，其中函数 Find 的作用是寻找图中顶点所在树的根结点在数组 father 中的序号。需说明的是，在程序中将顶点的数据类型定义成整型，而在实际应用中，可依据实际需要来设定。

```
template <class T>
void Kruskal(EdgeType<T> edges[ ], int n)
{//用 Kruskal 算法构造有 n 个顶点的图 edges 的最小生成树
    int father[MAXEDGE];
    int i,j,vf1,vf2;
    for(i=0;i<n;i++)father[i]=-1;
    i=0;j=0;
    while(i<MAXEDGE && j<n-1)
      {    vf1=Find(father,edges[i].v1);
           vf2=Find(father,edges[i].v2);
           if(vf1!=vf2)
           {    father[vf2]=vf1;
                j++;
                cout<< edges[i].v1 << edges[i].v2<<endl;
           }//if
           i++;
      }//while
}
int Find(int father[ ], int v)
{//寻找顶点 v 所在树的根结点
    t=v;
    while(father[t]>=0)
        t=father[t];
    return t;
}
```

在 Kruskal 算法中，第二个 while 循环是影响时间效率的主要操作，其循环次数最多为 MAXEDGE 次，其内部调用的 Find 函数的内部循环次数最多为 n，所以 Kruskal 算法的时间复杂度为 $O(n×MAXEDGE)$。

7.8　最短路径

如案例 7.2 所说，最短路径问题是图的比较典型的应用问题。生活中常遇路径选择问题，例如，从城 A 到城 B，有人选择最短时间的路径，有人选择最省钱的路径。如果将城市用结点表示，城市间的公路用边表示，公路的长度作为边的权值，那么，这个问题就可归结为在网中，求点 A 到点 B 的所有路径中，边的权值之和最短的一条路径。这条路径就是两点之间的最短路径，并称路径上的第一个顶点为源点(Sourse)，最后一个顶点为终点(Destination)。在非网中，最短路径是指两点之间经历的边数最少的路径。下面讨论两种最常见的最短路径问题，即单源点最短路径和顶点之间的最短路径。

7.8.1　从一个源点到其他各点的最短路径

本节先来讨论单源点的最短路径问题：给定带权有向图 $G=(V,E)$ 和源点 $v∈V$，求从 v 到 G 中其余各顶点的最短路径。

迪杰斯特拉(Dijkstra)提出了一个按路径长度递增的次序产生最短路径的算法。该算法的基本策略是按最短路径长度的升序求得源点 v_0 到其他所有顶点的最短路径，依次记为 $P_1,P_2,\cdots,P_i,\cdots,P_{n-1},P_n$，终点记为 v_i。例如，图 7-30(a) 的有向带权图 G，依次求得源点 B 到其他所有顶点的最短路径如图 7-30(b) 所示。

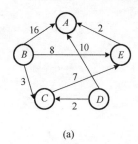

i	v_i	最短路径P_i	路径长度
1	C	$B{\to}C$	3
2	E	$B{\to}E$	8
3	A	$B{\to}E{\to}A$	10
4	D	不存在	

(a)　　　　　　　　　(b)

图 7-30　单源点最短路径示例

若 v_0 到其他所有顶点的最短路径集合 $\{P_1,P_2,\cdots,P_i,\cdots,P_{n-1},P_n\}$ 是升序的，则具有以下两个性质。

性质 1　P 中长度最短的路径 P_1 必定只含一条弧，并且是从源点 v_0 出发的所有弧中权值最小的弧。

性质 2　如果已求得 $P_1,P_2,\cdots,P_i$，则下一条最短路径 P_{i+1} 或者是源点 v_0 到 v_{i+1} 的弧，或者是源点 v_0 经过已求得的某条最短路径 P_k $(1{\leqslant}k{\leqslant}i)$ 以及 v_k 到 v_{i+1} 的弧。

证明（反证法）　假设下一条求得的最短路径 P_{i+1} 不经过已求得最短路径的顶点，而经过其他顶点 v_j $(i+1{<}j{\leqslant}n{-}1)$ 到达 v_{i+1}，则有等式 $D(v_0,v_{i+1}){=}D(v_0,v_j){+}D(v_j,v_{i+1})$，式中 $D(v_0,v_j)$ 表示 v_0 到 v_i 的路径长度，可推出 $D(v_0,v_j){<}D(v_0,v_{i+1})$，即源点 v_0 到 v_j 的路径长度更短，P_j 是已求得的最短路径，j 应小于 $i+1$，与假设 j 大于 $i+1$ 矛盾。

在下面的讨论中假设源点为 v_0。

Dijkstra 算法的基本思想是：设置两个顶点的集合 S 和 $T{=}V{-}S$，集合 S 中存放已找到最短路径的顶点，集合 T 存放当前还未找到最短路径的顶点。初始状态时，集合 S 中只包含源点 v_0，然后不断从集合 T 中选取到顶点 v_0 路径长度最短的顶点 u 加入集合 S 中，集合 S 每加入一个新的顶点 u，都要修改顶点 v_0 到集合 T 中剩余顶点的最短路径长度，集合 T 中各顶点新的最短路径长度为原来的最短路径长度与顶点 u 的最短路径长度加上 u 到该顶点的路径长度中的较小值。此过程不断重复，直到集合 T 的顶点全部加入 S 中为止。

算法 7.12　Dijkstra 算法。

首先，引进一个辅助向量 **D**，它的每个分量 $D[i]$ 表示当前所找到的从始点 v_0 到每个终点 v_i 的最短路径的长度。它的初态为：若从 v_0 到 v_i 有弧，则 $D[i]$ 为弧上的权值；否则置 $D[i]$ 为 ∞。显然，长度为

$$D[j]=\text{Min}\{D[i]\| \ v_i \in V\} \tag{7-4}$$

的路径就是从 v_0 出发的长度最短的一条路径。此路径为 (v_0,v_i)。

那么，下一条长度次短的路径是哪一条呢？假设该次短路径的终点是 v_k，则可想而知，这条路径或者是 (v_0,v_k)，或者是 (v_0,v_j,v_k)。它的长度或者是从 v_0 到 v_k 的弧上的权值，或者是 $D[j]$ 和从 v_j 到 v_k 的弧上的权值之和。

依据前面介绍的算法思想，在一般情况下，下一条长度次短的路径的长度必是

$$D[j]=\text{Min}\{D[i]|\ v_i\in V-S\} \tag{7-5}$$

式中，$D[i]$ 或者是弧 $<v_0, v_i>$ 上的权值，或者是 $D[k]$（$v_k\in S$）和弧 $<v_k, v_i>$ 上的权值之和。

操作步骤：

步骤 1：用带权的邻接矩阵 edges 来表示带权有向图，edges[i][j] 表示弧 $<v_i, v_j>$ 上的权值。

步骤 2：判断 $<v_i, v_j>$ 是否存在。

（1）若 $<v_i, v_j>$ 不存在，则置 edges[i][j] 为∞。

（2）若 $<v_i, v_j>$ 存在，设 S 为已找到从 v 出发的最短路径的终点的集合，它的初始状态为空。

那么，从 v 出发到图上其余各顶点（终点）v_i 可能达到最短路径长度的初值为

$$D[i]=\text{edges}[\text{Locate Vex}(G,v)][i],\quad v_i\in V \tag{7-6}$$

步骤 3：选择 v_j，使得

$$D[j]=\text{Min}\{D[i]|\ v_i\in V-S\} \tag{7-7}$$

v_j 就是当前求得的一条从 v 出发的最短路径的终点。

步骤 4：$S=S\cup\{j\}$。

步骤 5：修改从 v 出发到集合 $V-S$ 上任一顶点 v_k 可达的最短路径长度。

步骤 6：判断 $D[j]+\text{edges}[j][k]<D[k]$。

（1）如果 $D[j]+\text{edges}[j][k]<D[k]$，则

$$D[k]=D[j]+\text{edges}[j][k] \tag{7-8}$$

（2）如果 $D[j]+\text{edges}[j][k]\geq D[k]$，则转到步骤 3。

步骤 7：重复操作步骤 3 至步骤 6（共 $n-1$ 次）。由此求得从 v 到图上其余各顶点的最短路径是依路径长度递增的序列。

类 C++描述如下：

```
template <class T>
void MGraph<T>::ShortestPath_DIJ(int v0,PathMatrix_1 &P,ShortPathTable &D)
//用 Dijkstra 算法求有向网的 v0 顶点到其余顶点 v 的最短路径 P[v]及带权长度 D[v]。若 P[v][w]
//为 true，则 w 是从 v0 到 v 当前求得最短路径上的顶点 final[v]为 true 当且仅当 v∈S,
//即已经求得从 v0 到 v 的最短路径
{
    bool final[MAX_VERTEX_NUM];
                        //辅助数组，初值为假。值为真表示该顶点到 v0 的最短距离已求出
    for(v=0;v<mgraph.vexnum;v++)
    {
        final[v]=false;                 //设初值
        D[v]=mgraph.arcs[v0][v].adj;
                        //D[]存放 v0 到 v 的最短距离，初值为 v0 到 v 的直接距离
        for(w=0;w<mgraph.vexnum;w++)     //设空路径
            P[v][w]=false;
        if(D[v]<infinity)               //v0 到 v 有直接路径
        P[v][v0]=P[v][v]=true;//数组 p[v][]表示源点 v0 到 v 最短路径通过的顶点
    }//for
    D[v0]=0;                            //v0 到 v0 距离为 0
    final[v0]=true;                     //v0 顶点并入 S 集
```

```
for(i=1;i<mgraph.vexnum;i++)
{//其余 G.vexnum-1 个顶点
    //开始主循环，每次求得 v0 到某个顶点 v 的最短路径，并将 v 并入 S 集
    min=infinity;//当前所知离 v0 顶点的最近距离，设初值为∞
    for(w=0;w<mgraph.vexnum;w++)
    {//对所有顶点进行检查
        if(!final[w]&&D[w]<min)
        {//在 S 集之外的顶点中找离 v0 最近的顶点，并将其赋予 v，距离赋予 min
            v=w;
            min=D[w];
        }//if
    }//for
    final[v]=true;//离 v0 最近的 v 并入 S 集
    for(w=0;w<mgraph.vexnum;w++)
    {//根据新并入的顶点，更新不在 S 集的顶点到 v0 的距离和路径数组
        if(!final[w]&&min<infinity&&mgraph.arcs[v][w].adj<infinity&&
            (min+mgraph.arcs[v][w].adj<D[w]))
        {//w 不属于 S 集且 v0→v→w 的距离<目前 v0→w 的距离
            D[w]=min+mgraph.arcs[v][w].adj;//更新 D[w]
            for(j=0;j<mgraph.vexnum;j++)
                //修改 P[w]，v0 到 w 经过的顶点包括 v0 到 v 经过的顶点再加上顶点 w
                P[w][j]=P[v][j];
            P[w][w]=true;
        }//if
    }//for
}//for
}
```

例如，一个有向网 G_8 的带权邻接矩阵如图 7-31 所示。

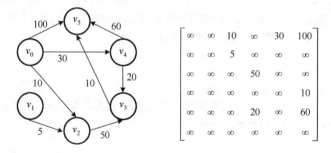

图 7-31　有向网 G_8 及其邻接矩阵

若对 G_8 施行 Dijkstra 算法，则所得从 v_0 到其余各顶点的最短路径，以及运算过程中 **D** 向量的变化状况，如图 7-32 所示。

下面分析这个算法的运行时间。第一个 for 循环的时间复杂度是 $O(n)$，第二个 for 循环共进行 $n-1$ 次，每次执行的时间复杂度是 $O(n)$。所以总的时间复杂度是 $O(n^2)$。如果用带权的邻接表作为有向图的存储结构，则虽然修改 **D** 的时间可以减少，但由于在 **D** 向量中选择最小分量的时间不变，所以总的时间仍为 $O(n^2)$。

如果采用 Dijkstra 算法只希望找到从源点到某一个特定的终点的最短路径，从上面求最

短路径的原理来看，这个问题和求源点到其他所有顶点的最短路径一样复杂，其时间复杂度也是 $O(n^2)$。

终点	从 v_0 到各终点的 D 值和最短路径的求解过程				
	$i = 1$	$i = 2$	$i = 3$	$i = 4$	$i = 5$
v_1	∞	∞	∞	∞	∞ 无
v_2	10 (v_0, v_2)				
v_3	∞	60 (v_0, v_2, v_3)	50 (v_0, v_4, v_3)		
v_4	30 (v_0, v_4)	30 (v_0, v_4)			
v_5	100 (v_0, v_5)	100 (v_0, v_5)	90 (v_0, v_4, v_5)	60 (v_0, v_4, v_3, v_5)	
v_j	v_2	v_4	v_3	v_5	
S	$\{v_0, v_2\}$	$\{v_0, v_2, v_4\}$	$\{v_0, v_2, v_3, v_4\}$	$\{v_0, v_2, v_3, v_4, v_5\}$	

图 7-32 有向网 G_8 的 Dijkstra 算法 D 向量变化示意图

7.8.2 每一对顶点之间的最短路径

解决每一对顶点之间的最短路径问题的一个办法是：每次以一个顶点为源点，重复执行迪杰斯特拉算法 n 次。这样，便可求得每一对顶点的最短路径，总的执行时间为 $O(n^3)$。

这里要介绍由弗洛伊德提出的另一个算法。这个算法的时间复杂度也是 $O(n^3)$，但形式上简单些。

算法 7.13 弗洛伊德算法。

弗洛伊德算法仍从图的带权邻接矩阵 cost 出发，其基本思想是：

假设求从顶点 v_i 到 v_j 的最短路径。如果从 v_i 到 v_j 有弧，则从 v_i 到 v_j 存在一条长度为 edges[i][j] 的路径，该路径不一定是最短路径，因此进行 n 次试探比较后，最后求得的必是从 v_i 到 v_j 的最短路径。

操作步骤：

步骤 1：考虑路径 (v_i, v_0, v_j) 是否存在(即判别弧 $<v_i, v_0>$ 和 $<v_0, v_j>$ 是否存在)。如果存在，则比较 (v_i, v_j) 和 (v_i, v_0, v_j) 的路径长度，取长度较短者为从 v_i 到 v_j 的中间顶点的序号不大于 0 的最短路径。

步骤 2：假如在路径上再增加一个顶点 v_1，也就是说，如果 $(v_i, \cdots, v_1)$ 和 $(v_1, \cdots, v_j)$ 分别是当前找到的中间顶点的序号不大于 0 的最短路径，那么 $(v_i, \cdots, v_1, \cdots, v_j)$ 就有可能是从 v_i 到 v_j 的中间顶点的序号不大于 1 的最短路径。

步骤 3：将上面得到的最短路径和已经得到的从 v_i 到 v_j 的中间顶点序号不大于 0 的最短路径相比较，从中选出中间顶点的序号不大于 1 的最短路径之后，增加一个顶点 v_2，继续进行试探。

步骤 4：重复上述步骤，若 $(v_i, \cdots, v_k)$ 和 $(v_k, \cdots, v_j)$ 分别是从 v_i 到 v_k 和从 v_k 到 v_j 的中间顶点

的序号不大于 $k-1$ 的最短路径，则将 $(v_i,\cdots,v_k,\cdots,v_j)$ 和已经得到的从 v_i 到 v_j 且中间顶点序号不大于 $k-1$ 的最短路径相比较，其长度较短者便是从 v_i 到 v_j 的中间顶点的序号不大于 k 的最短路径。

按此算法，可以同时求得各对顶点间的最短路径。

现定义一个 n 阶方阵序列：

$$\boldsymbol{D}^{(-1)},\boldsymbol{D}^{(0)},\boldsymbol{D}^{(1)},\cdots,\boldsymbol{D}^{(k)},\boldsymbol{D}^{(n-1)}$$

式中

$$D^{(-1)}[i][j]=\text{edges}[i][j] \tag{7-9}$$

$$D^{(k)}[i][j]=\text{Min}\{D^{(k-1)}[i][j],\ D^{(k-1)}[i][k]+D^{(k-1)}[k][j]\},\quad 0\leqslant k\leqslant n-1 \tag{7-10}$$

从式(7-9)和式(7-10)可见，$D^{(1)}[i][j]$ 是从 v_i 到 v_j 的中间顶点的序号不大于 1 的最短路径的长度；$D^{(k)}[i][j]$ 是从 v_i 到 v_j 的中间顶点序号不大于 k 的最短路径的长度；$D^{(n-1)}[i][j]$ 就是从 v_i 到 v_j 的最短路径的长度。

类 C++描述如下：

```
template <class T>
void ShortestPath_Floyd(AMGraph G)
{//用 Floyd 算法求有向网 G 中各对顶点 i 和 j 之间的最短路径
for(i=0;i<G.vexnum;++i)                    //各对结点之间初始已知路径及距离
    for(j=0;j<G.vexnum;++j) {
        D[i][j]=G.arcs[i][j];
        if(D[i][j]<MaxInt)Path [i][j]=i;  //如果 i 和 j 之间有弧，则将 j 的前驱置为 i
        else Path[i][j]=-1;               //如果 i 和 j 之间无弧，则将 j 的前驱置为-1
        }//for
for(k=0; k<G.vexnum ; ++k)
    for(i=0;i<G.vexnum;++i)
        for(j=0;j<G.vexnum;++j)
            if(D[i][k] +D[k][j]<D[i][j])   //从 i 经 k 到 j 的一条路径更短
            {
                D[i][j]=D[i][k]+D[k][j];     //更新 D[i][j]
                Path[i][j]=Path[k][j];       //更改 j 的前驱为 k
            }//if
}
```

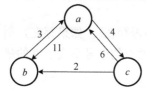

$$\begin{bmatrix} 0 & 4 & 11 \\ 6 & 0 & 2 \\ 3 & \infty & 0 \end{bmatrix}$$

图 7-33 给出了一个简单的有向网及其邻接矩阵。图 7-34 给出了用 Floyd 算法求该有向网中每对顶点之间的最短路径过程中，数组 $\boldsymbol{D}$ 和数组 $\boldsymbol{P}$ 的变化情况。

图 7-33　一个有向网 G_9 及其邻接矩阵

$$\boldsymbol{D}^{(-1)}=\begin{pmatrix} 0 & 4 & 11 \\ 6 & 0 & 2 \\ 3 & \infty & 0 \end{pmatrix} \quad \boldsymbol{D}^{(0)}=\begin{pmatrix} 0 & 4 & 11 \\ 6 & 0 & 2 \\ 3 & 7 & 0 \end{pmatrix} \quad \boldsymbol{D}^{(1)}=\begin{pmatrix} 0 & 4 & 6 \\ 6 & 0 & 2 \\ 3 & 7 & 0 \end{pmatrix} \quad \boldsymbol{D}^{(2)}=\begin{pmatrix} 0 & 4 & 6 \\ 5 & 0 & 2 \\ 3 & 7 & 0 \end{pmatrix}$$

$$\boldsymbol{P}^{(-1)}=\begin{pmatrix} & ab & ac \\ ba & & bc \\ ca & & \end{pmatrix} \quad \boldsymbol{P}^{(0)}=\begin{pmatrix} & ab & ac \\ ba & & bc \\ ca & cab & \end{pmatrix} \quad \boldsymbol{P}^{(1)}=\begin{pmatrix} & ab & abc \\ ba & & bc \\ ca & cab & \end{pmatrix} \quad \boldsymbol{P}^{(2)}=\begin{pmatrix} & ab & abc \\ bca & & bc \\ ca & cab & \end{pmatrix}$$

图 7-34　Floyd 算法执行时数组 $\boldsymbol{D}$ 和 $\boldsymbol{P}$ 取值的变化示意

7.9 有向无环图及其应用

7.9.1 有向无环图的概念

为一组任务制订进度计划，如课程或建筑任务，任务之间通常存在一定的次序关系，必须在一些任务完成之后才能开始另一些任务。对于整个任务，人们通常关心这样的问题：如何以某种线性顺序组织这些任务，以便能在满足所有次序关系的基础上逐个完成各项任务。这一问题可以用有向无环图进行建模。有向无环图是指不存在回路的有向图（Directed Acyclic Graph，DAG）。其中，图中顶点表示任务，弧表示任务之间的次序关系。

DAG 是一类较有向树更一般的特殊有向图，图 7-35 给出了有向树、DAG 和带环有向图的例子。

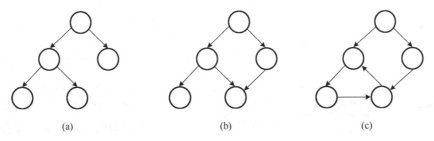

图 7-35 有向树、DAG 和带环有向图示意

有向无环图是描述一项工程或系统进行过程的有效工具。除最简单的情况之外，几乎所有的工程都可分为若干个称为活动（Activity）的子工程，而这些子工程之间，通常受着一定条件的约束，如其中某些子工程的开始必须在另一些子工程完成之后。对于整个工程和系统，人们关心的是两个方面的问题：一是工程能否顺利进行；二是估算整个工程完成所必需的最短时间。7.9.2 节和 7.9.3 节将详细介绍这两个问题是如何通过对有向图进行拓扑排序和关键路径操作来解决的。

7.9.2 AOV 网与拓扑排序

1. AOV 网

所有的工程或者某种流程可以分为若干个小的工程或阶段，这些小的工程或阶段就称为活动。若以图中的顶点来表示活动，有向边表示活动之间的优先关系，则这样活动在顶点上的有向图称为 AOV 网（Activity on Vertex Network）。在 AOV 网中，若从顶点 i 到顶点 j 之间存在一条有向路径，称顶点 i 是顶点 j 的前驱，或者称顶点 j 是顶点 i 的后继。若<i,j>是图中的弧，则称顶点 i 是顶点 j 的直接前驱，顶点 j 是顶点 i 的直接后驱。

AOV 网中的弧表示了活动之间存在某种制约关系。例如，计算机专业的学生必须完成一系列规定的基础课和专业课才能毕业。学生按照怎样的顺序来学习这些课程呢？这个问题可以看成一个大的工程，其活动就是学习每一门课程。这些课程的名称与相应编号如表 7-2 所示。

表 7-2　计算机专业的课程设置及其关系

课程编号	课程名称	先修课程	课程编号	课程名称	先修课程
C_1	程序设计基础	无	C_7	数据库应用	C_3
C_2	离散数学	C_9	C_8	编译原理	$C_3\ C_1$
C_3	数据结构	$C_1\ C_2$	C_9	高等数学	无
C_4	微机原理	C_5	C_{10}	线性代数	C_9
C_5	计算机系统结构	无	C_{11}	数值分析	$C_1\ C_9\ C_{10}$
C_6	操作系统	$C_3\ C_5$	C_{12}	计算机网络	$C_5\ C_6\ C_7$

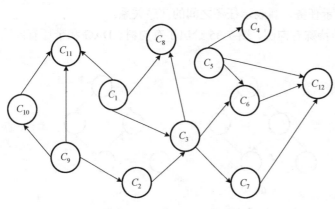

表 7-2 中，C_1、C_5 和 C_9 是独立于其他课程的基础课，而有的课却需要有先行课程，先行条件规定了课程之间的优先关系。这种优先关系可以用如图 7-36 所示的有向图来表示。其中，顶点表示课程，有向边表示前提条件。若课程 i 为课程 j 的先行课程，则必然存在有向边 $<i,j>$。在安排学习顺序时，必须保证在学习某门课程之前，已经学习了其先行课程。

图 7-36　一个 AOV 网实例

类似的 AOV 网的例子还有很多，如大家熟悉的计算机程序，任何一个可执行程序也可以划分为若干个程序段(或若干语句)，由这些程序段组成的流程图也是一个 AOV 网。

2. 拓扑排序

为了保证某项工程得以顺利完成，必须保证其 AOV 网中不出现回路(即有向无环图)；否则，意味着某项活动应以自身作为其能否开展的先决条件，这是荒谬的。

测试 AOV 网是否具有回路(即是否是一个有向无环图)的方法，就是对 AOV 网的顶点集合的元素构造一个线性序列。

如果线性序列满足以下性质：

(1)在 AOV 网中，若顶点 i 优先于顶点 j，则在线性序列中顶点 i 仍然优先于顶点 j。

(2)对于网中原来没有优先关系的两个顶点 i 和 j，在线性序列中也建立一个优先关系，或者顶点 i 优先于顶点 j，或者顶点 j 优先于 i，如图 7-36 中的 C_1、C_5 和 C_9，则这样的线性序列称为拓扑有序序列。构造拓扑序列的过程称为拓扑排序。

判断有无回路的方法：若某个 AOV 网中所有顶点都在它的拓扑序列中，则说明该 AOV 网不存在回路，这时的拓扑序列元素集合为包含 AOV 网中所有活动的顶点集合。以图 7-36 中的 AOV 网为例，可以得到不止一个拓扑序列：$C_9,C_{10},C_2,C_1,C_{11},C_3,C_8,C_7,C_5,C_6,C_4,C_{12}$ 和 $C_5,C_4,C_1,C_9,C_2,C_{10},C_{11},C_3,C_8,C_6,C_7,C_{12}$。显然，对于任何一项工程中各个活动的安排，必须按拓扑有序序列中的顺序进行才是可行的。

3. 拓扑排序算法

对 AOV 网进行拓扑排序的方法和步骤是:

(1)从 AOV 网中选择一个入度为 0(没有前驱)的顶点,并且输出该顶点。

(2)从网中删去该顶点,并且删去从该顶点出发的全部有向边。

(3)重复上述两步,直到剩余的网中不再存在没有前驱的顶点为止。

这样操作的结果有两种:一种是网中全部顶点都被输出,这说明网中不存在有向回路;另一种就是网中顶点未被全部输出,剩余的顶点均有前驱顶点,这说明网中存在有向回路。

图 7-37 给出了在一个 AOV 网上实施上述步骤的例子。

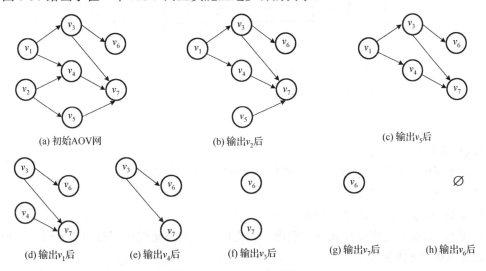

图 7-37 求一拓扑序列的过程

得到一个拓扑序列: $v_2, v_5, v_1, v_4, v_3, v_7, v_6$。

为了实现上述算法,对 AOV 网采用邻接表存储方式,并且在邻接表中的顶点中增加一个记录顶点入度的数据域,即顶点结构设为

count	data	firstarc

其中,data、firstarc 的含义如前所述;count 为记录顶点入度的数据域。边结点的结构同 7.4.2 节所述。图 7-37(a)中的 AOV 网的邻接表如图 7-38 所示。

顶点表结点结构的描述为:

```
template <class T>
struct VNode{
    int   count         //存放顶点入度
    T data;             //顶点信息
    ArcNode *firstarc;  //指向第一条依附该顶点的指针
};
```

当然也可以不增设入度域,而另设一个一维数组 indegree[]来存放每一个结点的入度。顶点表结点结构的描述改为:

```
template <class T>
struct VNode{
    T data;                  //顶点信息
    ArcNode *firstarc;       //指向第一条依附该顶点的指针
};
```

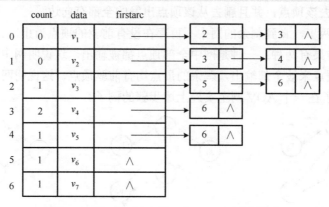

图 7-38　　图 7-37(a)中的一个 AOV 网的邻接表

算法 7.14　拓扑排序算法。

算法实现中可设置一个栈，凡是网中入度为 0 的顶点都将其入栈。

操作步骤：

步骤 1：将没有前驱的顶点(count 域为 0)压入栈。

步骤 2：从栈中退出栈顶元素并输出，并把以该顶点为尾的所有有向边删去，即把它的各个邻接顶点的入度减 1。

步骤 3：将新产生的入度为 0 的顶点入栈。

步骤 4：重复步骤 2～步骤 4，直到栈空为止。此时或者已经输出全部顶点，或者剩下的顶点中没有入度为 0 的顶点。

从上面的步骤可以看出，栈在这里只是起到一个保存当前入度为 0 的顶点的作用，并使之处理有序。这种有序可以是后进先出，也可以是先进先出，故此也可用队列来辅助实现。

在下面给出的用 C++语言描述的拓扑排序的算法实现中，我们采用栈来存放当前未处理过的入度为 0 的结点，但并不需要额外增设栈的空间，而是设一个栈顶位置的指针将当前所有未处理过的入度为 0 的结点链接起来，形成一个链栈。

类 C++语言描述：

```
template <class T>
bool ALGraph<T>::TopologicalSort()
{//若图无回路，则输出图的顶点列的一个拓扑序列并返回 true；否则返回 false
    int i,k,count=0;                    //已输出顶点数，初值为 0
    int indegree[MAX_VERTEX_NUM];       //入度数组，存放各顶点当前入度数
    SeqStack<int> S;                    //创建 int 型静态栈
    ArcNode *p;
    FindInDegree(indegree);             //对各顶点求入度 indegree[]
    for(i=0;i<algraph.vexnum;i++)
    {
        if(!indegree[i])                //判断入度是否为 0
```

```
                S.Push(i);                    //将 i 入 0 入度顶点栈 S
        }//for
        while(!S.IsEmpty())
        {//当 0 入度顶点栈 S 不空
            S.Pop(i);                         //出栈 1 个 0 入度顶点的序号，并将其赋予 i
            cout<<algraph.vertices[i].data;//输出 i 号顶点
            ++count;                          //已输出顶点数+1
            for(p=algraph.vertices[i].firstarc;p;p=p->nextarc)
            {//对 i 号顶点的每个邻接顶点进行操作
                k=p->adjvex;                  //其序号为 k
                if(!(--indegree[k]))          //k 的入度减 1，若减为 0，则将 k 入栈 S
                    S.Push(k);
            }//for
        }//while
        if(count<algraph.vexnum)              //0 入度顶点栈 S 已空，图 G 还有顶点未输出
            return false;                     //此有向图有回路
        else
            return true;                      //一个拓扑序列
}
//求图中顶点的入度，另设一个一维数组来存放每一个结点的入度
template <class T>
void ALGraph<T>::FindInDegree(int indegree[])
{
    ArcNode *p;
    for(i=0;i<algraph.vexnum;i++)
        indegree[i]=0;
    for(i=0;i<algraph.vexnum;i++)
    {
        p=algraph.vertices[i].firstarc;
        while(p)
        {
            indegree[p->adjvex]++;
            p=p->nextarc;
        }//while
    }//for
}
```

算法分析：

对一个具有 n 个顶点、e 条边的网来说，整个算法的时间复杂度为 $O(e+n)$。

7.9.3 AOE 网与关键路径

1. AOE 网

若在带权的有向图中，以顶点表示事件，以有向边表示活动，边上的权值表示活动的开销（如该活动持续的时间等），则此带权的有向图称为 AOE 网（Activity on Edge Network）。

如果用 AOE 网来表示一项工程，那么，仅仅考虑各个子工程之间的优先关系还不够，更多的是关心整个工程完成的最短时间是多少；哪些活动的延期将会影响整个工程的进度，而加速这些活动是否会提高整个工程的效率等。因此，通常在 AOE 网中列出完成预定工程

计划所需要进行的活动、每个活动计划完成的时间、要发生哪些事件以及这些事件与活动之间的关系，从而可以确定该项工程是否可行，估算工程完成的时间以及确定哪些活动是影响工程进度的关键。

AOE 网具有以下两个性质：

(1) 只有在某顶点所代表的事件发生后，从该顶点出发的各有向边所代表的活动才能开始。

(2) 只有在进入某顶点的各有向边所代表的活动都已经结束后，该顶点所代表的事件才能发生。

图 7-10 给出了一个具有 15 个活动、11 个事件的假想工程的 AOE 网。$v_1, v_2, \cdots, v_{11}$ 分别表示一个事件；$<v_1, v_2>, <v_1, v_3>, \cdots, <v_{10}, v_{11}>$ 分别表示一个活动；用 $a_1, a_2, \cdots, a_{15}$ 代表这些活动。其中，v_1 称为源点，是整个工程的开始点，其入度为 0；v_{11} 为终点，是整个工程的结束点，其出度为 0。

对于 AOE 网，可采用与 AOV 网一样的邻接表存储方式。其中，邻接表中边结点的域为该边的权值，即该有向边代表的活动所持续的时间。

2. 关键路径

由于 AOE 网中的某些活动能够同时进行，故完成整个工程所必须花费的时间应该为源点到终点的最大路径长度(这里的路径长度是指该路径上的各个活动所需时间之和)。具有最大路径长度的路径称为**关键路径**。关键路径上的活动称为**关键活动**。关键路径长度是整个工程所需的最短工期。这就是说，要缩短整个工期，必须加快关键活动的进度。

AOE 网在工程计划和经营管理中有广泛的应用，针对实际的应用问题，通常需要解决以下两个问题：

(1) 估算完成整项工程至少需要多少时间。

(2) 判断哪些活动是影响工程进度的关键。

3. 关键路径的确定

为了在 AOE 网中找出关键路径，需要定义几个参量，并且说明其计算方法。

(1) 事件的最早发生时间 $v_e[k]$。

$v_e[k]$ 是指从源点到顶点的最大路径长度代表的时间。这个时间决定了所有从该顶点发出的有向边所代表的活动能够开工的最早时间。根据 AOE 网的性质，只有进入 v_k 的所有活动 $<v_j, v_k>$ 都结束时，v_k 代表的事件才能发生；而活动 $<v_j, v_k>$ 的最早结束时间为 $v_e[j] + \mathrm{dut}(<v_j, v_k>)$，所以计算 v_k 发生的最早时间的方法如下：

$$\begin{cases} v_e[l] = 0 \\ v_e[k] = \mathrm{Max}\{v_e[j] + \mathrm{dut}(<v_j, v_k>)\} \quad <v_j, v_k> \in p[k] \end{cases} \tag{7-11}$$

式中，$p[k]$ 表示所有到达 v_k 的有向边的集合；$\mathrm{dut}(<v_j, v_k>)$ 为有向边 $<v_j, v_k>$ 上的权值。

(2) 事件的最迟发生时间 $v_l[k]$。

$v_l[k]$ 是指在不推迟整个工期的前提下，事件 v_k 允许的最迟发生时间。设有向边 $<v_k, v_j>$ 代表从 v_k 出发的活动，为了不拖延整个工期，v_k 发生的最迟时间必须保证不推迟从事件 v_k 出发的所有活动 $<v_k, v_j>$ 的终点 v_j 的最迟发生时间 $v_l[j]$。$v_l[k]$ 的计算方法如下：

$$\begin{cases} v_l[n]=v_e[n] \\ v_l[k]=\text{Min}\{v_l[j]-\text{dut}(<v_k,v_j>)\}<v_k,v_j>\in s[k] \end{cases} \tag{7-12}$$

式中，$s[k]$ 为所有从 v_k 发出的有向边的集合。

(3) 活动 a_i 的最早开始时间 $e[i]$。

若活动 a_i 由弧 $<v_k,v_j>$ 表示，则根据 AOE 网的性质，只有事件 v_k 发生了，活动 a_i 才能开始。也就是说，活动 a_i 的最早开始时间应等于事件 v_k 的最早发生时间。因此有

$$e[i]=v_e[k] \tag{7-13}$$

(4) 活动 a_i 的最迟开始时间 $l[i]$。

活动 a_i 的最迟开始时间指在不推迟整个工程完成日期的前提下，必须开始的最迟时间。若由弧 $<v_k,v_j>$ 表示，则 a_i 的最迟开始时间要保证事件 v_j 的最迟发生时间不拖后。因此，应该有

$$l[i]=v_l[j]-\text{dut}(<v_k,v_j>) \tag{7-14}$$

根据每个活动的最早开始时间 $e[i]$ 和最迟开始时间 $l[i]$ 就可判定该活动是否为关键活动，也就是 $l[i]=e[i]$ 的活动就是关键活动，而 $l[i]>e[i]$ 的活动则不是关键活动，$l[i]-e[i]$ 的值为活动的时间余量。关键活动确定之后，关键活动所在的路径就是关键路径。

下面以图 7-10 中的 AOE 网为例，求出上述参量，来确定该网的关键活动和关键路径。

(1) 按照式 (7-11) 求事件的最早发生时间 $v_e[k]$。

$v_e[1]=0$

$v_e[2]=3$

$v_e[3]=4$

$v_e[4]=v_e[2]+2=5$

$v_e[5]=\text{max}\{v_e[2]+1,v_e[3]+3\}=7$

$v_e[6]=v_e[3]+5=9$

$v_e[7]=\text{max}\{v_e[4]+6,v_e[5]+8\}=15$

$v_e[8]=v_e[5]+4=11$

$v_e[9]=\text{max}\{v_e[8]+10,v_e[6]+2\}=21$

$v_e[10]=\text{max}\{v_e[8]+4,v_e[9]+1\}=22$

$v_e[11]=\text{max}\{v_e[7]+7,v_e[10]+6\}=28$

(2) 按照式 (7-12) 求事件的最迟发生时间 $v_l[k]$。

$v_l[11]=v_e[11]=28$

$v_l[10]=v_l[11]-6=22$

$v_l[9]=v_l[10]-1=21$

$v_l[8]=\text{min}\{v_l[10]-4,v_l[9]-10\}=11$

$v_l[7]=v_l[11]-7=21$

$v_l[6]=v_l[9]-2=19$

$v_l[5]=\text{min}\{v_l[7]-8,v_l[8]-4\}=7$

$v_l[4]=v_l[7]-6=15$

$v_l[3]=\text{min}\{v_l[5]-3,v_l[6]-5\}=4$

$v_l[2]=\text{min}\{v_l[4]-2,v_l[5]-1\}=6$

$v_l[1]=\min\{v_l[2]-3, v_l[3]-4\}=0$

(3) 按照式 (7-13) 和式 (7-14) 求活动 a_i 的最早开始时间 $e[i]$ 和最迟开始时间 $l[i]$。

活动 a_1	$e[1]=v_e[1]=0$	$l[1]=v_l[2]-3=3$
活动 a_2	$e[2]=v_e[1]=0$	$l[2]=v_l[3]-4=0$
活动 a_3	$e[3]=v_e[2]=3$	$l[3]=v_l[4]-2=13$
活动 a_4	$e[4]=v_e[2]=3$	$l[4]=v_l[5]-1=6$
活动 a_5	$e[5]=v_e[3]=4$	$l[5]=v_l[5]-3=4$
活动 a_6	$e[6]=v_e[3]=4$	$l[6]=v_l[6]-5=14$
活动 a_7	$e[7]=v_e[4]=5$	$l[7]=v_l[7]-6=15$
活动 a_8	$e[8]=v_e[5]=7$	$l[8]=v_l[7]-8=13$
活动 a_9	$e[9]=v_e[5]=7$	$l[9]=v_l[8]-4=7$
活动 a_{10}	$e[10]=v_e[6]=9$	$l[10]=v_l[9]-2=19$
活动 a_{11}	$e[11]=v_e[7]=15$	$l[11]=v_l[11]-7=21$
活动 a_{12}	$e[12]=v_e[8]=11$	$l[12]=v_l[10]-4=18$
活动 a_{13}	$e[13]=v_e[8]=11$	$l[13]=v_l[9]-10=11$
活动 a_{14}	$e[14]=v_e[9]=21$	$l[14]=v_l[10]-1=21$
活动 a_{15}	$e[15]=v_e[10]=22$	$l[15]=v_l[11]-6=22$

(4) 比较 $e[i]$ 和 $l[i]$ 的值可判断出 $a_2,a_5,a_9,a_{13},a_{14},a_{15}$ 是关键活动，关键路径如图 7-39 所示。

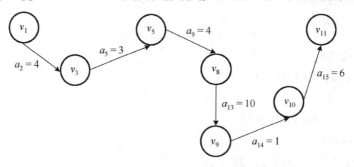

图 7-39　图 7-10 的关键路径

由上述方法得到求关键路径的主要步骤如下。

(1) 建立 AOE 网的存储结构：由于每个事件的最早发生时间 $v_e[i]$ 和最迟发生时间 $v_l[i]$ 要在拓扑序列的基础上进行计算，所以关键路径算法的实现要基于拓扑排序算法，采用邻接表做有向图的存储结构。用 $v_e[i]$ 存储事件 v 的最早发生时间，$v_l[i]$ 存储事件 v 的最迟发生时间。

(2) 从源点 v_0 出发，令 $v_e[0]=0$，按拓扑有序求其余各顶点的最早发生时间 $v_e[i]$ $(1 \leqslant i \leqslant n-1)$。如果得到的拓扑有序序列中顶点个数小于网中顶点数 n，则说明网中存在环，不能求关键路径，算法终止；否则执行步骤 (3)。

(3) 从汇点 v_n 出发，令 $v_l[n-1]=v_e[n-1]$，按逆拓扑有序求其余各顶点的最迟发生时间 $v_l[i]$ $(n-2 \geqslant i \geqslant 0)$。

(4) 根据各顶点的 v_e 和 v_l 值，求每条弧 s 的最早开始时间 $e(s)$ 和最迟开始时间 $l(s)$。若某条弧满足条件 $e(s)=l(s)$，则为关键活动。

由该步骤得到的算法参见算法 7.15 和算法 7.16。在算法 7.15 中，SeqStack 为栈的存储类型；引用的函数 FindInDegree(G，indegree)用来求图 G 中各顶点的入度，并将所求的入度存放于一维数组 indegree 中。

算法 7.15　求各顶点事件的最早发生时间。

操作步骤：

步骤 1：对各顶点求入度 indegree[]。

步骤 2：建立 0 入度栈 S。

步骤 3：初始化 count 为 0，各顶点最早发生时间为 0。

步骤 4：若 0 入度栈 S 非空，则执行以下操作。

(1)0 入度栈 S 出栈一个顶点，进入 T 栈并且计数。

(2)对该顶点的每个邻接点的入度减 1。

①若入度减一为 0 则入 S 栈。

②更新每个邻接点的最早发生时间。

步骤 5：若 0 入度顶点栈 S 已空，图 G 还有顶点未输出，则此图有回路，并返回 false；否则返回 true。

类 C++语言描述：

```
template <class T>
bool ALGraph<T>::TopologicalOrder(SeqStack<int> &t)
{//求各顶点事件的最早发生时间 ve
    int j,k,count,indegree[MAX_VERTEX_NUM];
    SeqStack<int> S;
    ArcNode *p;
    FindInDegree(indegree);                 //对各顶点求入度 indegree[]
    for(j=0;j<algraph.vexnum;j++)
    {//建立 0 入度栈 S
        if(!indegree[j])
            S.Push(j);
    }//for
    count=0;                                //初始化
    for(j=0;j<algraph.vexnum;j++)
        ve[j]=0;
    while(!S.IsEmpty())
    {
        S.Pop(j);
        T.Push(j); count++;                 //j 号顶点入 T 栈并计数
        for(p=algraph.vertices[j].firstarc;p;p=p->nextarc)
        {//对 j 号顶点的每个邻接点的入度减 1
            k=p->adjvex;
            if(--indegree[k]==0)            //入度减为 0，则入 S 栈
                S.Push(k);
            if(ve[j]+*(p->info)>ve[k])
                ve[k]=ve[j]+*(p->info);
        }//for
    }//while
    if(count<algraph.vexnum)                //此有向图有回路
```

```
            return false;
    else
            return true;
}
```

算法 7.16　求图的各项关键活动。

操作步骤：

步骤 1：建立 AOE 网的存储结构。

步骤 2：按拓扑有序求各顶点最早发生时间。

步骤 3：判断拓扑有序序列中顶点个数是否小于网中顶点个数。

(1) 如果小于则说明网中存在环，不能求关键路径。

(2) 如果不小于则执行步骤 4。

步骤 4：从汇点出发，按逆拓扑有序求其余各顶点最迟发生时间。

步骤 5：根据 v_e 和 v_l 的值，求每条弧的最早开始时间 e_e 和最迟开始时间 e_l。

步骤 6：如果每条弧的最早开始时间 e_e 和最迟开始时间 e_l 相等则为关键活动。

类 C++语言描述：

```cpp
template <class T>
bool ALGraph<T>::CriticalPath()
{//求图的各项关键活动
    int vl[MAX_VERTEX_NUM];
    SeqStack<int> t;
    int i,j,k,ee,el,dut;
    ArcNode *p;
    char tag;
    if(!TopologicalOrder(t))                //产生有向环
        return false;
    j=ve[0];
        for(i=1;i<algraph.vexnum;i++)
    {//j 保存 ve 的最大值
        if(ve[i]>j)
            j=ve[i];
    }//for
    for(i=0;i<algraph.vexnum;i++)           //初始化顶点时间的最迟发生时间(最大值)
        vl[i]=j;                            //完成点的最早发生时间
    while(!t.IsEmpty())
    {//按拓扑逆序求各顶点的 vl 值
        for(t.Pop(j),p=algraph.vertices[j].firstarc;p;p=p->nextarc)
        {
            k=p->adjvex;
            dut=*(p->info);        //dut<j,k>
            if(vl[k]-dut<vl[j])
                vl[j]=vl[k]-dut;
        }//for
    }//while
    for(j=0;j<algraph.vexnum;j++)
    {//求 ee、el 和关键活动
        for(p=algraph.vertices[j].firstarc;p;p=p->nextarc)
        {
```

```
                k=p->adjvex;
                dut=*(p->info);
                ee=ve[j];
                el=vl[k]-dut;
                tag=(ee==el)?'*':' ';
            }//for
        }//for
        for(j=0;j<algraph.vexnum;j++)
        {//输出 ee、el 和关键活动
            for(p=algraph.vertices[j].firstarc;p;p=p->nextarc)
            {
                k=p->adjvex;
                dut=*(p->info);
                if(ve[j]==vl[k]-dut)
                    cout<<algraph.vertices[j].data<<"->"<<algraph.vertices[k].
                    data<<endl; //输出关键活动
            }//for
        }//for
        return true;
    }
```

实践证明，用 AOV 网估算某些工程的时间是非常有用的。但是，由于网络中各项活动是互相牵扯的，所以影响关键路径的因素也是多方面的，任何一项活动持续时间的改变都会影响关键路径的改变，只有在不改变网的关键路径的情况下，提高关键活动才可能有效。

7.10 本 章 小 结

图是非线性结构的重要内容，主要以下几点。

(1)根据不同的分类规则，图分为多种类型：无向图、有向图、完全图、连通图、强连通图、带权图(网)、稀疏图和稠密图等。邻接点、路径、回路、度、连通分量、生成树等是在图的算法设计中常用到的重要术语。

(2)图的存储方式有两大类：以边集合方式表示法和以链接方式表示法。其中，以边集合方式表示的为邻接矩阵，以链接方式表示的包括邻接表、十字链表和邻接多重表。邻接矩阵表示法借助二维数组来表示元素之间的关系，实现起来较为简单；邻接表、十字链表和邻接多重表都属于链式存储结构，实现起来较为复杂。在实际应用中具体采取哪种存储表示，可以根据图的类型和实际算法的基本思想进行选择。其中，邻接矩阵和邻接表是两种常用的存储结构。

(3)图的遍历算法是实现图的其他运算的基础，图的遍历算法有两种：深度优先搜索遍历和广度优先搜索遍历。深度优先搜索遍历类似于树的先序遍历，借助于栈结构来实现(递归)；广度优先搜索遍历类似于树的层次遍历，借助于队列结构来实现。两种遍历算法的不同之处仅仅在于对顶点访问顺序的不同，所以时间复杂度相同。当用邻接矩阵存储图时，时间复杂度为均 $O(n^2)$；用邻接表存储图时；时间复杂度均为 $O(n+e)$。

(4)图的很多算法与实际应用密切相关，比较常用的算法包括构造最小生成树算法、求解最短路径算法、拓扑排序算法和求解关键路径算法。

①构造最小生成树有普里姆算法和克鲁斯卡尔算法，两者都能达到同一目的。但前者算

法思想的核心是归并点，时间复杂度是 $O(n^2)$，适用于稠密网；后者是归并边，时间复杂度是 $O(e \log 2e)$，适用于稀疏网。

②最短路径算法：一种是迪杰斯特拉算法，求从某个源点到其余各顶点的最短路径，求解过程是按路径长度递增的次序产生最短路径，时间复杂度是 $O(n)$；另一种是弗洛伊德算法，求每一对顶点之间的最短路径，时间复杂度是 $O(n^2)$，从实现形式上来说，这种算法比以图中的每个顶点为源点 n 次调用迪杰斯特拉算法更为简洁。

③拓扑排序和关键路径都是有向无环图的应用。拓扑排序基于用顶点表示活动的有向图，即 AOV 网。对于不存在环的有向图，图中所有顶点一定能够排成一个线性序列，即拓扑序列，拓扑序列是不唯一的。用邻接表表示图，拓扑排序的时间复杂度为 $O(n+e)$。

④关键路径算法基于用弧表示活动的有向图，即 AOE 网。关键路径上的活动称为关键活动，这些活动是影响工程进度的关键，它们的提前或拖延将使整个工程提前或拖延。关键路径是不唯一的。关键路径算法的实现是在拓扑排序的基础上，用邻接表表示图，关键路径算法的时间复杂度为 $O(n+e)$。

习　　题

一、选择题

1. 在一个无向图中，所有顶点的度数之和等于图的边数的(　　)倍。
   A. 1/2　　　　　　　B. 1　　　　　　　C. 2　　　　　　　D. 4

2. 在一个有向图中，所有顶点的入度之和等于所有顶点的出度之和的(　　)倍。
   A. 1/2　　　　　　　B. 1　　　　　　　C. 2　　　　　　　D. 4

3. 具有 n 个顶点的有向图最多有(　　)条边。
   A. n　　　　　　　B. $n(n-1)$　　　　　C. $n(n+1)$　　　　D. n^2

4. n 个顶点的连通图用邻接矩阵表示时，该矩阵至少有(　　)个非零元素。
   A. n　　　　　　　B. $2(n-1)$　　　　　C. $n/2$　　　　　　D. n^2

5. G 是一个非连通无向图，共有 28 条边，则该图至少有(　　)个顶点。
   A. 7　　　　　　　　B. 8　　　　　　　　C. 9　　　　　　　　D. 10

6. 若从无向图的任意一个顶点出发进行一次深度优先搜索可以访问图中所有的顶点，则该图一定是(　　)图。
   A. 非连通　　　　　B. 连通　　　　　　C. 强连通　　　　　D. 有向

7. 下面(　　)适合构造一个稠密图 G 的最小生成树。
   A. Prim 算法　　　B. Kruskal 算法　　C. Floyd 算法　　　D. Dijkstra 算法

8. 用邻接表表示图进行广度优先遍历时，通常可借助(　　)来实现算法。
   A. 栈　　　　　　　B. 队列　　　　　　C. 树　　　　　　　D. 图

9. 用邻接表表示图进行深度优先遍历时，通常可借助(　　)来实现算法。
   A. 栈　　　　　　　B. 队列　　　　　　C. 树　　　　　　　D. 图

10. 图的深度优先遍历类似于二叉树的(　　)。
    A. 先序遍历　　　B. 中序遍历　　　　C. 后序遍历　　　　D. 层次遍历

11. 图的广度优先遍历类似于二叉树的( )。

　　A. 先序遍历　　　　B. 中序遍历　　　　C. 后序遍历　　　　D. 层次遍历

12. 图的 BFS 生成树的树高比 DFS 生成树的树高( )。

　　A. 小　　　　　　　B. 大　　　　　　　C. 小或相等　　　　D. 大或相等

13. 已知图的邻接矩阵，则从顶点 v 出发按深度优先遍历的结果是( )。

$$\begin{bmatrix} 0 & 1 & 1 & 1 & 1 & 0 & 1 \\ 1 & 0 & 0 & 1 & 0 & 0 & 1 \\ 1 & 0 & 0 & 0 & 1 & 0 & 0 \\ 1 & 1 & 0 & 0 & 1 & 1 & 0 \\ 1 & 0 & 1 & 1 & 0 & 1 & 0 \\ 0 & 0 & 0 & 1 & 1 & 0 & 1 \\ 1 & 1 & 0 & 0 & 0 & 1 & 0 \end{bmatrix} \begin{matrix} v_0 \\ v_1 \\ v_2 \\ v_3 \\ v_4 \\ v_5 \\ v_6 \end{matrix}$$

　　A. 0243156　　　　B. 0136542　　　　C. 0134256　　　　D. 0361542

14. 已知邻接表如图 7-40 所示，则从顶点 v 出发按广度优先遍历的结果是( )，按深度优先遍历的结果是( )。

　　A. 0132　　　　　B. 0231　　　　　C. 0321　　　　　D. 0123

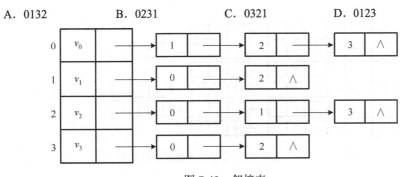

图 7-40　邻接表

15. 下面的( )算法可以判断出一个有向图是否有环。

　　A. 构造最小生成树　　　B. 拓扑排序　　　C. 求最短路径　　　D. 求关键路径

二、填空题

1. 有向图 G 的强连通分量是指_____。

2. 具有 10 个顶点的无向图，边的总数最多为_____。

3. 若用 n 表示图中顶点数目，则有_____条边的无向图称为完全图。

4. 如果含 n 个顶点的图形成一个环，则它有_____棵生成树。

5. 在图 G 的邻接表表示法中，每个顶点邻接表中所含的结点数对于无向图来说等于该顶点的_____；对于有向图来说等于该顶点的_____。

6. 对于一个具有 n 个顶点、e 条边的无向图的邻接表的表示，表头向量大小为_____，邻接表的边结点个数为_____。

7. 一无向图 $G(V,E)$，其中 $V(G)=\{1,2,3,4,5,6,7\}$，$E(G)=\{(1,2),(1,3),(2,4),(2,5),(3,6),(3,7),(6,7),(5,1)\}$，对该图从顶点 3 开始进行遍历，去掉遍历中未走过的边，得到一生成树 $G'(V,E',V(G')=V(G)$，$E(G')=\{(1,3),(3,6),(7,3),(1,2),(1,5),(2,4)\}$，则采用的遍历算法是_____。

8. 在 AOE 网中，从源点到终点路径上各活动时间总和最长的路径称为＿＿＿＿＿。

三、应用题

1. 已 知 图 $G=(V,E)$ ，其 中 $V(G)=\{a,b,c,d,e\}$ ，$E(G)=\{<a,b>,<a,c>,<a,d>,<b,c>,(d,c),<b,e>,<c,e>,<d,e>\}$ ，要求：

(1)画出图 G。

(2)画出图 G 的邻接多重表。

(3)给出图 G 的邻接多重表矩阵。

(4)写出全部拓扑排序。

2. 图 7-41 是一无向带权图。

(1)写出它的邻接表。

(2)求其最小生成树。

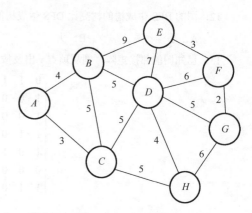

图 7-41 无向带权图

3. 无向带权图 G 的邻接表存储结构如图 7-42 所示，其中邻接链表的每个结点的两个数值分别为相关顶点的下标和边的权值。

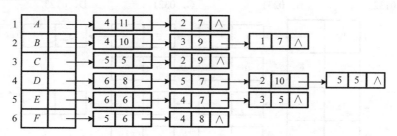

图 7-42 无向带权图 G 的邻接表存储结构

(1)用图示的方法画出 G 的逻辑结构。

(2)基于邻接表，写出从 A 开始的深度优先遍历序列。

(3)基于邻接表，写出从 A 开始的广度优先遍历序列。

4. 对于如图 7-43 所示的 AOE 网，计算各活动弧 S 的最早开始时间 $e(s)$ 和最迟开始时间 $l(s)$，各事件(顶点)的最早发生时间 $v_e(v)$ 和最迟发生时间 $v_l(v)$，列出各条关键路径。

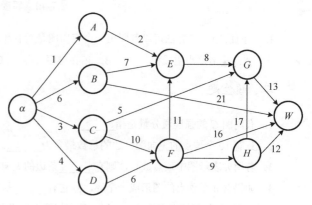

图 7-43 AOE 网络

四、算法设计

1. 编写根据有向图的邻接表，求图中每个顶点的出度的算法。

2. 编写根据无向图的邻接表，判断图 G 是否连通的算法。

3. 设已给出具有 n 个顶点无向图的邻接表，要求设计算法将邻接表转换为邻接矩阵。

4. 假设图用邻接表表示法，请设计一个算法求到顶点 v 最短路径长度为 K 的所有顶点。

第8章 排　序

本章简介：排序是计算机程序设计中的一种重要操作，也是有关查找算法实现的前提。排序和查找一样，是一种重要的数据处理功能，计算机很大一部分工作都是对数据进行排序。从算法的角度看，排序算法展示了算法设计的一些重要原则和技巧；从算法分析角度看，对排序算法的分析涉及广泛的算法分析技术；从文件处理的角度看，排序算法的研究促进了文件处理技术的发展。因此，如何高效地对数据进行排序是各种软件系统设计中需要考虑的重要问题。

学习目标：掌握与排序相关的基本概念，如关键字比较次数、数据移动次数、稳定性、内排序等；深刻理解各种内部排序方法的基本思想、特点、实现方法及其性能分析，能从时间、空间、稳定性各个方面对各种排序方法做综合比较，并加以灵活应用。

8.1　基　本　概　念

排序的功能是将一个数据元素集合或序列重新排列成一个按数据元素某个项值有序的序列。作为排序依据的数据项称为排序码，即数据元素的关键字。为了便于查找，通常希望计算机中的数据表是按关键字有序的，如有序表的折半查找，查找效率较高。还有，二叉排序树、B-树和 B+树的构造过程就是一个排序过程。若关键字是主关键字，则对于任意待排序序列，经排序后得到的结果是唯一的；若关键字是次关键字，排序结果可能不唯一，这是因为具有相同关键字的数据元素，这些元素在排序结果中，它们之间的位置关系与排序前不能保持一致。

排序：给定一个记录集合 $(r_1, r_2, \cdots, r_n)$，其相应的关键字分别为 $(k_1, k_2, \cdots, k_n)$，排序是将这些记录排成顺序为 $(r_{s1}, r_{s2}, \cdots, r_{sn})$ 的一个序列，使得相应的关键字满足 $k_{s1} \leqslant k_{s2} \leqslant \cdots \leqslant k_{sn}$(非降序或升序)或 $k_{s1} \geqslant k_{s2} \geqslant \cdots \geqslant k_{sn}$(非升序或降序)。

排序算法的稳定性：若对于任意的数据元素序列，使用某个排序算法对其按关键字进行排序，若相同关键字元素间的位置关系在排序前与排序后保持一致，则称此排序算法是稳定的；而不能保持一致的排序算法则称为不稳定的。

排序的分类：

(1)按照参加排序的数据元素(记录)是否全部放置在内存中可以把排序分为内排序和外排序。

内排序：待排序列完全存放在内存中所进行的排序，适合不太大的元素序列。

外排序：排序过程中还需访问外存储器。足够大的元素序列，因不能完全放入内存，只能使用外排序。

(2)按照排序所依据的关键字的个数可以把排序分为单键排序和多键排序。

单键排序：根据一个关键字进行的排序。

多键排序：根据多个关键字进行的排序。

（3）按照排序的方法是否建立在关键字比较的基础上可以把排序分为基于比较的排序和不基于比较的排序。

基于比较的排序：主要是通过关键字之间的比较和记录的移动这两种操作来实现的排序。

不基于比较的排序：根据待排序数据的特点所采取的其他方法，通常是没有大量的关键字之间的比较和记录移动操作的排序。

8.2　插　入　排　序

插入排序（Insertion Sort）的算法描述是一种简单直观的排序算法。它的工作原理是通过构建有序序列，对于未排序数据，在已排序序列中从后向前扫描，找到相应位置并插入。**插入排序**在实现上，通常只需用到 $O(1)$ 的额外空间的排序，因而在从后向前扫描过程中，需要反复把已排序元素逐步向后挪位，为最新元素提供插入空间。

8.2.1　直接插入排序

设有 n 个记录存放在数组 r 中，重新安排记录在数组中的存放顺序，使得按关键字有序，即

$$r[1].\text{key} \leqslant r[2].\text{key} \leqslant \cdots \leqslant r[n].\text{key} \tag{8-1}$$

先来分析向有序表中插入一个记录的方法：

设 $1 < j \leqslant n$，$r[1].\text{key} \leqslant r[2].\text{key} \leqslant \cdots \leqslant r[j-1].\text{key}$，将 $r[j]$ 插入，重新安排存放顺序，使得 $r[1].\text{key} \leqslant r[2].\text{key} \leqslant \cdots \leqslant r[j].\text{key}$，得到新的有序表，记录数增 1。

算法 8.1　在有序表中插入一个记录使之成为一个新的有序表。

操作步骤：

步骤 1：将待插入记录放入监视哨 $r[0]=r[j]$；从第 i 个记录向前测试插入位置 $i=j-1$。

步骤 2：如果找到插入位置，转步骤 4。

步骤 3：如果第 i 个记录的关键字值小于待插入记录的关键字值，则将其后移一个位置，$r[i+1]=r[i]$；调整待插入位置，$i=i-1$；转步骤 2。

步骤 4：存放待插入记录，$r[i+1]=r[0]$；结束。

例 8.1　向有序表中插入一个记录的过程如下：

	$r[1]$	$r[2]$	$r[3]$	$r[4]$	$r[5]$	存储单元
	2	10	18	25	9	将 $r[5]$ 插入四个记录的有序表中，$j=5$
$r[0]=r[j]$；$i=j-1$；						初始化，设置待插入位置
	2	10	18	25	□	$r[i+1]$ 为待插入位置
$i=4$，$r[0] < r[i]$，$r[i+1]=r[i]$；$i{-}{-}$；						调整待插入位置
	2	10	18	□	25	
$i=3$，$r[0] < r[i]$，$r[i+1]=r[i]$；$i{-}{-}$；						调整待插入位置
	2	10	□	18	25	
$i=2$，$r[0] < r[i]$，$r[i+1]=r[i]$；$i{-}{-}$；						调整待插入位置
	2	□	10	18	25	

$i=1$，$r[0] \geqslant r[i]$，$r[i+1]=r[0]$；　　　　　　　插入位置确定，向空位插入记录

　　　　2　　9　　10　　18　　25　　　　　　向有序表中插入一个记录的过程结束

直接插入排序思想：仅有一个记录的表总是有序的，因此，对于 n 个记录的表，可从第二个记录开始直到第 n 个记录，逐个向有序表中进行插入操作，从而得到 n 个记录按关键字有序的表。

算法 8.2　直接插入排序。

操作步骤：

步骤 1：选取 L.key[1] 作为初始的有序序列，$i=2$。

步骤 2：将 L.key[i]插入前面的有序序列中，使其有序序列长度增加 1。

步骤 3：$i=i+1$，若 i 的值小于表长，则重复步骤 2，否则排序结束。

类 C++语言描述：

```cpp
template<class type>
void InsertSort(SqList<type> & L)
{                                    //对顺序表 L 做直接插入排序
    for(int i=2;i<=L.length;i++)
        if(L.key[i]<=L.key[i-1])     //"<"需将 L.key[i]插入有序子表
        {
            L.key[0]=L.key[i];       //复制为哨兵
            L.key[i]=L.key[i-1];
            for(int j=i-2;L.key[0]<=L.key[j];--j)
            L.key[j+1]=L.key[j];     //记录后移
            L.key[j+1]=L.key[0];     //插入正确位置
        }
}
```

算法分析：

空间效率：仅用了一个辅助单元。

时间效率：向有序表中逐个插入记录的操作进行了 $n-1$ 趟，每趟操作分为比较关键字值和移动记录，而比较的次数和移动记录的次数取决于待排序列按关键字的初始排列。

最好情况下：待排序列已按关键字有序，每趟操作只需 1 次比较和 2 次移动。

$$总比较次数=n-1，总移动次数=2(n-1)$$

最坏情况下：第 j 趟操作，插入记录需要同前面的 j 个记录进行 j 次关键字比较，移动记录的次数为 $j+2$ 次。

$$总移动次数 = \sum_{j=1}^{n-1}(j+2) = \frac{1}{2}n(n-1) + 2n \tag{8-2}$$

$$总比较次数 = \sum_{j=1}^{n-1} j = \frac{1}{2}n(n-1) \tag{8-3}$$

平均情况下：第 j 趟操作，插入记录大约同前面的 $j/2$ 个记录进行关键字值比较，移动记录的次数为 $j/2+2$ 次。

$$总比较次数 = \sum_{j=1}^{n-1} \frac{j}{2} = \frac{1}{4}n(n-1) \approx \frac{1}{4}n^2 \tag{8-4}$$

$$总移动次数 = \sum_{j=1}^{n-1}\left(\frac{j}{2}+2\right) = \frac{1}{4}n(n-1) + 2n \approx \frac{1}{4}n^2 \tag{8-5}$$

由此，直接插入排序的时间复杂度为 $O(n^2)$，是一种稳定的排序算法。

8.2.2　折半插入排序

直接插入排序的基本操作是向有序表中插入一个记录，插入位置的确定是通过对有序表中记录按关键字值逐个比较得到的。平均情况下总比较次数约为 $n^2/4$。既然是在有序表中确定插入位置，就可以不断二分有序表来确定插入位置，即一次比较，通过待插入记录与有序表居中的记录按关键字值比较，将有序表一分为二，下次比较在其中一个有序子表中进行，将子表又一分为二。这样继续下去，直到要比较的子表中只有一个记录时，比较一次便确定了插入位置。

算法 8.3　折半插入排序

操作步骤：

步骤 1：low=1；high=i–1；L.key[0]=L.key[i]；//有序表长度为 i–1，第 i 个记录为待插入记录
　　　　　　　　　　　　　　　　　　　　　　　//设置有序表区间，待插入记录送入辅助单元

步骤 2：若 low＞high，则得到插入位置，转步骤 5。

步骤 3：low≤high，m=(low+high)/2；//取表的中点，并将表一分为二，确定待插入区间。

步骤 4：若 L.key[0]＜L.key[m]，high=m–1；　　//插入位置在低半区
　　　　否则，low=m+1；　　　　　　　　　　//插入位置在高半区
　　　　转步骤 2。

步骤 5：high+1 即待插入位置，从 i–1 到 high+1 的记录，逐个后移，L.key[high+1]=L.key[0]；放置待插入记录。

类 C++语言描述：

```
template<class type>
void BInsertSort(SqList<type> &L)
{//对顺序表 L 做折半插入排序
    int high,low,m;
    for(int i=2;i<=L.length;i++)
    {
        L.key[0]=L.key[i];  //将 L.key[i]暂存到 L.key[0]
        low=1;
        high=i-1;
        while(low<=high)     //在 key[low]到 key[high]中折半查找有序插入的位置
        {
            m=(low+high)/2;              //折半
            if(L.key[0]<=L.key[m])
                high=m-1;               //待插入数据元素在低半区
            else
                low=m+1;                //待插入数据元素在低半区
        }
```

```
        for(int j=i-1;j>=high+1;--j)        //记录后移
        L.key[j+1]=L.key[j];
        L.key[high+1]=L.key[0];             //插入数据元素
    }
}
```

算法分析：

确定插入位置所进行的折半查找，关键字的比较次数至多为 $\lceil \log_2(n+1) \rceil$ 次，移动记录的次数和直接插入排序相同，故时间复杂度仍为 $O(n^2)$，是一种稳定的排序算法。

8.2.3　表插入排序

直接插入排序、折半插入排序均要大量移动记录，时间开销大。若要不移动记录就完成排序，则需要改变存储结构，进行表插入排序。表插入排序就是通过链接指针，按关键字的大小，实现从小到大的链接过程，为此需增设一个指针项。操作方法与直接插入排序类似，所不同的是直接插入排序要移动记录，而表插入排序要修改链接指针，用静态链表来说明。

```
#define  SIZE  200
typedef  struct{
    ElemType  elem;         /*元素类型*/
    int       next;         /*指针项*/
    }NodeType;              /*表结点类型*/
typedef  struct{
    NodeType  r[SIZE];      /*静态链表*/
    int       length;       /*表长度*/
    }L_TBL;                 /*静态链表类型*/
```

假设数据元素已存储在静态链表中，且 0 号单元作为头结点，不移动记录而只是改变链接指针，将记录按关键字建为一个有序链表。首先，设置空的循环链表，即头结点指针域置 0，并在头结点数据域中存放比所有记录关键字值都大的整数。然后把结点逐个向链表中插入即可。

例 8.2　表插入排序示例(图 8-1)。

	0	1	2	3	4	5	6	7	8	
初始状态	MAXINT	49	38	65	97	76	13	27	<u>49</u>	key 域
	0	—	—	—	—	—	—	—	—	next 域
i=1	MAXINT	49	38	65	97	76	13	27	<u>49</u>	
	1	0	—	—	—	—	—	—	—	
i=2	MAXINT	49	38	65	97	76	13	27	<u>49</u>	
	2	0	1	—	—	—	—	—	—	
i=3	MAXINT	49	38	65	97	76	13	27	<u>49</u>	
	2	3	1	0	—	—	—	—	—	

i=4	MAXINT	49	38	65	97	76	13	27	<u>49</u>
	2	3	1	4	0	—	—	—	—

i=5	MAXINT	49	38	65	97	76	13	27	<u>49</u>
	2	3	1	5	0	4	—	—	—

i=6	MAXINT	49	38	65	97	76	13	27	<u>49</u>
	6	3	1	5	0	4	2	—	—

i=7	MAXINT	49	38	65	97	76	13	27	<u>49</u>
	6	3	1	5	0	4	7	2	—

i=8	MAXINT	49	38	65	97	76	13	27	<u>49</u>
	6	8	1	5	0	4	7	2	3

图 8-1　表插入排序示例

表插入排序得到一个有序的静态链表，查找则只能进行顺序查找，而不能进行随机查找，如折半查找。为此，还需要对记录进行重排。

重排记录方法：按链表顺序扫描各结点，将第 i 个结点中的数据元素调整到数组的第 i 个分量数据域。因为第 i 个结点可能是数组的第 j 个分量，数据元素调整仅需将两个数组分量中数据元素交换即可，但为了能对所有数据元素进行正常调整，指针域也需处理。

算法 8.4　表插入排序。

操作步骤：

步骤 1：$j=L->r[0]$.next；$i=1$；　//指向第一个记录位置，从第一个记录开始调整

步骤 2：若 $i=L->length$ 时，调整结束；否则，执行以下步骤。

(1) 若 $i=j$，$j=L->r[j]$.next；i++；转步骤 2　//数据元素应在这分量中，不用调整，处理下
　　　　　　　　　　　　　　　　　　　　　　　//一个结点

(2) 若 $j>i$，$L->r[i]$.elem<-->$L->r[j]$.elem；　//交换数据元素

　　$p=L->r[j]$.next；　　　　　　　　　　　//保存下一个结点地址

　　$L->r[j]$.next=$L->[i]$.next；$L->[i]$.next=j；　//保持后续链表不被中断

　　$j=p$；i++；转步骤 2；　　　　　　　　//指向下一个处理的结点

(3) 若 $j<i$，while $(j<i)j=L->r[j]$.next；　//j 分量中原记录已移走，沿 j 的指针域找寻
　　　　　　　　　　　　　　　　　　　　　　//原记录的位置转到(1)

类 C++语言描述：

```
const int SIZE=100;              //静态链表最大容量
const int  MAXINT=10000;         //最大关键字值
template<class type>
struct StaListNode{
    type data;                   //记录项
    int next;                    //指针项
    };
template<class type>
```

```
class StaticList{
    public:
        StaListNode<type> node[SIZE];
        int curlen;                          //静态链表实际长度
        StaticList()                         //构造函数
        {
            cout<<"建立静态链表"<<endl;
            cout<<"请输入静态链表的实际长度: "<<endl;
            cin>>curlen;
            cout<<"请输入各结点数据: "<<endl;
            node[0].data=MAXINT;
            node[0].next=0;
            for(int i=1;i<=curlen;i++)
            {
                node[i].next=0;
                cin>>node[i].data;           //输出各结点的值
            }
        }
        ~StaticList()                        //析构函数
        {
        }
    };
void StaListInsertSort()
{
    StaticList<int> sl;
    int min,max;                             //标记最大值最小值
    sl.node[0].next=1;
    sl.node[1].next=0;                       //初始化形成只有头结点的循环链表
    max=min=1;
    for(int i=2;i<=sl.curlen;i++)            //向有序循环链表中加入结点, 共 n-1 趟
    {
        if(sl.node[i].data<=sl.node[min].data)
                //第 i 个结点的值小于等于最小值的情况, 需要进行调整
        {
            sl.node[0].next=i;
            sl.node[i].next=min;
        }
        if(sl.node[i].data>=sl.node[max].data)
                //第 i 个结点的值大于等于最大值的情况, 需要进行调整
        {
            sl.node[i].next=0;
            sl.node[max].next=i;
            max=i;
        }
        if(sl.node[i].data<sl.node[max].data&&sl.node[i].data>sl.
            node[min].data)
        {//i 结点的值介于最小和最大值之间
            int index1=min,index2;//index2 用来标记 index1 的前一个下标
            while(sl.node[i].data>=sl.node[index1].data)
            {
                index2=index1;
```

```
                index1=sl.node[index1].next;
            }
            sl.node[i].next=index1;
            sl.node[index2].next=i;
        }
    }
    cout<<"表插入排序结果如下: "<<endl;
    int index=sl.node[0].next;
    while(index!=0)
    {
        cout<<sl.node[index].data<<"\t";
        index=sl.node[index].next;
    }
    cout<<endl;
}
```

算法分析：

表插入排序的基本操作是将一个记录插入已排好序的有序链表中，设有序表长度为 i，则至多需要比较 i+1 次，修改链接指针两次。因此，总比较次数与直接插入排序相同，修改指针总次数为 $2n$ 次。所以，时间复杂度仍为 $O(n^2)$。

例 8.3　对表插入排序结果进行重排示例(图 8-2)。

	0	1	2	3	4	5	6	7	8	
初始状态	MAXINT	49	38	65	97	76	13	27	49	key 域
	6	8	1	5	0	4	7	2	3	next 域
i=1	MAXINT	13	38	65	97	76	**49**	27	49	
j=6	6	**(6)**	1	5	0	4	**8**	2	3	
i=2	MAXINT	13	**27**	65	97	76	49	**38**	49	
j=7	6	(6)	**(7)**	5	0	4	8	**1**	3	
i=3	MAXINT	13	27	**38**	97	76	49	**65**	49	
j=(2),7	6	(6)	(7)	**(7)**	0	4	8	**5**	3	
i=4	MAXINT	13	27	38	**49**	76	**97**	65	49	
j=(1),6	6	(6)	(7)	(7)	**(6)**	4	**0**	5	3	
i=5	MAXINT	13	27	38	49	**49**	97	65	**76**	
j=8	6	(6)	(7)	(7)	(6)	**(8)**	0	5	**4**	
i=6	MAXINT	13	27	38	49	49	**65**	**97**	76	
j=(3),7	6	(6)	(7)	(7)	(6)	(8)	**(7)**	**0**	4	
i=7	MAXINT	13	27	38	49	49	65	**76**	**97**	
j=(5),8	6	(6)	(7)	(7)	(6)	(8)	(7)	(8)	0	

图 8-2　表插入排序的重排

8.2.4　希尔排序

希尔排序(Shell's Sort)又称缩小增量排序，是 1959 年由 Shell 提出来的，较前述几种插入排序算法有较大的改进。

直接插入排序算法简单，在 n 值较小时，效率比较高；在 n 值很大时，若序列关键字基本有序，效率依然较高，其时间效率可提高到 $O(n)$。希尔排序就是从这两点出发，给出的插入排序的改进算法。

算法 8.5　希尔排序。

操作步骤：

步骤 1：选择一个步长序列 $t_1, t_2, \cdots, t_k$，其中 $t_i > t_j$，$t_k = 1$。

步骤 2：按步长序列个数 k，对序列进行 k 趟排序。

步骤 3：每趟排序，根据对应的步长 t_i，将待排序列分割成若干长度为 m 的子序列，分别对各子表序列进行直接插入排序。仅步长因子为 1 时，整个序列作为一个表来处理，表长度即整个序列的长度。

类 C++语言描述：

```cpp
template<class type>
void ShellInsert(SqList<type> &L,int dk)
{//对顺序表进行一趟希尔排序
    for(int i=dk+1;i<=L.length;i++)
        if(L.key[i]<=L.key[i-dk])
        {
            L.key[0]=L.key[i];
            for(int j=i-dk;j>0&&L.key[0]<=L.key[j];j-=dk)
            L.key[j+dk]=L.key[j];
            L.key[j+dk]=L.key[0];
        }
}

template<class type>
void ShellSort(SqList<type> &L,int dlta[],int t)
{//按增量序列 dl[0]~dl[t-1]对顺序表 L 做希尔排序
    for(int k=0;k<t;k++)
        ShellInsert(L,dlta[k]);
}
```

算法分析：

希尔排序时效分析很难，关键字的比较次数与记录移动次数依赖于步长因子序列的选取，特定情况下可以准确估算出关键字的比较次数和记录的移动次数。目前还没有人给出选取最好的步长因子序列的方法。步长因子序列可以有各种取法，有取奇数的，也有取质数的，但需要注意：步长因子中除 1 外没有公因子，且最后一个步长因子必须为 1。

希尔排序是一种不稳定的排序算法。

例 8.4　待排序列为 39,80,76,41,13,29,50,78,30,11,100,7,41,86。

步长因子分别取 5、3、1，则排序过程如下。

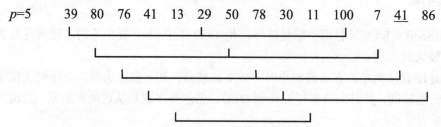

p=5　　39　80　76　41　13　29　50　78　30　11　100　7　<u>41</u>　86

子序列分别为{39,29,100}，{80,50,7}，{76,78,<u>41</u>}，{41,30,86}，{13,11}。
第一趟排序结果：

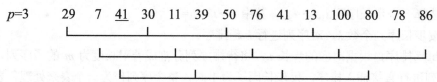

p=3　　29　7　<u>41</u>　30　11　39　50　76　41　13　100　80　78　86

子序列分别为{29,30,50,13,78}，{7,11,76,100,86}，{<u>41</u>,39,41,80}。
第二趟排序结果：

p=1　　　13　7　39　29　11　<u>41</u>　30　76　41　50　86　80　78　100
此时，序列基本有序，对其进行直接插入排序，得到最终结果：
7　11　13　29　30　39　<u>41</u>　41　50　76　78　80　86　100

8.3　交 换 排 序

交换排序的基本方法或手段主要就是比较和交换。交换就是根据序列中两个关键字值的比较结果来对换这两个记录在序列中的位置。交换排序的特点是：将关键字值较大的记录向序列的一端移动，关键字值较小的记录向序列的另一端移动。

8.3.1　冒泡排序

冒泡排序(Bubble Sort)也称为起泡排序。这种排序算法是一种常用的交换类的排序方法。先来分析待排序列进行一趟冒泡排序的过程：设 $1 < j \leqslant n$，$r[1],r[2],\cdots,r[j]$ 为待排序列，通过两两比较、交换，重新安排存放顺序，使得 $r[j]$ 是序列中关键字值最大的记录。

操作步骤：

步骤 1：$i=1$，设置从第一个记录开始进行两两比较。

步骤 2：若 $i \geqslant j$，则一趟冒泡结束。

步骤 3：比较 $r[i]$.key 与 $r[i+1]$.key，若 $r[i]$.key $\leqslant r[i+1]$.key，则不交换，转步骤 5。

步骤 4：当 $r[i]$.key$>r[i+1]$.key 时，$r[0]=r[i]$；$r[i]=r[i+1]$；$r[i+1]=r[0]$；//将 $r[i]$ 与 $r[i+1]$ 交换。

步骤 5：$i=i+1$；对下两个记录进行两两比较，转步骤 2。

算法 8.6　冒泡排序。

冒泡排序的思想：对于 n 个记录的表，第一趟冒泡得到一个关键字值最大的记录 $r[n]$，第二趟冒泡对 $n-1$ 个记录的表，再得到一个关键字值最大的记录 $r[n-1]$，如此重复，直到 n 个记录按关键字有序的表。

操作步骤:

步骤 1: $j=n$。 //从 n 记录的表尾开始

步骤 2: 若 $j<2$,排序结束。

步骤 3: $i=1$。 //一趟冒泡,设置从第一个记录开始进行两两比较

步骤 4: 若 $i \geq j$,一趟冒泡结束,$j=j-1$;冒泡表的记录数-1,转步骤 2。

步骤 5: 比较 L.key[i]与 L.key[$i+1$],若 L.key[i]≤L.key[$i+1$],则不交换,转步骤 7。

步骤 6: 当 L.key[i]>L.key[$i+1$]时,L.key[i]<-->L.key[$i+1$];将 L.key[i]与 L.key[$i+1$]交换。

步骤 7: $i=i+1$;调整对下两个记录进行两两比较,转步骤 4。

类 C++语言描述:

```cpp
template<class type>
void BubbleSort(SqList<type> & L)
{
    for(int i=1;i<L.length;i++)          //用 i 控制比较趟数共 n-1 趟
    {
        type t;                          //辅助变量, 做交换用的
        for(int j=1;j<=L.length-i;j++)
            if(L.key[j]>L.key[j+1])
            {
                t=L.key[j];
                L.key[j]=L.key[j+1];
                L.key[j+1]=t;            //交换 L.key[j]和 L.key[j+1]的值
            }
    }
}
```

算法分析:

空间效率:仅用了一个辅助单元。

时间效率:总共要进行 $n-1$ 趟冒泡,对 j 个记录的表进行一趟冒泡需要 $j-1$ 次关键字值比较。

$$总比较次数 = \sum_{j=2}^{n}(j-1) = \frac{1}{2}n(n-1) \tag{8-6}$$

最好情况下的移动次数:待排序列已有序,不需移动。比较 $n-1$ 次,移动 0 次。

最坏情况下的移动次数:每次比较后均要进行 3 次移动。

$$移动次数 = \sum_{j=2}^{n}3(j-1) = \frac{3}{2}n(n-1) \tag{8-7}$$

因此,冒泡排序的时间复杂度为 $O(n^2)$。

冒泡排序是一种稳定的排序算法。因为比较和交换是在相邻单元进行的,如果关键字相同,是不会发生交换的。

8.3.2 快速排序

快速排序是对冒泡排序的一种改进。通过比较关键字、交换记录,以某个记录为界(该记录称为支点或枢轴),将待排序列分成两部分。其中,一部分所有记录的关键字值大于等于

枢轴记录的关键字值，另一部分所有记录的关键字值小于枢轴记录的关键字值。我们将待排序列按关键字以枢轴记录分成两部分的过程，称为一次划分。对各部分不断划分，直到整个序列按关键字有序。

算法 8.7 一次划分算法。

设 $1 \leqslant p < q \leqslant n$，$L.key[p], L.key[p+1], \cdots, L.key[q]$ 为待排序列。

操作步骤：

步骤 1：low=p；high=q；   //设置两个搜索指针，low 是向后搜索指针，high 是向前
                                    //搜索指针

        L.key[0]=L.key[low];   //取第一个记录为枢轴记录，low 位置暂设为枢轴空位

步骤 2：若 low=high，枢轴空位确定，即 low。

        L.key[low]=L.key[0];   //填入支点记录，一次划分结束

否则，low<high，搜索需要交换的记录，并交换之。

步骤 3：若 low<high 且 L.key[high]$\geqslant$L.key[0] //从 high 所指位置向前搜索，至多到 low+1 位置
        high=high−1；转步骤 3。   //寻找 L.key[high]<L.key[0]

否则 L.key[low]=L.key[high]；

    //找到 L.key[high]<L.key[0]，设置 high 为新枢轴位置，小于枢轴记录关键字值的记录前移

步骤 4：若 low<high 且 L.key[low]<L.key[0]   //从 low 所指位置向后搜索，至多到
                                   //high−1 位置

        low=low+1；转步骤 4   //寻找 L.key[low]$\geqslant$L.key[0]

否则 L.key[high]=L.key[low]；

    //找到 L.key[low]$\geqslant$L.key[0]，设置 low 为新枢轴位置，大于等于枢轴记录关键字值
    //的记录后移

转步骤 2。   //继续寻找支点空位

类 C++语言描述：

```cpp
template<class type>
int Partition(SqList<type>& L,int low,int high)      //交换顺序表 L 中子表
//key[low]<-->key[high]中的记录,枢轴记录到位,并返回其所在位置
{//此时在它之前(后)的记录均不大(小)于它
    type pivotkey;
    L.key[0]=L.key[low];                      //用子表的第一个记录作枢轴记录
    pivotkey=L.key[low];                      //关键字
    while(low<high)                           //从表的两端交替向中间扫描
    {
        while(low<high&&L.key[high]>=pivotkey)--high;
        L.key[low]=L.key[high];               //将比枢轴小的记录移至低端
        while(low<high&&L.key[low]<=pivotkey)++low;
        L.key[high]=L.key[low];               //将比枢轴大的记录移至高端
    }
    L.key[low]=L.key[0];                      //枢轴记录到位
    return low;                               //返回枢轴位置
}
```

算法 8.8　对顺序表中的子序列 L.r[low…high]做快速排序。

操作步骤：

步骤 1：如果待排子序列中元素的个数大于 1，则以 L.r[low]作为枢轴，进行一次划分；否则排序结束。

步骤 2：对枢轴左半子序列重复步骤 1。

步骤 3：对枢轴右半子序列重复步骤 1。

类 C++语言描述：

```
template<class type>
void QSort(SqList<type>& L,int low,int high)
{
    int mid;                      //辅助变量，用于接收枢轴位置
    if(low<high)
    {
        mid=Partition(L,low,high);
        QSort(L,low,mid-1);       //对低于表进行排序
        QSort(L,mid+1,high);      //对高子表进行排序
    }
}
```

算法 8.9　快速排序算法。

类 C++语言描述：

```
template<class type>
void QuitSort(SqList<type>& L)    //对顺序表进行快速排序
{
    QSort(L,1,L.length);
}
```

算法分析：

空间效率：快速排序的递归过程可用生成一棵二叉树形象地给出。快速排序是递归的，每层递归调用时的指针和参数均要用栈来存放，递归调用层次数与其二叉树的深度一致。因而，存储开销在理想情况下空间复杂度为 $O(\log_2 n)$（此时的二叉树接近完全二叉树），即树的高度；在最坏情况下，即二叉树是一个单链表，空间复杂度为 $O(n)$。

时间效率：在 n 个记录的待排序列中，一次划分需要约 n 次关键字比较，时间复杂度为 $O(n)$，设 $T(n)$ 为对 n 个记录的待排序列进行快速排序所需时间。

理想情况下：每次划分，正好将待排序列分成两个等长的子序列，则有

$$T(n) \leqslant cn + 2T(n/2)$$
$$\leqslant cn + 2(cn/2 + 2T(n/4)) = 2cn + 4T(n/4)$$
$$\leqslant 2cn + 4(cn/4 + T(n/8)) = 3cn + 8T(n/8)$$
$$\vdots$$
$$\leqslant cn\log_2 n + nT(1) = O(n\log_2 n), \qquad c \text{ 是一个常数} \tag{8-8}$$

最坏情况下：每次划分，只得到一个子序列，时间复杂度为 $O(n^2)$。

　　快速排序通常被认为在同数量级（$O(n\log_2 n)$）的排序算法中是平均性能最好的。但若初始序列关键字有序或基本有序时，快排序反而退化为冒泡排序。为改进之，通常以三者取中法来选取枢轴记录，即将排序区间的两个端点与中点三个记录关键字居中的调整为枢轴记录。

　　快速排序是一个不稳定的排序算法。这是因为在快速排序的过程中比较和交换是跳跃进行的。

例 8.5　一趟快排序过程示例。

$r[1]$	$r[2]$	$r[3]$	$r[4]$	$r[5]$	$r[6]$	$r[7]$	$r[8]$	$r[9]$	$r[10]$	存储单元
49	14	38	74	96	65	8	<u>49</u>	55	27	关键字

low=1；high=10；　设置两个搜索指针，$r[0]=r[\text{low}]$；　　枢轴记录 49 送入辅助单元。

□	14	38	74	96	65	8	<u>49</u>	55	27
↑									↑
low									high

第一次搜索交换：

从 high 向前搜索小于 $r[0].\text{key}$ 的记录，得到结果：

27	14	38	74	96	65	8	<u>49</u>	55	□
↑									↑
low									high

从 low 向后搜索大于 $r[0].\text{key}$ 的记录，得到结果：

27	14	38	□	96	65	8	<u>49</u>	55	74
			↑					↑	
			low					high	

第二次搜索交换：

从 high 向前搜索小于 $r[0].\text{key}$ 的记录，得到结果：

27	14	38	8	96	65	□	<u>49</u>	55	74
			↑			↑			
			low			high			

从 low 向后搜索大于 $r[0].\text{key}$ 的记录，得到结果：

27	14	38	8	□	65	96	<u>49</u>	55	74
				↑		↑			
				low		high			

第三次搜索交换：

从 high 向前搜索小于 $r[0].\text{key}$ 的记录，得到结果：

27	14	38	8	□	65	96	<u>49</u>	55	74
				↑↑					
				low high					

从 low 向后搜索大于 $r[0].\text{key}$ 的记录，得到结果：

27	14	38	8	□	65	96	<u>49</u>	55	74
				↑↑					
				low high					

low=high，划分结束，填入枢轴记录：

27   14   38   8   49   65   96   <u>49</u>   55   74

图 8-3 为例 8.5 中待排序列对应递归调用过程的二叉树。

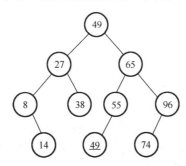

图 8-3　例 8.5 中待排序列对应递归调用过程的二叉树

8.4　选 择 排 序

选择排序主要是每一趟从待排序列中选取一个关键字值最小的记录，即第一趟从 n 个记录中选取关键字值最小的记录，第二趟从剩下的 $n-1$ 个记录中选取关键字值最小的记录，直到整个序列的记录选完。这样，由选取记录的顺序，便得到按关键字值有序的序列。

8.4.1　简单选择排序

算法思想：第一趟，从 n 个记录中找出关键字值最小的记录与第一个记录交换；第二趟，从第二个记录开始的 $n-1$ 个记录中再选出关键字值最小的记录与第二个记录交换；如此，第 i 趟，则从第 i 个记录开始的 $n-i+1$ 个记录中选出关键字值最小的记录与第 i 个记录交换，直到整个序列按关键字值有序。

算法 8.10　简单选择排序。

操作步骤：

步骤 1：L.key[i]～L.key[length]记录中选择一个关键字最小的记录，将其下标保存至 min 中。

步骤 2：若 L.key[i]≤L.key[min]，则交换这两个记录，否则转步骤 3。

步骤 3：$i=i+1$，若 i≤L.length，则转步骤 1；否则排序结束。

类 C++语言描述：

```
template<class type>
int SelectMinKey(SqList<type>& L,int n)
{//在顺序表中求出下标从 n 到表长之间的记录中关键字最小的记录位置
    int min=n;                      //设置初始最小值所在位置为低端下标
    type minkey;                    //辅助变量，用于存储最小值
    minkey=L.key[n];                //初始时认为最低端下标处的记录关键字最小
    for(int i=n+1;i<=L.length;i++)  //从下一个位置开始向后遍历
        if(L.key[i]<minkey)
        //若有记录的关键字小于 minkey 中的值，则调整 minkey 的值，并记录下位置信息
```

```
        {
            minkey=L.key[i];              //改变最小值
            min=i;                        //记录下最小值所在的位置
        }
    return min;
}


template<class type>
void SelectSort(SqList<type>& L)
{//对顺序表 L 做简单选择排序
    int j;
    type t;
    for(int i=1;i<=L.length;i++)          //在顺序表中选择关键字第 i 小的记录
    {
        j=SelectMinKey(L,i);
            //在 L.key[i]--L.key[L.length]中选择最小的记录并将其地址赋予 j
        if(i!=j)                          //交换记录
        {
            t=L.key[i];
            L.key[i]=L.key[j];
            L.key[j]=t;
        }
    }
}
```

算法分析：

时间效率：从算法中可看出，简单选择排序移动记录的次数较少，但关键字的比较次数依然是 $\frac{1}{2}n(n-1)$，算法的时间复杂度仍是 $O(n^2)$。

空间效率：简单选择排序算法只需要一个辅助空间来作为交换记录用的暂存单元。因此，它的空间复杂度为 $O(1)$。

简单选择排序是一种稳定的排序算法。

8.4.2　树形选择排序

树形选择排序(Tree Selection Sort)又称为锦标赛排序(Tournanment Sort)，是一种按照锦标赛的思想进行的选择排序方法。将 n 个参赛的选手看成完全二叉树的叶子结点，则该完全二叉树有 $2n-2$ 或 $2n-1$ 个结点。首先，两两进行比赛(在树中是兄弟的进行比赛，否则轮空，直接进入下一轮)，胜出的在兄弟间再两两进行比赛，直到产生第一名；接下来，将作为第一名的结点看成最差的，并从该结点开始，沿该结点到根路径上，依次进行各分支结点子女间的比较，胜出的就是第二名。因为和他比赛的均是刚刚输给第一名的选手。如此继续进行下去，直到所有选手的名次排定。

例 8.6　16 个选手参加的锦标赛比赛过程 $(n=2^4)$。

在图 8-4 中，从叶子结点开始的兄弟间两两比赛，胜者上升到父结点；胜者兄弟间再两两比赛，直到根结点，产生第一名 91。比赛次数为 $2^3+2^2+2^1+2^0=2^4-1=n-1$。

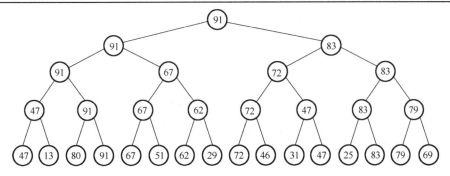

图 8-4　树形选择排序示例——产生第一名

在图 8-5 中，将第一名的结点置为最差的，与其兄弟比赛，胜者上升到父结点，胜者兄弟间再比赛，直到根结点，产生第二名 83。比赛次数为 4，即 $\log_2 n$ 次。其后各结点的名次均是这样产生的，所以，对于 n 个参赛选手来说，即对 n 个记录进行树形选择排序，总的关键字比较次数至多为 $(n-1)\log_2 n + n - 1$，故时间复杂度为 $O(n\log_2 n)$。该算法占用辅助空间较多，除需输出排序结果的 n 个单元外，还需 $n-1$ 个辅助单元。

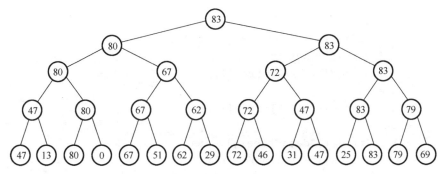

图 8-5　树形选择排序示例——产生第二名

算法 8.11　树形选择排序。

操作步骤：

步骤 1：从最底层叶子结点开始，按层一一进行兄弟间的比赛，关键字较大者上升为子树根结点，直到树的顶层为止。

步骤 2：将树的根结点输出，把底层叶子中值相同的结点值改为 0，如果输出的结点总数小于初始时树的叶子结点总数，则重复步骤 1；否则结束排序。

类 C++语言描述：

```
template<class type>
class TreeNode{
    public:
        type data;                      //结点值
        int index;                      //树中位置
        int active;                     //是否继续比较标志
    TreeNode<type>& operator=(TreeNode<type>& treenode)
    {
        this->data=treenode.data;
        this->index=treenode.index;
```

```
            this->active=treenode.active;
            return *this;
        }
};
template<class type>
void ChangeTree(TreeNode<type>*tree,int i)
{                                           //修改树结构函数
    if(i%2==0)
        tree[(i-1)/2]=tree[i-1];            //当 i 为偶数时，和左结点比较
    else
        tree[(i-1)/2]=tree[i+1];            //当 i 为奇数时，和右结点比较
    i=(i-1)/2;                              //重新比较，i 上升到父结点位置
    int j;
    while(i)
    {
        if(i%2==0)                          //确定 i 的比较结点位置
            j=i-1;
        else
            j=i+1;
        if(!tree[i].active||!tree[j].active)
            if(tree[i].active)
                tree[(i-1)/2]=tree[i];
            else
                tree[(i-1)/2]=tree[j];
        else
            if(tree[i].data<tree[j].data)
                tree[(i-1)/2]=tree[i];
            else
                tree[(i-1)/2]=tree[j];
        i=(i-1)/2;
    }
}
template<class type>
void TreeSort(type a[],int n)
{//树形选择排序
    TreeNode<type>* tree;
    int bottsize=(n%2==0?n: n+1);           //树底层结点个数
    int size=2*bottsize-1;                  //树中结点总数
    int externalindex=bottsize-1;           //开始进行比较的结点位置
    tree=new TreeNode<type>[size];
    assert(tree);
    int j=0;
    for(int i=externalindex;i<size;i++)
    {
        tree[i].index=i;                    //下标赋值
        if(j<n)
            {
```

```
                    tree[i].active=1;
                    tree[i].data=a[j++];
                }
            else
                tree[i].active=0;                  //额外结点设置成 active=0
    }
    i=externalindex;
    while(i)        //比较找到最小结点
    {
        j=i;
        while(j<2*i)
            {
                if(!tree[j+1].active||tree[j].data<=tree[j+1].data)
                    tree[(j-1)/2]=tree[j];         //较小结点赋值给其双亲结点
                else
                    tree[(j-1)/2]=tree[j+1];
                j+=2;
            }
        i=(i-1)/2;
    }
    for(i=0;i<n-1;i++)                              //处理前面 n-1 个结点
    {
        a[i]=tree[0].data;
        tree[tree[0].index].active=0;              //找到的最小结点不再参加比较
        ChangeTree(tree,tree[0].index);            //修改树结构
    }
    a[n-1]=tree[0].data;                           //处理数值最大的结点
}
template<class type>
void OutPut(type a[],int n)                        //输出函数，将排好序的数组输出
{
    for(int i=0;i<n;i++)
            cout<<a[i]<<"\t";
    cout<<endl;
}
```

算法分析：

时间效率：由于含有 n 个叶子结点的完全二叉树的深度为 $\lceil \log_2 n \rceil + 1$，在树形选择排序中，除了最大关键字之外，每选择一个次大的关键字只需要进行 $\log_2 n$ 次比较，因此，它的时间复杂度为 $O(n \log n)$。

空间效率：此种排序算法中，需要附加 n 个辅助空间用来保存排序的结果，还要 $n-1$ 个辅助空间在排序过程中使用。因此，它的空间复杂度为 $O(n)$。

树形选择排序是一种不稳定的排序算法。这是因为关键字在比较的过程中是跳跃式进行的。

8.4.3　堆排序

设有 n 个元素的序列 $\{k_1, k_2, \cdots, k_n\}$，当且仅当满足下述关系之一时，称其为堆。

$$\begin{cases} k_i \leqslant k_{2i} \\ k_i \leqslant k_{2i+1} \end{cases} \quad 或 \quad \begin{cases} k_i \geqslant k_{2i} \\ k_i \geqslant k_{2i+1} \end{cases}, \qquad i=1,2,\cdots,[n/2] \qquad (8\text{-}9)$$

若以一维数组存储一个堆，则堆对应一棵完全二叉树，且所有非叶子结点的值均不大于（或不小于）其子女的值，根结点的值是最小（或最大）的。因此，我们也可以这样来定义堆：

堆是具有下列性质的完全二叉树：每个结点的值都小于或等于其左右孩子结点的值（称为小根堆或小顶堆）；或者每个结点的值都大于或等于其左右孩子结点的值（称为大根堆或大顶堆）。堆的示例如图 8-6 所示。

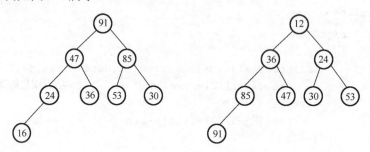

图 8-6　两个堆示例

设有 n 个元素，将其按关键字值排序。首先将这 n 个元素按关键字值建成堆，将堆顶元素输出，得到 n 个元素中关键字值最小（或最大）的元素。然后，再对剩下的 $n-1$ 个元素建成堆，输出堆顶元素，得到 n 个元素中关键字值次小（或次大）的元素。如此反复，便得到一个按关键字值有序的序列。称这个过程为堆排序。

因此，实现堆排序需解决两个问题：

(1)如何将 n 个元素的序列按关键字值建成堆。

(2)输出堆顶元素后，怎样调整剩余 $n-1$ 个元素，使其按关键字值成为一个新堆。

首先，讨论输出堆顶元素后，对剩余元素重新建成堆的调整过程。

调整方法：设有 m 个元素的堆，输出堆顶元素后，剩下 $m-1$ 个元素。将堆底元素送入堆顶，堆被破坏，其原因仅是根结点不满足堆的性质。将根结点与左、右子女中较小（或小大）的进行交换。若与左子女交换，则左子树堆被破坏，且仅左子树的根结点不满足堆的性质；若与右子女交换，则右子树堆被破坏，且仅右子树的根结点不满足堆的性质。继续对不满足堆性质的子树进行上述交换操作，直到叶子结点，堆被建成。称这个自根结点到叶子结点的调整过程为**筛选**。

例 8.7　小根堆的筛选过程（图 8-7）。

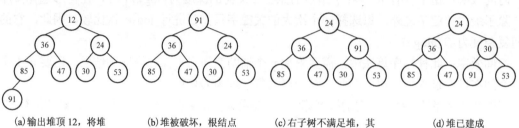

(a)输出堆顶 12，将堆　　(b)堆被破坏，根结点　　(c)右子树不满足堆，其　　(d)堆已建成
底 91 送入堆顶　　　　与右子女交换　　　　根与左子女交换

图 8-7　自根结点（堆顶）到叶子结点的调整过程

再讨论对 n 个元素初始建堆的过程。

建堆方法：对初始序列建堆的过程，就是一个反复进行筛选的过程。n 个结点的完全二叉树的最后一个结点是第 $\left\lfloor \dfrac{n}{2} \right\rfloor$ 个结点的孩子。对以第 $\left\lfloor \dfrac{n}{2} \right\rfloor$ 个结点为根的子树筛选，使该子树成为堆，之后向前依次对以各结点为根的子树进行筛选，使之成为堆，直到根结点。

例 8.8　建堆的过程（图 8-8）。

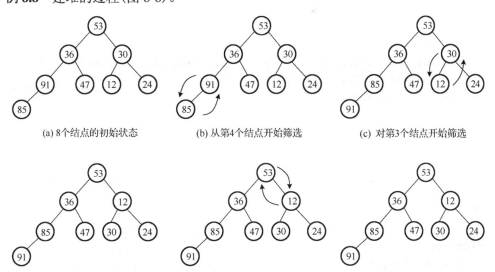

(a) 8个结点的初始状态　　　　　(b) 从第4个结点开始筛选　　　　　(c) 对第3个结点开始筛选

(d) 第2个结点为根的子树已是堆　　　　　　　(e) 对整棵树开始筛选

图 8-8　建堆示例

算法 8.12　堆排序。

算法的思想：对 n 个元素的序列进行堆排序，先将其建成堆，以根结点与第 n 个结点交换；调整前 $n-1$ 个结点成为堆，再以根结点与第 $n-1$ 个结点交换；重复上述操作，直到整个序列有序。

操作步骤：

步骤 1：$i=1$，对顺序表 $L[1\cdots L.\text{lengh}-i+1]$ 中的元素建大顶堆。

步骤 2：将堆顶元素和 $L[L.\text{lengh}-i+1]$ 交换。

步骤 3：$i=i+1$，若 $i<L.\text{lengh}$，则将 $L[1\cdots L.\text{lengh}-i+1]$ 调整，使之成为新的大顶堆，转步骤 2；否则排序结束。

类 C++语言描述：

```cpp
template<class type>
void HeapAdjust(SqList<type>& L,int s,int m)
{//对顺序表做查找，从值最大的孩子结点向下筛选，找到最大值
    type rc=L.key[s];
    for(int j=2*s;j<=m;j*=2)
        {
            if(j<m&&L.key[j]<=L.key[j+1])
                        //找到值相对较大的孩子结点并依次向下筛选
            j++;
```

```
        if(rc>L.key[j]) break;          //如果 rc 最大,则退出 for 循环
        L.key[s]=L.key[j];              //最大值赋值
        s=j;                            //交换位置
        }
    L.key[s]=rc;
}
template<class type>
void HeapSort(SqList<type>& L)
{                                       //对顺序表 L 进行堆排序
    type value;
    for(int i=L.length/2;i>0;i--)       //把 L.key[1...L.length]调整为大顶堆
        HeapAdjust(L,i,L.length);
    for(i=L.length;i>1;--i)
        {
            value=L.key[1];
            L.key[1]=L.key[i];
            L.key[i]=value;
            HeapAdjust(L,1,i-1);        //将 L.key[1...i-1]重新调整为大顶堆
        }
}
```

算法分析:

时间复杂度:设树高为 k, $k=\lfloor\log_2 n\rfloor+1$。从根到叶的筛选,关键字比较的次数至多为 $2(k-1)$ 次,交换记录至多 k 次。所以,在建好堆后,排序过程中的筛选次数不超过式(8-10):

$$2(\lfloor\log_2(n-1)\rfloor+\lfloor\log_2(n-2)\rfloor+\cdots+\log_2 2\rfloor)<2n\log_2 n \qquad (8-10)$$

而建堆时的比较次数不超过 $4n$ 次,因此堆排序最坏情况下,时间复杂度也为 $O(n\log_2 n)$。

空间复杂度:堆排序中,只需要一个用来交换的暂存单元,因此它的空间复杂度为 $O(1)$。

算法的稳定性:由于记录的比较和交换是跳跃式进行的,因此,堆排序是一种不稳定的排序算法。

8.5　归　并　排　序

归并排序(Merge Sort)是一类与插入排序、交换排序、选择排序不同的另一种排序方法。归并的含义是将两个或两个以上的有序表合并成一个新的有序表。归并排序有多路归并排序、两路归并排序,可用于内排序,也可以用于外排序。这里仅对内排序的两路归并方法进行讨论。

算法 8.13　两个有序表合并的算法。

操作步骤:

设 $r[u\cdots t]$ 由两个有序子表 $r[u\cdots v-1]$ 和 $r[v\cdots t]$ 组成,两个子表长度分别为 $v-u$、$t-v+1$。合并方法如下。

步骤 1:设置两个子表的起始下标及辅助数组的起始下标,$i=u$, $j=v$, $k=u$。

步骤 2:若 $i>v$ 或 $j>t$,则表明其中一个子表已合并完,比较选取结束,转步骤 4。

步骤 3:选取 $r[i]$ 和 $r[j]$ 关键字值较小的存入辅助数组 rf。

如果 $r[i]$.key＜$r[j]$.key，$rf[k]=r[i]$，i++，k++，转步骤 2；否则，$rf[k]=r[j]$，j++，k++，转步骤 2。

步骤 4：将尚未处理完的子表中元素存入 rf。

如果 $i<v$，说明前一子表非空，将 $r[i\cdots v-1]$ 存入 $rf[k\cdots t]$。

如果 $j\leq t$，说明后一子表非空，将 $r[i\cdots v]$ 存入 $rf[k\cdots t]$。

步骤 5：合并结束。

类 C++语言描述：

```cpp
template<class type>
void Merge(type *SR,type *TR,int i,int m,int n)
{
    //将有序的 SR[i...m]和 SR[m+1...n]归并为有序的 TR[i...n]
    for(int j=m+1,k=i;i<=m&&j<=n;k++)    //将 SR 中的记录由大到小并入 TR
        {
            if(SR[i]<=SR[j])
                TR[k]=SR[i++];
            else
                TR[k]=SR[j++];
        }
    if(i<=m)                             //将剩余的赋值到 TR
        for(int a=i;a<=m;a++)
            TR[k++]=SR[a];
    else if(j<=n)
        for(int b=j;b<=n;b++)
            TR[k++]=SR[b];
}
```

算法 8.14　两路归并的递归算法。

操作步骤：

步骤 1：将待排序的记录序列分为两个相等的子序列，分别将这两个子序列进行排序。

步骤 2：调用一次归并算法 Merge，将这两个有序子序列合并成一个含有全部记录的有序序列。

类 C++语言描述：

```cpp
template<class type>
void MSort(type *SR,type *TR1,int s,int t)
{
    type TR2[100];                       //数组大小可以根据实际情况重新定义
    int m;
                                         //将 SR[s...t]归并排序为 TR[s...t]
    if(s==t)
        TR1[s]=SR[s];
    else
        {
            m=(s+t)/2;
            MSort(SR,TR2,s,m);           //归并排序前半个子序列
```

```
        MSort(SR,TR2,m+1,t);      //归并排序后的半个子序列
        Merge(TR2,TR1,s,m,t);     //将两个已经排序的子序列归并
    }
}
template<class type>
void MergeSort(SqList<type> &L)
{
    MSort(L.key,L.key,1,L.length);
}
```

算法分析：

时间效率：对于 n 个元素的表，将这 n 个元素看作叶子结点，若将两两归并生成的子表看作它们的父结点，则归并过程对应由叶向根生成一棵二叉树的过程。所以归并趟数约等于二叉树的高度–1，即 $\lfloor \log_2 n \rfloor$，每趟归并需移动记录 n 次，故时间复杂度为 $O(n\log_2 n)$。

空间效率：需要一个与表等长的辅助元素数组空间，所以空间复杂度为 $O(n)$。

算法的稳定性：由一次归并算法中的 if 语句可知，二路归并算法是一种稳定的算法。

8.6　基 数 排 序

实现排序主要是通过关键字间的比较和移动记录这两种操作，而实现基数排序不需要进行记录关键字间的比较，它是一种利用多关键字排序的思想，即借助分配和收集两种操作对单逻辑关键字进行排序的方法。

8.6.1　多关键字排序

首先通过一个例子来说明。例如，扑克牌中有 52 张牌，可按花色和面值分成两个字段，其大小关系如下。

按花色：梅花 < 方块 < 红心 < 黑心。

按面值：2 < 3 < 4 < 5 < 6 < 7 < 8 < 9 < 10 < J < Q < K < A。

若对扑克牌按花色、面值进行升序排序，得到如下序列：

梅花 2,3,…,A；方块 2,3,…,A；红心 2,3,…,A；黑心 2,3,…,A

即两张牌，若花色不同，不论面值怎样，花色低的牌小于花色高的，只有在同花色情况下，大小关系才由面值的大小确定。这就是多关键字排序。

为得到排序结果，我们讨论两种排序方法。

方法 1：先对花色排序，将其分为 4 个组，即梅花组、方块组、红心组、黑心组。再对每个组分别按面值进行排序。最后，将 4 个组连接起来即可。

方法 2：先按 13 个面值给出 13 个编号组(2 号，3 号，…，A 号)，将牌按面值依次放入对应的编号组，分成 13 堆。再按花色给出 4 个编号组(梅花、方块、红心、黑心)，将 2 号组中的牌取出分别放入对应花色组，再将 3 号组中的牌取出分别放入对应花色组……。这样，4 个花色组中均按面值有序。最后，将 4 个花色组依次连接起来即可。

设 n 个元素的待排序列包含 d 个关键字 $\{k^1,k^2,\cdots,k^d\}$，则序列对关键字 $\{k^1,k^2,\cdots,k^d\}$ 有序是指：对于序列中任两个记录 $r[i]$ 和 $r[j]$ $(1\leqslant i\leqslant j\leqslant n)$ 都满足下列有序关系。

$$(k_i^1, k_i^2, \cdots, k_i^d) < (k_j^1, k_j^2, \cdots, k_j^d) \tag{8-11}$$

式中，k^1 称为最主位关键字；k^d 称为最次位关键字。

多关键字排序按照从最主位关键字到最次位关键字或从最次位关键字到最主位关键字的顺序逐次排序，分两种方法。

最高位优先（Most Significant Digit First）法，简称 MSD 法：先按 k^1 排序分组，同一组中记录，若关键字 k^1 相等，则再对各组按 k^2 排序分成子组，之后，对后面的关键字继续这样的排序分组，直到按最次位关键字 k^d 对各子组排序后，将各组连接起来，便得到一个有序序列。扑克牌按花色、面值排序中介绍的方法一即 MSD 法。

最低位优先（Least Significant Digit First）法，简称 LSD 法：先从 k^d 开始排序，再对 k^{d-1} 进行排序，依次重复，直到对 k^1 排序后便得到一个有序序列。扑克牌按花色、面值排序中介绍的方法二即 LSD 法。

8.6.2　链式基数排序

将关键字拆分为若干项，每项作为一个关键字，则对单关键字的排序可按多关键字排序方法进行。例如，关键字为 4 位的整数，可以每位对应一项，拆分成 4 项；又如，关键字为由 5 个字符组成的字符串，可以每个字符作为一个关键字。由于这样拆分后，每个关键字都在相同的范围内（对数字是 0～9，字符是 a～z），称这样的关键字可能出现的符号个数为基数，记为 RADIX。上述取数字为关键字的基数为 10；取字符为关键字的基数为 26。基于这一特性，用 LSD 法排序较为方便。

算法 8.15　链式基数排序。

算法的思想：从最低位关键字起，按关键字的不同值将序列中的记录分配到 RADIX 个队列中，再收集之。如此重复 d 次即可。链式基数排序是用 RADIX 个链队列作为分配队列，关键字值相同的记录存入同一个链队列中，收集则是将各链队列按关键字值大小顺序链接起来。

操作步骤：

步骤 1：初始化，建立待排序列的静态链表 SL。

步骤 2：从最低位关键字开始，按关键字值将 SL 中记录分配到各个单链表中。

步骤 3：按照关键字的值，从小到大将各个单链表进行收集，重复步骤 2，直到排序完成。

类 C++语言描述：

```cpp
const RADIX=10;                    //关键字基数，此时为十进制整数的基数
typedef int ArrType[RADIX];
ArrType f,e;
template<class type>
struct SLCell{
    type *keys;                    //关键字字段
    int next;                      //指针字段
    };
template<class type>
struct SLList{
    SLCell<type>* SList;
    int keynum;                    //关键字个数
    int recnum;                    //当前表中记录数
```

```cpp
};
template<class type>
void InitSLList(SLList<type>& SL)                  //创建静态链表
{
    cout<<"建立静态链表"<<endl<<"请输入数据个数: "<<endl;
    cin>>SL.recnum;
    SL.SList=new SLCell<type>[SL.recnum+1];        //分配存储空间
    assert(SL.SList);
    cout<<"请输入关键字项数"<<endl;
    cin>>SL.keynum;              //基数的值, 若是十进制整数, 则输入其位数
    for(int i=1;i<=SL.recnum;i++)
        {
            SL.SList[i].keys=new type[SL.keynum+1];//分配关键字的存储空间
            assert(SL.SList[i].keys);
        }
    SL.SList[0].next=1;
    cout<<"请输入数据"<<endl;
    for(i=1;i<=SL.recnum;i++)
        {//按照输入的数据建立静态链表
            cout<<"请输入第"<<i<<"个数据"<<endl;
            for(int j=1;j<=SL.keynum;j++)
                cin>>SL.SList[i].keys[j];
            if(i!=SL.recnum)
                SL.SList[i].next=i+1;
            else
                SL.SList[i].next=0;
        }
    }
template<class type>
void RelList(SLList<type> &SL)
{                                                  //静态链表的释放
    for(int i=1;i<=SL.recnum;i++)
        delete SL.SList[i].keys;
        delete SL.SList;
}
template<class type>
void OutPut(SLList<type>& SL)                      //输出静态链表
{
    for(int i=SL.SList[0].next;i;i=SL.SList[i].next)
        {
            for(int j=1;j<=SL.keynum;j++)
                cout<<SL.SList[i].keys[j];
                cout<<'\t';
        }
    cout<<endl;
}
template<class type>
void Distrbute(SLCell<type>* r,int i,ArrType &f,ArrType& e) //分配操作
{
    int j;
    for(j=0;j<RADIX;j++)
```

```
                f[j]=0;                          //各子表初始化为空表
        for(int a=r[0].next;a;a=r[a].next)
            {
                j=r[a].keys[i];                  //将记录中第 i 个关键字映射到[0...RADIX-1]
                if(!f[j])
                    f[j]=a;
                else
                    r[e[j]].next=a;
                e[j]=a;                          //将 a 所指的结点插入第 j 个子表中
            }
}
template<class type>
void Collect(SLCell<type>* r,int i,ArrType &f,ArrType& e)  //收集操作
{//从小自大地将 f 所指向的子表依次链接成一链表,e 为各子表的尾指针
        int j;
        for(j=0;!f[j];j++);       //找第一个非空子表
            r[0].next=f[j];       //r[0].next 指向第一个非空子表中的第一个结点
        int t=e[j];
        while(j<RADIX)
            {
                for(j++;j<RADIX-1&&!f[j];j++);  //找下一个非空子表
                    if(f[j])
                    {r[t].next=f[j];t=e[j];}     //链接两个非空子表
            }
        r[t].next=0;                             //t 指向最后一个非空子表中的最后一个结点
}
template<class type>
void RadixSort(SLList<type> &SL)     //基数排序
{
        for(int i=SL.keynum;i>=1;i--)    //按 LSD 依次对各关键字分别进行分配和收集
            {
                Distrbute(SL.SList,i,f,e);  //第 i 趟分配
                Collect(SL.SList,i,f,e);    //第 i 趟收集
            }
}
```

算法分析:

时间效率:设待排序列有 n 个记录、d 个关键字,关键字的取值范围为 radix,则进行链式基数排序的时间复杂度为 $O(d(n+\text{radix}))$,其中,一趟分配时间复杂度为 $O(n)$,一趟收集时间复杂度为 $O(\text{radix})$,共进行 d 趟分配和收集。

空间效率:需要 $2\times$radix 个指向队列的辅助空间,以及用于静态链表的 n 个指针。

算法的稳定性:在基数排序的过程中,并没有交换记录的前后位置,因此该排序算法是一种稳定的排序算法。

例 8.9 以静态链表存储待排记录,头结点指向第一个记录。链式基数排序过程如图 8-9 所示。

图 8-9(a):初始记录的静态链表。

图 8-9(b):第一趟按个位数分配,修改结点指针域,将链表中的记录分配到相应链队列中。

图 8-9(c):第一趟收集,将各队列链接起来,形成单链表。

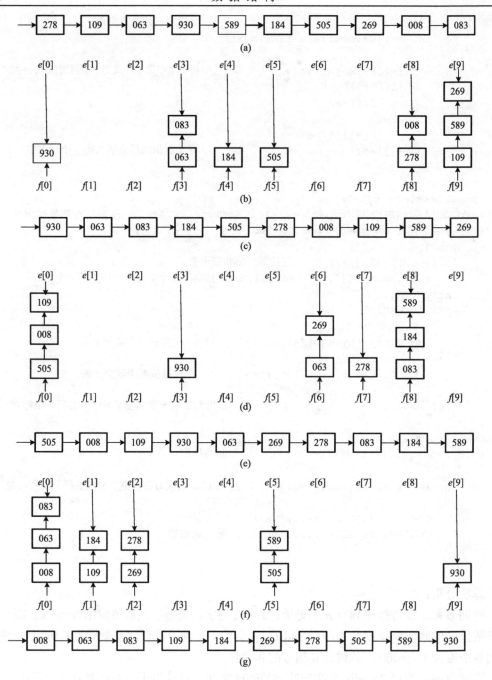

图 8-9　基数排序示例

图 8-9（d）：第二趟按十位数分配，修改结点指针域，将链表中的记录分配到相应链队列中。

图 8-9（e）：第二趟收集，将各队列链接起来，形成单链表。

图 8-9（f）：第三趟按百位数分配，修改结点指针域，将链表中的记录分配到相应链队列中。

图 8-9（g）：第三趟收集，将各队列链接起来，形成单链表。此时，序列已有序。

8.7　各种内部排序算法的比较

综合本章所讨论的各种内部排序的方法，它们各有所长、各有所短。我们很难得出哪一种排序算法是最好的和哪一种排序算法是最差的结论。排序算法的选用应该和所处理的具体实际问题相结合，根据所处理的问题来确定选用某一种排序算法。一般情况下可以从排序算法的时间复杂度综合考虑。

各种内部排序算法的时间性能和空间性能的比较如表 8-1 所示。

表 8-1　各种内排序算法性能的比较

排序算法	平均情况	最好情况	最坏情况	辅助空间
直接插入排序	$O(n^2)$	$O(n)$	$O(n^2)$	$O(1)$
希尔排序	$O(n\log_2 n) \sim O(n^2)$	$O(n^{1.3})$	$O(n^2)$	$O(1)$
冒泡排序	$O(n^2)$	$O(n)$	$O(n^2)$	$O(1)$
快速排序	$O(n\log_2 n)$	$O(n\log_2 n)$	$O(n^2)$	$O(\log_2 n) \sim O(n)$
简单选择排序	$O(n^2)$	$O(n^2)$	$O(n^2)$	$O(1)$
堆排序	$O(n\log_2 n)$	$O(n\log_2 n)$	$O(n\log_2 n)$	$O(1)$
归并排序	$O(n\log_2 n)$	$O(n\log_2 n)$	$O(n\log_2 n)$	$O(n)$
基数排序	$O(d(n+rd))$	$O(d(n+rd))$	$O(d(n+rd))$	$O(rd)$

从表 8-1 来看，我们可以得出以下几个结论：

(1) 从平均情况来看，快速排序最佳，其所需时间最少，但快速排序在最坏情况下的时间性能比不上堆排序和归并排序。而后两者进行比较的结果是，在 n 较大的情况下，归并排序所需的时间较堆排序要少，但它所在地需的辅助空间最多。

(2) 表 8-1 中的简单选择排序、直接插入排序和冒泡排序中，直接插入排序最为简单，当序列中的记录基本有序或 n 较小的时候，它是最佳的排序算法，因此，人们常把它和其他的排序算法(如快速排序、归并排序等)结合在一起使用。

(3) 基数排序的时间复杂度也可以写成 $O(d \times n)$。因此，它最适用于 n 很大而且关键字较小的待排序列。如果关键字也很大，而序列中的大多数记录的最高位关键字均不同，则亦可先按最高位关键字不同将序列分成若干个小的子序列，然后进行直接插入排序。

(4) 从空间性能上来看，归并排序的空间复杂度为 $O(n)$，快速排序的空间复杂度为 $O(\log_2 n) \sim O(n)$，其他排序方法的空间复杂度均为 $O(1)$。

(5) 从排序的稳定性性能上来看，基数排序、直接插入排序、冒泡排序、简单选择排序和归并排序是稳定的排序，而希尔排序、快速排序和堆排序是不稳定的排序。

(6) 从算法的简单性上来比较，直接插入排序、简单选择排序和冒泡排序的算法容易理解和实现，而希尔排序、堆排序、快速排序、归并排序和基数排序则比较困难一些。

(7) 从关键字的分布情况来比较，当待排序列为正序(按关键字值从小到大有序)时，直接插入排序和冒泡排序达到 $O(n)$ 的时间复杂度；对于快速排序而言，当待排序序列为正序和反序时，时间复杂度降为最坏的 $O(n^2)$；而简单选择排序、堆排序和归并排序的时间性能与待排记录的关键字分布无关。

综上所述，在本章所讨论的各种内排序算法中，没有哪一种是最优的。有的适用于 n 较大的情况(如希尔排序、堆排序、归并排序和快速排序等)，有的适用于 n 较小的情况(如简单排序：直接插入排序、冒泡排序和简单选择排序等)。因此，在实际应用时，要根据不同的情况适当选用，有时甚至可以把多种排序方法结合起来使用。

8.8 本 章 小 结

排序是数据处理中经常运用的一种重要运算。本章首先介绍了排序的概念和有关知识。接着对插入排序、交换排序、选择排序和归并排序等 4 类内部排序方法进行了讨论，分别介绍了各种排序方法的基本思想、排序过程和实现算法，简要地分析了各种算法的时间复杂度和空间复杂度。

习　题

一、选择题

1. 从未排序序列中依次取出元素与已排序序列(初始时为空)中的元素进行比较，将其放入已排序序列的正确位置上的方法，这种排序算法称为(　　)。

　　A. 归并排序　　　　　B. 冒泡排序　　　　　C. 插入排序　　　　D. 选择排序

2. 从未排序序列中挑选元素，并将其依次插入已排序序列(初始时为空)末端的算法，称为(　　)。

　　A. 归并排序　　　　　B. 冒泡排序　　　　　C. 插入排序　　　D. 选择排序

3. 对 n 个不同的关键字由小到大进行冒泡排序，在下列(　　)情况下比较的次数最多。

　　A. 从小到大排列好的　B. 从大到小排列好的　　C. 元素无序　　　D. 元素基本有序

4. 对 n 个不同的排序码进行冒泡排序，在元素无序的情况下比较的次数为(　　)。

　　A. $n+l$　　　　　　　B. n　　　　　　　　C. $n-1$　　　　D. $n(n-1)/2$

5. 快速排序在下列(　　)情况下最易发挥其长处。

　　A. 被排序的数据中含有多个相同排序码　　　B. 被排序的数据已基本有序

　　C. 被排序的数据完全无序　　　　　　　　　D. 被排序的数据中的最大值和最小值相差悬殊

6. 对 n 个关键字做快速排序，在最坏情况下，算法的时间复杂度是(　　)。

　　A. $O(n)$　　　　　　B. $O(n^2)$　　　　　　C. $O(n\log_2 n)$　　　D. $O(n^3)$

7. 若一组记录的排序码为(46,79,56,38,40,84)，则利用快速排序的方法，以第一个记录为基准得到的一次划分结果为(　　)。

　　A. 38,40,46,56,79,84

　　C. 40,38,46,56,79,84

　　B. 40,38,46,79,56,84

　　D. 40,38,46,84,56,79

8. 下列关键字序列中，(　　)是堆。

　　A. 16,72,31,23,94,53

　　C. 16,53,23,94,31,72

　　B. 94,23,31,72,16,53

　　D. 16,23,53,31,94,72

9. 堆排序是一种(　　)排序。

　　A. 插入　　　　　　　B. 选择　　　　　　　C. 交换　　　　　D. 归并

10. 堆的形状是一棵(　　)。

　　A．二叉排序树　　　　　B．满二叉树　　　　C．完全二叉树　　　D．平衡二叉树

11．若一组记录的排序码为(46,79,56,38,40,84)，则利用堆排序的方法建立的初始堆为(　　)。

　　A．79,46,56,38,40,84　　　　　　　　　B．84,79,56,38,40,46

　　C．84,79,56,46,40,38　　　　　　　　　D．84,56,79,40,46,38

12．下述几种排序算法中，要求内存最大的是(　　)。

　　A．希尔排序　　　　B．快速排序　　　　C．归并排序　　　D．堆排序

13．下述几种排序算法中，(　　)是稳定的排序方法。

　　A．希尔排序　　　　B．快速排序　　　　C．归并排序　　　D．堆排序

14．数据表中有 10000 个元素，如果仅要求求出其中最大的 10 个元素，则采用(　　)算法最节省时间。

　　A．冒泡排序　　　　B．快速排序　　　　C．简单选择排序　　D．堆排序

15．下列排序算法中，不能保证每趟排序至少能将一个元素放到其最终的位置上的排序算法是(　　)。

　　A．希尔排序　　　　B．快速排序　　　　C．冒泡排序　　　D．堆排序

二、应用题

　　1．设待排序的关键字序列为{12,2,16,30,28,10,16*,20,6,18}，试分别写出使用以下排序方法，每趟排序结束后关键字序列的状态。

　　(1)直接插入排序。

　　(2)折半插入排序。

　　(3)希尔排序(增量选取 5、3 和 1)。

　　(4)冒泡排序。

　　(5)快速排序。

　　(6)简单选择排序。

　　(7)堆排序。

　　(8)二路归并排序。

　　2．给出如下关键字序列{321,156,57,46,28,7,331,33,34,63}，试按链式基数排序算法，列出每一趟分配和收集的过程。

三、算法设计题

　　1．试以单链表为存储结构，实现简单选择排序算法。

　　2．有 n 个记录存储在带头结点的双向链表中，现用双向冒泡排序法对其按升序进行排序，请写出这种排序的算法(注：双向冒泡排序即相邻两趟排序向相反方向冒泡)。

　　3．设有顺序放置的 n 个桶，每个桶中装有一粒砾石，每粒砾石的颜色是红、白、蓝之一。要求重新安排这些砾石，使得所有红色砾石在前，所有白色砾石居中，所有蓝色砾石在后，重新安排时对每粒砾石的颜色只能看一次，并且只允许进行交换操作来调整砾石的位置。

　　4．借助于快速排序的算法思想，在一组无序的记录中查找给定关键字等于 key 的记录。设此组记录存放于数组 $r[1..n]$ 中。若查找成功，则输出该记录在 $r[1..n]$ 数组中的位置及其值，否则显示 not find 信息。请简要说明算法思想并编写算法。

参 考 文 献

陈越, 2016. 数据结构. 2 版. 北京: 高等教育出版社.

耿国华, 2011. 数据结构——用 C 语言描述. 北京: 高等教育出版社.

管致锦, 丁卫平, 李跃华, 等, 2021. 新工科背景下的"人本"教育培养模式. 电气电子教学学报, 43(2): 4-8.

蒋宗礼, 2017. 新工科建设背景下的计算机类专业改革. 中国大学教学, 8: 34-39.

李辉, 2019. 新工科教育改革视界下的教材建设思考. 现代教育管理, 10: 102-106.

逯鹏, 张赞, 2015. 数据结构课程教学方法的研究和实践. 教育教学论坛, 18: 121-123.

尚凤军, 2016. 面向复杂工程问题的计算机人才创新能力培养体系研究. 计算机教育, 9: 70-73.

SAHNI S, 2006. 数据结构算法与应用——C++语言描述. 汪诗林, 孙晓东, 译. 北京: 机械工业出版社.

SEBESTA R W, 2011. 程序设计语言概念. 9 版. 徐明星, 邬晓钧, 等, 译. 北京: 清华大学出版社.

SHAFFER C A, 2013. 数据结构与算法分析(C++版). 3 版. 张铭, 刘晓丹, 译. 北京: 电子工业出版社.

王红梅, 胡明, 2013. 算法设计与分析. 2 版. 北京: 清华大学出版社.

王红梅, 胡明, 王涛, 2011. 数据结构(C++版). 2 版. 北京: 清华大学出版社.

吴伟民, 等, 2017. 数据结构. 北京: 高等教育出版社.

严蔚敏, 陈文博, 2011. 数据结构及应用算法教程(修订版). 北京: 清华大学出版社.

严蔚敏, 吴伟民, 2007. 数据结构(C 语言版). 北京: 清华大学出版社.

张民, 2019. 基于新工科背景的计算机类专业教材出版的转型思考. 科技与出版, 4: 93-97.

张小艳, 李占利, 2015. 数据结构与算法设计. 西安: 西安电子科技大学出版社.

HEIN J L, 2009. Discrete structures, logic, and computability. 3rd ed. Sudbury: Jones & Bartlett Publishers.